From Rich to
Richer

从中产到
富豪

严行方 ____著

厦门大学出版社 国家一级出版社
XIAMEN UNIVERSITY PRESS 全国百佳图书出版单位

图书在版编目(CIP)数据

从中产到富豪/严行方著.—厦门:厦门大学出版社,2019.7
ISBN 978-7-5615-7158-3

Ⅰ.①从…　Ⅱ.①严…　Ⅲ.①财务管理—通俗读物　Ⅳ.①TS976.15-49

中国版本图书馆 CIP 数据核字(2018)第 258186 号

出 版 人　郑文礼
责任编辑　吴兴友
封面设计　拙　君
技术编辑　朱　楷

出版发行　厦门大学出版社
社　　址　厦门市软件园二期望海路 39 号
邮政编码　361008
总 编 办　0592-2182177　0592-2181406(传真)
营销中心　0592-2184458　0592-2181365
网　　址　http://www.xmupress.com
邮　　箱　xmup@xmupress.com
印　　刷　厦门市万美兴印刷设计有限公司

开本　720 mm×1 000 mm　1/16
印张　19
字数　273 千字
印数　1～3 000 册
版次　2019 年 7 月第 1 版
印次　2019 年 7 月第 1 次印刷
定价　52.00 元

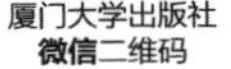

厦门大学出版社
微信二维码

厦门大学出版社
微博二维码

自序　路走对了，想不发财都难！

这年头什么都在涨（或称“与时俱进”），只是速度不同而已——物价在涨，生活成本在涨，生产经营服务成本在涨，收入也在涨（或“被涨”）。因为统计部门公布的是平均数，所以你的收入哪怕不涨甚至在下降，其他人涨上去了，平均数也会硬生生地把你拽上去。于是乎，人人争先恐后，都想超越平均数；更重要的是，借此机会摆脱自己尴尬的中产阶级地位，在财务自由的厅堂里来回踱方步。

法律面前人人平等，可是不同阶层的人在收入、消费、格调、观念等方面却有着清晰的界限，偶有间杂。从消费原则看，穷人追求省钱第一，中产阶级追求性价比，富豪则喜欢花钱买方便。从全社会看，90%的人是按照这种生存模式来处世的，另外9%的人会故意拔高、1%的人会故意降低自己的阶层。就好比住在别墅里的业主，90%确实是富豪，9%是伪富豪，另有1%的富豪会故意躲在普通居民楼里混同于群众一样。

从中产到富豪离不开投资理财，靠死工资是希望渺茫的。投资和理财是当今我国最热门的话题，并且必将永久热门下去。道理很简单，理财是对你的财富进行科学的管理。不用说，每个人、每个家庭都有一定量的财富需要管理；而投资作为目标锁定在资产增值上的主体理财行为，是最有效的理财动力。简单地说就是，投资能让你变得更富有，而理财则可以确保你未来的生活更有计划。

但同样简单的道理是，投资要想获得成功，就必须熟练掌握并正确运用各种工具。形象地就是，你如果路走对了，会越走越近，有时不知不觉间就到了；可是一旦走错了路，不是谬以千里就是背道而驰，越努力越倒霉。不过，在此之前还须厘清一个概念：什么是投资，什么是理财，以及两者之间的联系和区别。

总体上看，投资和理财是两个不同的概念，有联系，但不能混为一谈：理财的范围比投资广，而投资在专业知识方面的要求比理财高。投资的目的主要是获取更高的回报；而理财是为了合理安排未来收支，赚钱不是最重要的。投资的结果不是盈利就是亏损，风险与收益同在，有可能一夜暴富，也可能会血本无归；而理财的结果是把未来的生活安排得更好，生活更富有、更有质量，家人更健康、更快乐，由于理财规划不当导致生活质量下降的情形较少。投资决策的依据主要是回报率高低，而理财决策的依据有很多。

在西方国家，大学里有专门的课程教个人理财和家庭理财，分得也很细。但概括起来无非就是这样三句话：首先是分析你的家庭经济状况，包括收入、支出、赡养人口等；其次是合理量化理财目标，如10年以后你准备要把孩子送到国外去读书，那么从现在开始就要考虑是去美国还是英国，然后结合未来家庭年收入增长和物价上涨因素，算一算到时候大概需要多少钱、现在已经有多少、还要筹集多少；最后是怎么去筹集这些资金，在现实和目标之间找平衡。

在这个过程中，少不了要请教书本。因为对于普通人来说，要对10年后的经济形势和通货膨胀做一个较好的把握，一般无能为力。在这其中，你会发现有许多地方和投资有关。即使是在这些准备让孩子出国读书的家庭中，也未必现在就有这笔钱放在那里专款专用，更不用说那些尚未做好这种准备的家庭了。可以说，如果缺少投资行为，有这种打算的家庭，将来的计划绝大多数要落空。退一步说，即使某些家庭现在已经准备好了这笔钱，将来也会把目标调到更高的。

这就像买房中的一个有趣现象：买房者手中如果有200万，他的置业目标会瞄准价值300万的；如果他手上有500万，目标就绝不会停留在这300万上，余下200万元做装修，而多半会考虑买一套价值800万的联排别墅。他们首先考虑的是怎样利用各种投资渠道来解决其中的差额，家庭投资的作用和奥妙就在于此。

有鉴于此，本书系统介绍了中产阶级通向富豪阶层的各种实用途径，从证券投资、房产投资、创业投资、实业投资，到黄金和外汇投资、收藏和艺术品投资、“互联网＋”、对外投资、智力投资等。不但内容详实，而且会手把手地教你如何正确使用这些工具，实操性极强，堪称家庭投资百宝箱。书中不但有各种投资渠道的操作要领和策略，还针对不同风险偏好的投资者提供了不同的投资组合，针对性更强。

请记住，虽然并非每家每户每个人都必须投资，但敢于投资、善于投资者会有更丰富多彩的人生、更体面富裕的生活，有更多的机会尽快步入富豪阶层！

尹行方

2018年6月

目 录

绪章 从中产到富豪，你只差一张梯子

你是不是觉得现在比过去有钱了，依然活得不开心？要想摆脱这种中产阶级陷阱，就要更上一层楼。上楼并不难，关键要有一张足够长的合适的梯子。并且要步步向上，切记不能一脚踏空。

第一章　证券投资

证券投资属于间接投资，对象包括股票、债券、基金、期货等有价证券及其衍生产品，目的是获取差价、利息或资本利得，以最快的速度让财富增值。但应切记高收益与高风险并存。

第二章　房产投资

俗话说“小康不小康，关键看住房”，还可加上一句“中产或富豪，就看几套房”。房子虽然是用来住的、不是用来炒的，但只要能住，就有投资价值。谁让它是咱家中最值钱的宝贝呢！

第三章 创业投资

创业投资俗称风险投资，是一种主动拥抱风险、获取风险溢价的投资行为。创业投资行为属于“第一次吃螃蟹”，这种“要么楼上楼，要么楼下搬砖头”的胆商，有望迅速跨入富豪阶层。

第四章　实业投资

无商不艰，无艰不商。实业投资更容易获得成就感，但对财商能力是一种巨大的考验。除了人、财、物、产、供、销一个都不能少，还需要具备不人云亦云的头脑和思想，即“观念”。

第五章　黄金和外汇投资

随着互联网金融市场的不断发展，有越来越多的投资者开始关注并加入到黄金投资和外汇投资行列中来。这两大投资项目确实有其自身特点和优势，但也存在着专业技能难以把控等困难。

第六章　收藏和艺术品投资

世上最富有的不是银行家，而是收藏家。收藏对鉴赏力要求极高，所以虽然收藏投资与股票投资、房产投资并列为三大投资领域，我国也正在掀起历史上第四次收藏热潮，但依然非常低调。

第七章　“互联网＋”

互联网与文字并列为人类有史以来最重要的两大发明，从根本上改变了人们的生活和生产方式。人类思维一旦插上互联网的翅膀，将会蜕变出无限种可能，层出不穷地推出新的创富方式。

第八章 对外投资

既然外国人可以来中国投资赚我们的钱，我们当然也就可以跨境投资去赚外国人的钱。事实上，我国已经成为全球对外直接投资大国，触角几乎遍及各国。但须切记的是，买的没有卖的精。

第九章 智力投资

十年树木，百年树人。智力投资的目的就是要培养“知本家”，变知识为资本，回报率那是相当的高。尤其是非常规技能，即使面对自动化、机器人、人工智能潮流，也绝对可以笑到最后。

绪章　从中产到富豪，你只差一张梯子

你是不是觉得现在比过去有钱了，依然活得不开心？要想摆脱这种中产阶级陷阱，就要更上一层楼。上楼并不难，关键要有一张足够长的合适的梯子。并且要步步向上，切记不能一脚踏空。

【中产的概念】

顾名思义，中产阶级是指在社会资源的占有上处于社会结构中间层的那个群体，“身段不肥也不瘦”。“过肥”，就进入了富裕阶层；“过瘦”，则又落入贫困阶层。这里的“中”，是指“不上不下”，或者叫“比上不足、比下有余”；“产”则是指净资产，特指可以变现的金融资产。

中产阶级的概念最早是美国著名社会学家赖特·米尔斯在《白领——美国的中产阶级》一书中提出的。从此，“白领”和“中产阶级”的概念便被推广到全球，并泛化为一个全球性话题。在我国，因为要回避政治色彩浓郁的“阶级”一词，所以过去通常只能称为“白领阶层”“小资”“小康”等，2005 年以后才开始出现“中产阶级”“中产阶层”“中间阶层”“中间等级”“中等收入群体”等概念，实际上它们都是同一层意思。

对于中产阶级的界定标准有很多，或者说根本就没有一个公认的标准。

如果参照世界银行提出的概念,成年人每天收入在10至100美元之间即年收入在3650美元到36500美元之间,都属于中产阶级。国家统计局认为,在我国,这就相当于2017年年收入为2.5万元至25万元人民币。换句话说,月收入从2083元至20830元之间的都算这一范畴。按照这一标准,2017年我国中产阶级规模约为3亿人,占全球中产阶级总规模的30%。

如果参照2018年1月中国社会科学院发布的《中等收入群体的分布与扩大中等收入群体的战略选择》报告中的依据,即家庭人均收入中位数的76%至120%,2017年我国约有4.5亿人属于中等收入家庭;如果把中间收入群体、中上收入群体、高收入群体加在一起,约有6亿人口属于中等收入以上收入的家庭。[①]

回过头来看赖特·米尔斯最早对中产阶级的定义是:依附于庞大机构,专事非直接生产性的行政管理工作与技术服务,无固定私产,不对服务机构拥有财产分配权,较难以资产论之,靠知识与技术谋生,领取较稳定且丰厚的年薪或月俸,思想保守,生活机械单调,缺乏革命热情,但为维持其体面与其地位相称的形象而拒绝流俗和粗鄙的大众趣味。

不难看出,中产阶级除了年收入[②]这个硬指标外,还涉及职业、社会地位、生活、心理等多种因素。尤其是职业,因为一个人长期从事什么职业,就会在无形中让人固化他的收入水平和行为,从而给他打上属于哪个特有阶层标签。

在我国,中国社会科学院早在2003年从社会学角度探讨中产阶级的标准时,包括职业、收入、消费和生活方式、主观认同四个方面,分别对应身份概念、收入概念、消费概念、主观概念,其中职业是衡量中产阶级的基础,价值观是灵魂。

从职业角度看,中国社会科学院社会学所原所长、"当代中国社会结构

---

① 《一个月挣多少算中等收入群体?标准其实有很多》,新华网,2018年1月12日。

② 值得注意的是,中产阶级的概念通常是针对家庭而不是个人;也就是说,这里的年收入通常是指家庭收入而不是个人收入。

变迁研究课题”组负责人陆学艺认为，“一个月收入 3000 元的白领是中产阶级，但月收入 5000 元的出租车司机却不是。”[①]再说句难听的话，月收入超过 5000 元的乞丐有不少，超过 1 万的“小姐”就更多了，他们能算是中产阶级吗?!

从价值观角度看，中产阶级代表着社会主流价值观，如果撇开这个因素，中产阶级就失去了作为“阶级”的灵魂。

从主观概念看，那就更宽泛了，有时候你自己认为自己已经是中产阶级了，那就真的可以归入中产阶级的。

但这样说来，是不是中产阶级就没有具体划分标准了呢？倒也不是，否则对此就没有探讨价值了。北京的一份调查表明，北京人中有高达 46.8%的人认为自己是中产阶级，可是这些人在其他人眼里得到认同的却只有 4.1%!

这实际上就表明，中产阶级作为一个阶层在我国尚未成熟。因为这个阶层中各构成部分的差异性实在太大了，各个群体的经济利益、生活方式、文化程度等方面的差异性要大于一致性；当然了，既然是一个群体，那就不可能有十分清晰的划分标准，因为在社会研究中，越是精确的方法越容易遮蔽现实。[②]

但即使如此，中产阶级的许多共同特征还是很容易识别的。之所以有近半家庭认为自己是中产阶级，实际上这正好反映了他们的一种“阶级意识”——大家彼此彼此，平等参与各种社会管理，既不愿意放弃自己应有的权利，也不想拥有更多的特权。用现在的流行词来形容，就是“佛系”[③]。

容易看出，中产阶级人数多了，就“人多势众”，谁也“不敢得罪”，社会也就稳定得多了。而这正是中产阶级群体迅速崛起并受到政府鼓励的主要原因。

---

① 《国内中产阶级定义矛盾，国家统计局证实官方数据》，载《北京晨报》，2005 年 1 月 21 日。

② 严行方：《中产阶层》，北京：中华工商联合出版社，2008，P3－6。

③ 佛系，网络流行词，指“看破红尘、怎么都行、按自己的方式和节奏去生活”这样一种人生态度和文化现象。2014 年出现在日本某杂志，2017 年 12 月开始火遍国内网络。

在人们的概念中，中产阶级多是有稳定工作的，只有少数是自由职业者，而且他们的工作相对体面。可是殊不知，他们背后的辛酸并不为外人所知晓。他们的收入较高，年薪通常在十几万或几十万，可是他们的成就动机更强。外表光鲜的旅游、度假等与其说是休闲，不如说是他们面对地位恐慌所采取的掩饰方式。为了维持这种高水平的生活，他们会投入更多的时间用于工作，反过来经济压力更大。

你我都是中产阶级

▼中产阶级的衡量标准不一，但相信本书读者多数是这个阶层。所谓“中”就是比上不足、比下有余。说你是中产阶级，也别谦虚，月收入2000多元你还总是有的；说你不是中产阶级，也别生气，或许是在恭维你早已跨入了富豪阶层！

▲中产阶级家庭虽然衣食无忧，还有点闲情逸致，但他们其实活得并不一定开心。住房、养老、子女教育、医疗等问题同样困扰着他们。而要想迅速摆脱这些困惑，从自身角度看，就是要尽快摆脱中产阶级陷阱，早日进入富豪阶层。

【富豪的概念】

富豪的“豪”，是指豪华、豪爽、豪气。所以，所谓“富豪”，就是指非常富有的人。这种富有，当然主要是指钱（财富）。因为他们不差钱，所以就导致生活方式和思维逻辑方面和常人大不一样。

富豪们富有的是钱，但钱和财富之间是什么关系呢？按照国际通行的理解，这里的财富不完全是指金钱，但主要是指金钱，或可以用金钱来衡量的物质；而不是指健康、政治地位、荣誉等非物质条件。并且，富豪的门槛有一个动态标准，会随着时代的发展不断水涨船高的。

那么，怎样才算非常富有或者说富豪的门槛在哪里呢？

在我国，目前对富豪的划分标准通常是：个人资产在2000万元人民币以上，年收入稳定在100万元人民币以上。其中，个人资产在10亿元人民币之上的称为“超级富豪”，之下的称为“普通富豪”。

富豪们通常拥有自己的产业，而拥有自己产业的富豪俗称“老板”。容易看出，上述富豪标准与老板的等级划分是基本一致的。在我国，个人资产在2000万元人民币以下的俗称“小老板”，2000万元至1亿元人民币之间的俗称“中老板”，1亿元人民币以上俗称“大老板”，10亿元人民币以上的叫超级富豪。对照而言，普通富豪群体主要就是由这些“大老板”和“中老板”构成的。

富豪们有钱，所以他们非常注重投资理财，并且他们的投资理财具有明显的特点，那就是产业投资、股权投资、理财投资各占1/3。在我国，普通富豪们的财富主要体现为固定资产（如房屋、土地使用权）和流动资产（如现金）等；超级富豪们的财富主要体现为实体经济，一般没有现金（现金都用在实体企业周转中去了）。

富豪们的生活方式并非中产阶级所想象的那样。韩国研究人员经过长达10年对600位韩国富豪的采访发现，他们具有以下共同特征[①]：①他们会尊重但不会百分之百相信专家，而是会最终做出自己的决策；②他们通常很早就起床，生活目标非常明确，每天都过得很有计划，很充实；③他们尊重伴侣，把伴侣当作投资伙伴兼提醒者；④他们的着装都非常朴素，确切地说是喜欢朴素而不引人注意的名牌；⑤他们投资子女教育的倾向非常强烈。

富豪们都喜欢看书。他们买书并不是做做样子的，而是真的会去认真阅读，从中汲取知识和营养。他们每天都有固定的阅读时间，所以许多富豪非常有学问，有自己独到的观点。

在国外，根据全球最重要的专业服务供应商之一凯捷公司与加拿大皇

---

① 《韩国富豪的十二个共同特征》，载《世界奢侈报道》，2005年7月11日。

家银行财富管理公司的划分标准，富豪是指个人净财富[①]（可变现金融资产）在100万美元以上的人。

在它们每年定期发布的《世界财富报告》中，总会把全球富豪分为三个层次：一是初级富豪（邻居家的百万富翁），净财富在100万美元至500万美元；二是中级富豪（中间层百万富翁），净财富在500万美元至3000万美元；三是顶级富翁（超高净值人士），净财富在3000万美元及以上。

根据这一标准，在它们发布的《2017年全球财富报告》中，全球富豪人数排在前五位的依次为美国、日本、德国、中国和法国。2016年，美国的富豪人数超过480万人，全年人数增长7.6%，财富总值增长7.8%，达到16.83万亿美元；日本的富豪人数达到289万人，全年人数增长6.3%，财富总值增长6.7%，达到7.01万亿美元；中国的富豪人数达到113万人，全年人数增长9.1%，财富总值增长9.8%，达到5.77万亿美元。从发展趋势看，全球顶级富豪的财富增长速度最快，正呈现出向少数人加速转移的态势；而亚洲是全球超级富豪人数增长最迅速的地区。[②]

具体到民间，通常认为，富豪是指那些“在任何时候都能买得起他想要的任何东西”的人。那么，在我国，目前要做到这一点究竟需要多少钱呢？2016年，我国城镇居民人均可支配收入为33616元，如果富豪的人均消费是人均收入的8倍即27万元，按年利息收入4%计算，就意味着他应该拥有675万元人民币的净财富，这与国际通行的100万美元的富豪门槛就很接近了。

接下来问，财富这东西是不是越多越好呢？理论上讲是这样，但实际上显然并非如此，因为每个人都有其本性弱点。渣打银行一位服务过上千位有钱人的部门经理说，据她发现，我国幸福感最强的“是家庭资产在500万到1000万之间的人”。

---

① 净财富与净资产是两个不同的概念。净资产是指总资产减去总负债后的部分，而净财富是指净资产中减去不动产和无形资产（如房地产、收藏品、个人直接投资的企业、快速消费品、耐用消费品等）后的部分。

② 《〈2017年世界财富报告〉出炉》，搜狐网，2017年9月29日。

从现实生活中看，似乎也能印证这一点。

家庭资产过少，连500万都不到，这表明他除了一套房子，基本上就没有其他家庭资产和金融资产了，就意味着其物质条件相对艰苦，其中部分还可能处于绝对贫困阶段。没钱当然是不幸福的，“贫贱夫妻百事哀”，许多想做的事情没法做；别说经常出国旅行了，恐怕就连日常生活也得算计着用。

家庭资产几千万元甚至上亿的人，一方面他们接触的圈子都是富豪阶层，有的还有私人飞机和游艇；相比之下自己还是个“穷光蛋”，心里就不平衡了，自然觉得不幸福。另一方面，他们虽然已经有条件在满足家庭需求外任性选择许多自己想要的东西，可是可选项目太多，又不知道自己究竟想要什么。就好比考试做选择题，2选1相对容易，5选1难度就大了。

从现实条件看，家庭资产500万至1000万元之间可谓“不多不少”，恰好“够用”，这也符合“中庸之道”。对照本书前面的中产阶级和富豪阶层定义，这些家庭恰好处于富豪阶层的初级富豪阶段，属于邻居家的百万富翁。

所以，当中国首富王健林2016年8月在鲁豫主持的一个节目中提到，很多学生在与他会谈时，会一上来就说“我要当首富”“我要做世界上最大的公司”。他说，你有这个想法没错，奋斗方向嘛；但是呢，“要先定一个能达到的小目标，比方说我先挣它一个亿。你看看能不能用几年挣到一个亿呀？你是规划五年还是三年呢？应该到了一个亿，我们才说下一个目标。我奔10亿、100亿！”

这一消息经媒体扩散后，深深刺痛了广大中产阶级的心。因为这从首富嘴里轻飘飘地说出来的一句话，对于绝大多数人来说是永远都不可能实现的梦。

而其实呢，中产阶级根本就没必要为此怄气，因为你和他本来就不是同一个阶层。对于中产阶级来说，你的目标无论是小目标还是大目标都没必要定在“1个亿”上，而应该降到“1000万”。这个额度刚刚好，既有幸福感，也容易实现。

画重点

颠覆你对富豪的印象

▼富豪们都很勤奋。一份研究表明，全球各国大多数富豪的起床时间都惊人的一致，都是早上四点三刻，早早地就规划好了一天的全部工作，然后以饱满的热情投入其中。如果你总想着要睡个懒觉，那这辈子恐怕都会与富豪无缘。

▲富豪们都很好学。他们博览群书，并且有学问，有自己独到的观点。放眼全球，似乎都能找到这样一条“规律”：富豪越多的国家和地区，其全民阅读率也越高，这从一个侧面证明了“书中自有黄金屋”的道理！

【身价的概念】

所谓身价，本意是指一个人的价值，引申为他的身份或在社会中的地位。在这里，是指一个人创造或拥有的个人财富，特指可变现金融资产。

人的身价随时会变，关键取决于两点：一是获得财富的速度，二是投资理财技巧。对于大多数人来说，财富的增长速度远远比不上通货膨胀及投资理财不当所带来的财富侵蚀速度。这时候，他的财富名义上是增加的，但实际购买力在下降。

那么，这两者之间究竟要保持怎样的一个比例，或者说，中产阶级要想确保自己的身价不跌，平均每年的财富增长速度要达到多少呢？研究表明，至少是13%至16%，而不是只要略高于居民消费价格指数就行(2017年我国的居民消费价格指数是1.6%)。这不是理论，而是有确切依据的。

从居民收入水平看，1987年我国城镇居民人均可用于生活费的收入为916元，2017年我国城镇居民人均可支配收入已增长到36396元。在过去的这30年里，后者是前者的39.73倍，年平均增长速度高达13.06%。

如果换个角度，从我国每年的货币投放量角度来考察，1997 年年末我国的货币和准货币（M2）供应量为 90995.30 亿元，2017 年年末为 1676768.54 亿元，在这 20 年里，后者是前者的 18.43 倍，年平均增长速度高达 15.68%。

容易看出，如果你的年收入平均增长速度处于 13%至 16%这个区域，那还只能表明你的身价维持在过去的水平。只有快速超越这个区域，才能表明你的实际身价在提高；更不用说，绝大部分人的财富增长速度要远远低于 13%至 16%，许多人还整天陶醉于把钱存在银行或各种理财账户里，年收益率只要超过居民消费价格指数（例如上面的 1.6%）就沾沾自喜了呢！

有谁能达到这样的增长速度吗？长期来看几乎不可能。因为从全球范围来考察，盈利状况最好的企业长期投资回报率通常也只有 15%左右。

换句话说，在我国，几乎所有人的家庭财富都在贬值。贬值幅度有多大呢？我们分三种对象看。

一是没有存款，或存款很少、基本上可以忽略不计的穷人。

假如他们一直做同样的工作，每年的收入平均增长幅度恰好等于 M2（即平均每年的收入增长幅度高达 16%左右，这在现实生活中已经是很高的了）。初看起来，好像他们的身价（资产）并没有贬值，但实际上这并不见得是什么好事，因为他们本来就是“无产”阶级。

二是拥有或多或少存款的中产阶级。

他们的人力资本同样是有可能保值甚至增值的，可是金融资产就做不到这一点了。假如说，他们的证券投资包括股票、理财、储蓄等在内平均每年的收益率是 3%，可是 M2 的年增长率却高达 15.68%，这就意味着他们的金融资产部分每年都要缩水 15.68%－3%＝12.68%。

这是什么意思呢？打个比方说，你今年有 100 万元金融资产，1 年过去后实际购买力就只剩下了 87.32 万元，10 年后的实际购买力就只剩下 25.77 万元，相当于现在的 1/4，就这么厉害！

你还别不相信，你看看你当地现在的房价与 10 年前相比是不是只是过去的 4 倍，就觉得这实在很好理解了。

从这个角度看，中产阶级要想保住自己的身价不跌（实际购买力不降低)，实在不是一件容易的事。尤其是金融资产越多的家庭，这种缩水速度会越快。

这里的平衡点在于，上面所说的缩水速度(缩水率)的倍数。举例说，如果你们全家今年的工资性收入是22万元，省吃俭用存下12万元，那么，当你全家的金融资产为12÷12.68％＝94.64万元时，这里就是平衡点。

换句话说就是，你家里最多“只该”有这么多金融资产。在这个平衡点，光是每年的通货膨胀就能完全吞噬掉你的财富积累；数额越大，亏空越大。这时候，你家里的名义货币虽然仍是增长的，但实际购买力却在下降，这就几乎彻底阻挡了你进入富豪阶层的路。

这就是所谓的“中产阶级陷阱”。你看看周围就容易发现，这样的人到处都是：他们辛勤劳动，经常加班，每年的工资收入也在增加，可是依然省吃俭用。他们家里的金融资产数目也在不断增加，可是到头来实际生活水平并没有提高，甚至还在下降。说穿了，这都是金融资产惹的祸。

那么，他们的金融资产要怎么处置才好呢？这就涉及第三种对象“富豪阶层”的处事方法了，这个问题我们在下一篇中再谈。总的原则是，无论怎么处置，年回报率都要超过13％至16％这个区域，才可能保住你原有的中产地位，这是最起码的道理。

谈到身价问题，在我国还有一个不好的现象，就是总认为“为富不仁”。说穿了就是，“有钱人都不是什么好东西”。虽然人人追逐财富，但持有这种观点的人还不少。在我国，“富二代”可不一定是褒义词。如果你也持有这种观点，从中产到富豪的身份蜕变就可能与你绝缘。为什么呢？

首先要明确，如果“富二代”真是“游手好闲”的代名词，那么这种人对社会来说越少越好(没有他们，贫富差别会更小)，但事实绝非如此。

美国经济学家米尔顿·弗里德曼认为，在人们的概念中，通常会更崇拜通过个人努力获得财富的那些富豪，而不是通过财富继承跻身于“富二代”行列的人。他发现：“由个人能力差异或者由此人所积累财富的差异而导致的不平等被认为是合理的，或者至少不像由继承而来的财富所导致的差异那么明显不合理。”因为，前者的财富是自己辛勤付出的结果，值得尊敬和自豪；而后者只不过是一种出生在富豪家庭里的幸运，对外没什么可炫耀的。

但他同时又认为，一个人既然有权享用他自己创造或积累的财富，那么，为什么就无权决定把财富交给子女们享用呢；否则，你总不能要求他天天去过放纵的生活、把这些巨额财富在有生之年全部消耗掉吧！当你觉得这些人因为继承了这些财富而“不公平”时，你有没有想过，那些遗传了父母漂亮长相的子女是不是也对其他人“不公平”呢！

也许没人仔细考虑过这个问题，但英国伦敦政治经济学院社会学教授凯瑟琳·哈基姆进行的研究表明，良好的相貌在劳动力市场上会构成巨大的竞争优势。她的调查证明：长相好看的人参加工作后所获得的平均工资更高，而且会让人觉得他（她）更有能力、更聪明；退一步，即使是在法庭上，在其他情况相同的背景下，相貌迷人的被告被认为有罪的可能性也会比正常情况下更低一些。

为什么会认为“有钱人都不是好人”呢？归根到底，还是仇富心理在作怪。仇富心理古今中外普遍存在，但它是潜意识的，不会被公开承认。所以能看到，一些富豪或成功人士在谈论自己取得的成就时，往往会轻描淡写地把它归结为“运气”。这实际上是要缓解周围人的仇富心理，虽然或许他自己并没有意识到这一点。

唯一不同的是，体育和文艺界明星无论取得多么高额的报酬都不会招人嫉妒，而只会赢得赞赏，这是因为他们的表现更容易获得认可和评估。就像奥运会冠军，完全要靠自己的能力和技巧才能到达这个位置，有目共睹；而不像企业家获得高薪那样有许多朦胧因素，甚至有见不得人的犯罪行为，所以难以服众。[①]

只不过，体育和演艺界明星从中产进入富豪阶层的偶然性也大，在社会上还不具备代表性意义；更具有典型意义的，依然是投资和理财。

---

① （德）雷纳·齐特尔曼著，李凤芹译：《富人的逻辑：如何创造财富，如何保有财富》，北京：社会科学文献出版社，2016，P171－173。

画重点

维持身价靠投资理财

▼身价是指一个人在社会上的身份和地位，具体表现为他所拥有的个人财富多寡。身价这东西随时会发生变化，因为它本身就是一个动态指标。中产阶级的年财富增长速度如果不能维持在13%至16%以上，他的身价就是在贬值的。

▲虽然演艺界明星从中产步入富豪阶层更令人信服，但这样的例子在社会上并不具备代表性。对于芸芸众生来说，要想从中产步入富豪，关键还在于要靠投资和理财，而不是拼命挣加班费，这是大多数人的不二法宝。

【投资的概念】

上面提到，中产阶级因为家中拥有金融资产而“惹下大祸”，实际购买力年年都在贬值，还不如“无产阶级”来得无后顾之忧。既然这样，那为什么不“消灭”掉你的金融资产呢？这确实是个好主意！

当然，这样说并不是要你把所有钱都捐出去，也不是要你吃光用光，更没有要你把存款通通烧掉；而只是要求你换个角度，把原来的“攒钱”变成“借钱”。

借钱干什么？当然是为了回避年年贬值的金融资产，把它变成不但不会贬值而且还在增值的实物资产。在这其中，最著名的实物资产当然就是房地产了。

这就是你看到，从古到今的有钱人都在购买房地产的原因。中华人民共和国成立前的有钱人（地主），主要是购买农田；改革开放后的有钱人，主要是购买房产。他们不但很少拥有金融资产，而且屁股后面还有一大堆负债（房屋贷款和各种贷款）。

相反，拥有金融资产的主要是中产阶级和穷人。他们或者是因为钱少买不起住房甚至付不起首付，所以只好一直把钱存在银行里，任其贬值；或者是不敢借钱买房，觉得自己每天枕头底下放着存折睡觉会睡得更香。结果能看到，这两类人富者愈富、穷者愈穷，贫富两极分化“剪刀差”越来越大。在这表面现象的背后，除了胆识之外，实际上主要是这两大类人群对持有金融资产的认识和态度不同造成的。

有相当一部分中产阶级会抱怨说，这能怪我吗?！我这么点存款，既要留着给孩子将来上大学，又要留着给自己防老，买房就买不起，连个首付都不够，其他的各项投资如字画、红木家具、汽车车牌、特许经营权等我又不懂，也没机会，你叫我怎么办？这样的说法不是没道理，但依然没有看清问题的实质。

上面所说的投资房产只是举个例子，并不是说你一定要去买房才能保值增值。问题的实质在于，你要千方百计把金融资产规模变小直至变成负值。因为你只要有金融资产，它就逃不脱上面所说的平均每年贬值12.68％的命运；相反，如果你的金融资产是负值，就会莫名其妙地平均每年升值12.68％出来。

这样一分析，我们就能知道各阶层各自的财富管理模式了，大致是穷人选择储蓄，中产阶级偏好实物资产，富豪喜欢负债。

穷人因为拥有少量的金融资产，所以他们把钱存在银行里主要是备不时之需、救急之用，而不是为了保值增值；当然，事实上也根本保不了值，更增不了值。

中产阶级因为拥有较多的金融资产，所以，他们中的相当一部分已经在通过购置实物资产保值增值了；即使达不到目的，至少也能缓冲部分金融资产贬值的速度。而要真正成为富豪，就必须身背巨额负债；同时，把这些负债用于投资回报率高的生产经营和实物资产，通过这种杠杆作用让自己撑杆跳跃上富豪台阶。

这就是为什么几乎所有富豪都有高额负债的原因。这不是因为他们没钱，而是因为他们想以小博大、用钱生钱。在他们眼里，没有负债或很少负债的家庭和企业是不可思议的，也是不应该的，一眼就能看穿你将来飞不高。

对于工薪阶层来说，如果你怎么也找不到这种投资理财的机会，那么从小养成好习惯，借助于时间这条长坡把“财富雪球”越滚越大，同样是可以有作为的。

全球知名理财大师、AE财富管理公司联合创始人大卫·巴赫认为，普通的美国人要想在59岁之前成为百万富翁，只要记住一个简单的公式就行了，那就是至少把14%的毛收入存起来。他自己就是白手起家成为百万富翁的。他说，14%听起来似乎很多，但其实只相当于一个人每天工作一小时的收入而已。

针对有人认为自己的收入水平并不高、没钱可存，他认为这是一种“糟糕的想法”。他说，每个人都有一些钱被用在了不该花的小事上，如每天午饭后的一杯拿铁咖啡、路边摊上好看可是不实用的小物件等。他把这种花销称为“拿铁因子”，意思是说这些钱本来是可以节省下来用于储蓄的，可现在这样做却让越来越多的人成了“月光”族，并且还不知道钱究竟花在了哪里。相反，如果自己能控制好这些拿铁因子，就能在享受生活的同时管好自己的财物，帮助你在退休时成为百万富翁。他说，“每天节省10美元便可以改变你的生活。如果你现在20多岁，并且开始每天往自己的退休账户自动存10美元，按照8%的利率计算，到60岁时你的账户余额将超过100万美元！”[①]

值得一提的是，这种行为应该是自觉的或被迫的才能坚持下去。举例说，每个月拿到薪水后你首先要直接扣除14%存入退休储蓄账户，就当这笔钱本来就不属于你一样。

这样做，久而久之就会显出每个人不同的身价来。因为身价这东西不仅实实在在，而且呈现出显著的马太效应——强者愈强，弱者愈弱。

---

① 米娜：《想成为百万富翁？记得留出至少14%的收入》，腾讯网，2018年1月28日。

国际慈善机构乐施会2018年1月发布的报告表明，2017年末全球共有2043位亿万富翁，当年全球贫富差距在进一步扩大，82%的财富流向了最富有的1%的群体；当年这些亿万富翁的财富激增7620亿美元，平均每两天就诞生1位新的亿万富翁。全球贫富差距最大的是印度。在美国，最富有的三位亿万富翁比尔·盖茨、杰夫·贝索斯、沃伦·巴菲特的财富总和超过美国总人口一半以上的财富总额。

从全球来看也是如此。趋势表明，全球经济偏爱富人，获得奖赏的是财富而不是辛勤工作，全球最贫困的50%的人口财富并没有增加。例如，2016年西班牙品牌服装ZARA创始人阿曼西奥·奥特加仅仅股息收入就赚了15.9亿美元；可是孟加拉国一位名叫Anju的女性，每天要用12个小时缝纫专供出口西班牙的衣服，年收入也才只有900多美元。2017年6月，身价近920亿美元的巴菲特说："在我看来，真正的问题是——一直是——对于那些极其富有的人来说，这种繁荣令人难以置信。如果回到1982年，《福布斯》首次发布400富豪榜之时，这些人的总财富也才只有930亿美元，而现在已经达到2.4万亿美元，增加了25倍。这是一种给予最富有的人不均衡巨额回报的繁荣。"①

所以说，投资这东西行动要早、动作要快，越早、越快你就越主动，后面的"剪刀差"也会越拉越大。

那么，对于个人或家庭来说，怎样分配资金才最合理呢？这里可以用"4321理财法则"。简单地说就是，把40%的收入用于投资创富，如投资房产、股票、外汇、基金及其他方面，达到强迫积累的效果；30%的收入用于家庭生活开支，主要是衣食住行，也包括住房按揭月供；20%的收入用于活期存款或理财，以备不时之需，随时随地可以转账支付或变成现金派用场；10%的收入用于购买保险，保额（出险后保险公司的赔付额）以不低于家庭年收入的10倍为宜。

并且，在这其中要采取恒定混合型策略。也就是说，长期保持这一比例

---

① 米娜：《2017年亿万富翁财富激增7620亿美元》，腾讯网，2018年1月27日。

不变。例如，当年如果你的投资收益特别好，使得投资比重年末时大大超过了40%，那么第二年就要从中拿出一部分来分摊到其他三个方面去，确保“4321”比例不变。

这里的保险主要是起保障作用，所以应该选择保障型保险，如意外伤害保险、重大疾病保险、定期寿险、医疗保险等。无法想象还有不买保险的富豪们，万一真的有，这种“裸体富豪”在遇到大难临头时同样有可能一夜返贫。而不用说，保险本身也有很多类别，同样能起到理财的作用。如保险中的储蓄型保险，实际上就相当于银行储蓄；而投资型保险，则相当于购买基金。

上述比例是就一般情况而言。对于高收入人群来说，则可以采用另一种“4321理财法则”，基数按收入减去日常开支后计算。具体是指，年收入减去日常开支后的40%用于投资创富；30%用于活期存款或理财，以备不时之需及提高生活质量；20%用于养老及子女教育；10%用于购买保险。

顺便一提的是，投资和理财是两个不同概念。

简单地说：投资的目的就是获利，决策依据主要是收益率高低，兼顾风险承受能力和资产流动性，投资的结果不是盈利就是亏损，所以投资心态比技术更重要；而理财的目的主要是回避风险，决策依据主要是看今后的生活规划和预期，兼顾长期效益的稳健和增长，理财的结果是确保家庭成员未来生活更富有、身体更健康、生活更有质量，所以理财意识比财富多寡更重要。

画重点

消灭你的金融资产

▼投资的实质就是把“攒钱”变成“借钱”，把年年贬值的金融资产变成不但不会贬值而且还会增值的实物资产。中产阶级要想摆脱财富不断缩水的苦恼，就要像富豪那样，尽可能多地、主动地去消灭金融资产，把它变成实物资产。

▲把金融资产变成实物资产，里面又有太多的学问。其中最关键的一点是，要把它主要投向于稀缺资源。稀缺资源因为其稀缺性，其投资回报率要远远高于一般水平。这样的稀缺资源有很多，除了有形的还有无形的。

【追逐财富是人的天性】

古语说，“人为财死，鸟为食亡”。钱这东西是好是坏，每个人的看法大不相同。观点不同，就会直接影响到他对金钱和财富的一系列具体行为。

代表性观点主要有以下三种：[①]

一是鄙视财富，甚至视钱财如粪土。

主流观点是“男人有钱就变坏、女人变坏就有钱”“金钱不等于(买不到)幸福”等等。1974 年，理查德・伊斯特林成为全球第一个宣称“金钱不会带来幸福”的科学家，他的研究结论是，一个人的幸福取决于他在社会中的相对地位，而不是收入水平的绝对高低。

二是重视财富，甚至爱财如命。

古今中外，几乎所有人都认为钱多比钱少要好。因为金钱不仅是社会地位、你对这个社会贡献大小的象征，还意味着你有条件提高生活水平、拥有更多的消费选择，并且可以乐善好施，并从中赢得尊敬和快乐。

法国时装设计师可可・香奈儿就认为，“金钱是实现自由的关键”。这位靠个人努力积聚起巨额财富的成功女性，把金钱视为“独立的象征”。美国诗人格特鲁德・斯坦则不无调皮地说，“我富有过，也贫穷过。还是富有好”。另一位作家奥斯卡・王尔德也认为，“我年轻时以为金钱是生命中最重要的东西；如今上了年纪，我明白的确如此”。荷兰哲学家别涅狄克特・

---

① (德)齐特尔曼著，李凤芹译：《富人的逻辑：如何创造财富，如何保有财富》，北京：社会科学文献出版社，2016，P3－4。

斯宾诺莎则说得更为透彻："一个既贫穷又吝啬的人会不停谈论对财富的滥用和富人的邪恶；如此一来，他只是自寻烦恼，并且让全世界看到他既不能容忍自己的贫穷，也不能容忍别人的富有。"

三是折中主义，走中庸之道。

主流观点认为"钱够用就行了""钱不是万能的，但没有钱是万万不能的"。音乐家鲍勃·迪伦说出了相当一部分人的观点："金钱是什么？一个人如果早上起床、晚上睡觉，并且在起床与睡觉之间做的是自己想做的事，那他就成功了。"

从上容易看出，各种观点都不一样，并且听上去似乎都有道理；但是，他们谈的其实都不是财富，而仅仅只是钱。财富这东西没人说不好，并且一定会是多多益善；但钱就不同了，有时候还真的会成为祸害。

在上述观点中，容易梳理出两条脉络：一是鄙视钱的人通常是穷人。因为他缺钱，所以干脆就假装不在乎钱，用这种麻木来让自己刺痛的心好受些。这在过去叫"阿Q精神"，现在流行的说法叫"佛系"。二是重视钱的人往往是有钱人。哪怕嗜钱如命，他们嘴上也不会这么说，否则必定会因为过于张扬而遭抨击。还记得"闷声发大财"一说吗，想必就是他们总结出来的经验教训。

李嘉诚从1999年被《福布斯》杂志评为全球华人首富后，连续15年荣膺这一荣誉，在他创业以来的差不多70年时间里，虽然历经多次经济危机，但从来没有一年出现过亏损。他的体会便是："当你放下面子赚钱的时候，说明你已经懂事了；当你用钱赚回面子的时候，说明你已经成功了；当你用面子可以赚钱的时候，说明你已经是人物了；而当你一直停留在那里喝酒、吹牛、睡懒觉，啥也不懂还装懂，只爱所谓面子的时候，说明你这辈子也就这样了。"

哈维·艾克出生于加拿大多伦多，小时候家境十分贫困，13岁便开始打工，什么脏活累活都干过。大学读了一年后便创业，在美国四处找工作，创业10多次全都失败了。后来，他创办了一家体育用品销售公司，在短短两年半时间里开了10家分店，最终把它卖给一家财富500强企业，大赚了一笔。可是没想到，由于接下来的投资失误和大肆挥霍，不到两年就又变成穷光蛋，从终点回到起点。他痛定思痛，反复总结自己的经验教训，现在又成为超级富豪，并且越来越有钱。

在他看来，致富其实是一种心理游戏，一个人的收入只能增加到他最愿意做到的程度。这里的关键是，如果一个人的潜意识里没有把“财富蓝图”的目标设定为成功，那么无论他学了些什么、做了些什么，就都不会成功。最好的例子是，买彩票中了大奖的人大部分到最后又会回到中奖之前的经济状况，这便是因为他们只能掌控那么多财富。可是，那些白手起家的富豪就不一样了，即使在他们失去财富之后，依然能在很短的时间内就赚回来。这方面的典型是美国总统唐纳德·特朗普，他本来身价有几十亿美元，后来一度失去一切，但在短短几年后就又把失去的钱全部赚了回来，而且比以前更多。区别在哪里呢？就在于这些白手起家的富豪心中拥有一个大的格局，也就是说，他们给自己设立的“财富蓝图”就是几十亿美元的目标，而不是像绝大多数人那样仅仅是几万美元。甚至，有些人的财富调温器只设定在几百美元的位置上，有的干脆设在零度以下(认为不亏便是赚)。他形容说，这些人已经冻得要死了，可是他们却不明白自己为什么会受冻！

哈维·艾克非常赞同作家斯图亚特·怀尔德的这句话：“成功的关键在于提高你的能量；当你提高了能量，别人自然就会被你吸引。一旦他们慕名而来，你就要他们付钱！”

那怎样才能提高自己的能量呢？这就是我们熟悉的一句话：“汝欲学作诗，功夫在诗外。”就好比说，一棵树上结了许多果实，这果实就是你的成绩。如果你对这些果实的质量(果子太小、味道不好)和数量(太少)不满意，功夫就应该放在改良品种和树根上。但遗憾的是，绝大多数人只会把心思和关注点放在果实上，这就用错了地方。创造财富也是这样，你想改变看得见的东西，就必须首先改变那些看不见的地方。也许有人非要说“眼见为实”，那么电显然是看不见的，你能说它不重要或否定它的重要性吗！他的经验是，这个世界上看不到的东西，其威力要远远胜过看得见的东西。如果你不相信，便一定要吃亏，因为自然规律就是这样：地下的东西创造出地上的东西来，看不见的东西创造出看得见的东西来。

在上面这些观点中，哈维·艾克真正想说的是：这看不见的东西就是每个人心目中的“财富蓝图”，也就是说你在心里想成为怎样的人。如果你只是得过且过，就只能成为一个普通人；如果你有远大的理想，那才有可能成为富豪。就这么简单。

只不过，许多人并没有认真考虑过这张“财富蓝图”，这可以从他们的家庭熏陶中看出来。一个人小时候的家庭经历会在有意无意中绘就这张蓝图，也就是说，你的父母甚至爷爷奶奶、外公外婆拥有怎样的财富观念，你也会是这样。[①]

人为什么要追逐财富呢？哈维·艾克的体会是，绝大多数中产阶级的人生目标仅仅是设定在“过得舒服就好”。他说，“如果你的目标是过得舒服就好，你就很可能永远也不会有钱。但是如果你的目标是赚大钱，那么你最后很可能会舒服得不得了。”

他举例说，追求舒服的这些中产阶级，上餐馆时通常会根据菜单上的价格来点菜；而有钱人虽然也看菜单，但根本不会去看后面的标价。可是，要想达到后者这个层次，就不能仅仅满足于“舒服就好”；就好比在玩游戏时，如果你不是想赢而只是为了想不输，那你就基本上不会赢一样。[②]

画重点

李嘉诚的面子财富观

▼追逐财富是人的天性。因为财富这东西，归根到底是你对这个社会付出了多少所得到的奖状。你付出得越多，得到的就越多，在人生阅历、生活态度、品质享受方面的选择余地就越大。只要是合法的劳动财富，当然是越多越好。

---

① （美）哈维·艾克著，陈佳伶译：《有钱人和你想的不一样》，长沙：湖南文艺出版社，2017，P3－6。

② （美）哈维·艾克著，陈佳伶译：《有钱人和你想的不一样》，长沙：湖南文艺出版社，2017，P65－67。

▲要想从中产阶级跻身于富豪阶层，很重要的一点就是要放得下面子。在这方面，李嘉诚的“面子财富观”概括得可谓十分精辟，他甚至把它用在了判断一个人是否“懂事”“成功”，是“人物”还是“庸人”上。

【有时你只缺规划和勇气】

从中产阶级步入富豪阶层，说难也难，说易则易。正如古人所说的“踏破铁鞋无觅处，得来全不费工夫”。有时候，你只差那么一点规划和勇气。

先看一个真实案例。1984年，我有一位住市中心的朋友，家里有间小门面租给别人做生意，当时就有了10多万元储蓄，他也因此被公认为是“单位首富”。后来店面拆迁，他分到一套住宅，没门面出租了，就把钱一直存在银行里拿利息。他既无力投资，又不敢借给亲朋好友，还不敢购买各种理财产品，总想着有“这么多储蓄”这辈子日子应该可以过得很不错了。现在30多年过去了，他在老同事中也从“首富”变成了“首穷”——随着企业破产，同事们纷纷出去投资、创业，家底越来越厚，有几位现在已经资产过亿；只有他死守着这些银行存折拿固定利息，至今只有同事们的一个零头，依然只是百万富翁。

所以你会经常看到，许多人总觉得老天不公平，不给自己成功的机会，其实是“当局者迷，旁观者清”，机会就在你面前，关键是看你会不会抓住它。就像上面这位仁兄，如果当初他敢于尝试投资，即使不能保证成功，也会从中慢慢积累经验、总结教训，为下一次的成功打基础。相反，他的那些同事们的成功就得来全不费工夫——先看准一个项目，然后投资。接下来，投资成功了，事业取得了更大的发展；也有的失败了，但权当买个教训，一切从头开始。如此这般下去，投资经验越来越丰富，项目越来越多，家庭财富的“雪球”便越滚越大，终于一步步挤进富豪行列。

另外一则经典故事说，过去亚洲有一家穷人，经过多年的省吃俭用后攒够了去澳大利亚的船票钱，于是全家一起移民去澳大利亚。为了节省开支，他们整天蜷缩在下等舱里，一日三餐吞咽着随身带来的干粮，根本不敢奢望去豪华的餐厅享用美食，甚至不敢去看一眼。

后来，随身所带的干粮全部吃完了，男主人才不得不厚着脸皮去餐厅向服务员讨要一些别人吃下的剩饭给家人充饥。服务员吃惊地问，你们为什么不去餐厅用餐呢？回答是，因为我们穷，根本就没钱。服务员说，可餐厅里的自助餐都是免费享用的，根本不需要你另外掏钱呀！听到这里，男主人懊悔不已，哭笑不得。

容易看出，在这里，问题的实质并不是这位男主人所说的“根本就没钱”，而是一开始他们在潜意识里就为自己贴上了一个“穷人”的标签，根本就没有勇气去餐厅看一看、问一问。哪怕只是在边上兜兜风，也会很快就发现这一免费用餐的秘密，从而在长达10多天的旅途中，全家人一起美美享用这些美食的。

投资的情形与此相似。投资虽然有风险，但也会取得高额回报，这符合“高风险、高回报”的投资获利定律。就像这家老小，如果当时有勇气去餐厅看一看(尝试投资)，假如真的要花钱买，而且价格又贵(投资成本过高)，也完全可以不买(不投资)；而当得知这些都是免费享用的(没有投资成本，确切地说是投资成本已经包含在船票中)时，就一定会作出正确的选择。而这又会给整个旅途增添多少美好的回忆呢！

人生在世，因为缺乏投资勇气而与成功擦肩而过的事例，又何止千千万！同时，因为尝试投资而被成功女神追着拥抱的例子更是不乏其数。

人们总是对巴菲特津津乐道，最主要的原因就是他通过企业投资创造出了无与伦比的业绩回报。而很少有人知道，他的这种成功是“注定”的，因为他从小就具有商业头脑，并且有着远大的理想，事事处处都用投资眼光来看问题，追求业绩回报最大化。

巴菲特6岁时就从爷爷开的小卖部里，用每箱(6瓶)25美分的价格买进整箱可口可乐，然后拆箱零售给小朋友，每瓶6美分，从此开始了他一生追求20%年复利率的投资生涯。1956年，26岁的巴菲特牵头成立合伙企业巴菲特有限公司时只有7个人，令人难以想象的是，当时的巴菲特就立志要做全球首富，并时常为此激动和烦恼不已。

当时他在给朋友杰里·奥兰斯的信中说："我很害怕到最后自己的企业变得过于庞大，从而金钱会将我的孩子们腐蚀了。[①] 目前这还没有成为一个问题，但是乐观地来看，它是会发生的，我想了半天也没什么结果。我敢肯定自己的确不想留给孩子们大堆金钱，除非等我老点，等我有时间看看这些孩子是否已经成才后再这样做。然而，留给他们多少钱，剩下的钱怎么办等等诸如此类的问题让我大伤脑筋。"[②]

当时的巴菲特只是个普通的股票经纪人，个人积蓄一般，收入也很不稳定，这种念头就像襁褓中的婴儿就想将来当总统一样可笑。但正是这样的人生目标，促使他在以后的投资道路上理性投资、价值投资、长期投资，并且用它来鼓舞并引导其他合伙人，这才是其他投资者所缺乏的。果然，在37年后的1993年，他首次登上了全球首富宝座，2018年初他的个人财富高达840亿美元。

2006年，76岁的巴菲特就把个人财富的85%即375亿美元回报给社会，因为在他看来，这数百亿美元的财富仅仅是一种符号。有人对此大为不解：老巴究竟从中图个啥呢？其实道理很简单，那就是丰富多彩的人生，以及成功的喜悦和快乐，还有自身实力的展示。

与美国的巴菲特一样，日本人孙正义也是从小就立志要从中产阶级变成大富豪并最终梦想成真的。

孙正义1957年出生在日本，自称是我国孙子的后裔。他最喜欢看的书就是《孙子兵法》，哪怕躺在病床上也会坚持捧读，并且把《孙子兵法》的精髓运用到了每一次投资并购之中，从而真正做到了"不战而胜"。他曾经反复琢磨为什么孙子要把"始计"放在第一篇，他认为，这是因为万事都要从"计划""谋略"开始。

孙正义的父亲开了一家弹子房，天晴时生意还好，一到下雨天连个人影

---

① 当时他已经有了一女一男两个孩子，女孩4岁，男孩2岁。

② 严行方：《滚雪球：巴菲特投资传奇》，北京：中国城市出版社，2010，P12。

都没有，完全是靠天吃饭。父亲对这家弹子房感情很深，可是他却不以为然。他发誓，如果自己以后要经商绝不做这种小生意，要做就做大的。

高一那年，他有机会去美国参加一个英语短训班，一下子就被那里的自由、开放、乐观气氛所吸引，于是反复劝说父母同意他去美国留学。不到17岁时，他就成了赴美留学生。虽然也和其他同学一样勤工俭学，但他不是靠刷盘子挣钱，而是注重发明创造。在短短一年里，他就有了250多项发明。他把其中的一项发明专利卖给日本夏普公司，净得1亿日元。

面对人生中的这第一桶金，19岁的孙正义树立了以下人生目标："20岁时打出旗号，在领域内宣告我的存在；30岁时，储备至少1000亿日元资金；40来岁决一胜负；50来岁，实现营业规模1兆亿日元；60岁交棒给下一任管理者。"

1981年，他在23岁时创建了软银公司。公司成立那一天，身高只有1.5米的这位小个子男人站在苹果箱上对当时仅有的两名员工发表演说："虽然公司注册资本只有1000万日元，可是5年内要达到100亿日元、10年内要达到500亿日元。"这"疯狂"的想法把这仅有的两名员工都给吓跑了。

在当时看来，他的这些目标确实过于狂妄，但现在回过头来看，一步步都变成了现实。2014年，孙正义的身价暴涨至166亿美元，首次登上日本首富宝座；身价最高时达到700亿美元，仅次于当时的全球首富比尔·盖茨。2017年12月，孙正义入选"全球50大最具影响力人物"名单。

"没有投资的人生是平淡的"，这一论点同样适用于芸芸众生。

画重点

投资有风险，更有风光

▼投资的魅力在于，即使你明知投下去有可能会造成亏损，也会在这种尝试过程中感到满足和刺激，甚至激动不已，终生难忘。换个角度看，投资有风险，但也有风光，没有投资或从来不投资的人生只会是平淡无奇的。

▲要想从中产阶级跻身于富豪阶层，很重要的一点是要放下面子。在这方面，请仔细阅读上面李嘉诚的“面子财富观”。此外，就是心里要有一张“财富蓝图”。无论巴菲特还是孙正义，他们一生的财富之路都是从小就“规划”好了的。

【谨防一夜返贫】

在中产阶级通往富豪阶层的道路上，注定布满荆棘，尤其是要防止一脚踏空坠入深渊，反而落入贫困阶层。这里最关键的是要防止投资失败，避免鸡飞蛋打。

防止投资失败是千百年来所有投资者孜孜以求的梦想，但很少有人能一语点透。为什么？因为绝大多数人都会走入人性误区。

说穿了就是，绝大多数人在听到有合作机会时，首先会拨打自己的小算盘，考虑自己能从中获得什么样的好处。最常见的是：我能从中赚到多少，几个点？在这几个可选项目中，哪个项目我赚得最多、投入又最少？该项目的盈利一共有多少，我能赚多少、你又能赚多少，双方分配是否合理？有什么办法能够让我所赚利润最大化，而你从中所赚越少越好，最好是白白地为我打工……

容易看出，这些问题不是不能考虑，但如果脑子里尽是想着这些利益的分配，还有多少精力去考虑这些利益的创造呢！更不用说，这两者考虑问题的立场不同，导致的结果也就截然不同。即使将来合作成功了，也可能会因为当初的同床异梦而埋下许多隐患，最终不是分道扬镳，就是合作很不愉快。

相反，有钱人的思维方式就不是这样。

日本一位曾经服务过上千位亿万富翁的银行私人客户经理发现，这些有钱人有一个共同的特质，那就是：善于从交易对手角度看问题。当他们获悉某个投资机会来临时，首先会关心自己能给对方带来什么样的好处。只有他觉得这个项目双方都有利可图,并且商业模式是合理的,利润来源是清晰的,才会当机立断答应下来。否则,如果看不清这一点,哪怕未来盈利听上去很可观,也会坚决放弃。

举例说,有些项目为了能尽快找到投资人,会故意夸大其回报率。这时候的你在面对奇高的回报率时,就要搞清楚:它究竟是怎么来的?有没有切实保障?未来的各项条件是否真如他们所设想的那样理想……只有这样,才能走一步看几步,不至于上当受骗;更可以在可行性研究基础上确保获利有保障,避免投资失败。

这就是为什么这些有钱人中,有许多人并不了解自己即将进入的这个行业,甚至不懂得如何理财,却到处投资并且投资还经常取得成功的原因。

他们的思维方式是:自己不需要懂得太多,只要懂得人性就足够;因为商业形态千变万化,但其背后的人性却亘古不变。只有对方能从这个项目中获得持久而稳定的好处,项目才有可能持续发展;即使你想抽身而退,对方也会依依不舍。而这就能确保你能从中盈利,同时也意味着你可以从中源源不断地获利。就这么简单。

这样的逻辑可以用“我为人人,人人为我”来概括。换了其他地方,你可能会觉得这句话像在唱高调,但在这里却蕴含着真理。

因为归根到底,商业关系只有建立在互惠互利基础上才能坚持下去,而不是一锤子买卖。英国首相丘吉尔曾经说过,“大英帝国没有永远的朋友,也没有永远的敌人,只有永恒不变的国家利益。”投资关系和商业关系也是如此,必定会是欲取先予,如果只是先打自己的小九九,必定会同床异梦。

容易看出,这也是企业在寻找风险投资时要做的重点。你不需要和这些有钱人讲太多,只要说明你的商业模式尤其是盈利模式是怎样的,然后回答他们的一大堆提问就行。只需几分钟,他们就能给你作出接受或拒绝的表示。当他们觉得你的商业模式很清晰,并且你这个人靠谱、做事也靠谱时,剩下的问题就简单了。

简单到什么地步呢?关键是把投资风险控制在自己能够承受的范围内

即可。

不用说，不同阶层的人对风险的理解、态度和承受力是不同的。

普通人不敢冒险，虽然可能也听说过“风险”这个词，可是却不清楚风险到底会出现在什么地方；一旦遇到风险来临，更不知道如何应对。

中产阶级喜欢挑战性事物、总想做点什么，面对风险的机会比普通人要高得多，可是在规避风险时同样显得无能为力。例如，当他们买入某只股票后，第二天股价下跌了7%就会显得惊慌失措，第三天又下跌7%，便会感到这样下去“跌跌不休”受不了，于是干脆全部割肉，结果却卖在了地板上。

富豪们大风大浪见得多了，在面对风险时便会有一套属于自己的规则。同样以投资该股票为例，他们买入股票后会每天关注行情走势，并在第二天通过看新闻来确认该股价是否合理。无论涨跌，当股价达到他们原先的预期时就会抛出，涨了算是落袋为安，亏了也是为及时止损。以上面这只股票为例，当第二天股价下跌了7%时，第三天会把止损点设在跌幅3.2%（累计下跌10%）上。哪怕第三天先跌后扬，看似吃亏了，也会这样做，因为这是他们的风格和纪律。

一般地，无论盈亏，他们都会控制在10%以内。在这里，他们的规则主要有两点：一是通过看新闻了解股价变动原因，二是设立10%的止盈止损点。[①]

从历史上看，中产阶级最容易一夜返贫的情况主要有两种：

首先是那些成功创造了巨额财富的白手起家者，他们经常会有高估自身能力的倾向，所以在他们种种过于乐观情绪的背后，往往潜伏着乐极生悲。

虽然他们过去的成功经验不容否认，但无奈环境或许已经不是原来的环境了。正如国际投资大师吉姆·罗杰斯所说：投资者最危险的时刻，是在他刚刚做成一笔或几笔极为成功的投资之后；这时候他很容易产生一种自

① （日）挂越直树著，刘世佳译：《亿万富翁教我的理财武器——从金钱逻辑到投资技巧》，北京：民主与建设出版社，2016，P150－153。

己不会犯错误的错觉，并且很难抵制开始筹划下一笔大投资的冲动。显而易见，这时候他最好的办法就是暂时什么都别做、继续观察市场并等待合适的时机。正是根据这一点，他本人赚到了数亿美元。

其次是那些在这个领域取得了成功的人，便以为在另一个不同的行业也能取得同样的成功，根本忘记了“隔行如隔山”这条铁律，这便是许多成功者搞多元化经营最终导致失败的原因。

正如融创中国董事会主席孙宏斌所说，“你在成功的时候总结的东西都是错的，比如大势好的时候你的股票赚了钱，你会总结说是你选股选得好，是行业好，其实那时候你买什么都能赚钱。只有在经历困难的时候你学到的东西才是真的，因为那是用血、用命换来的”。[①]

例如，宜家家居创始人英瓦尔·费奥多尔·坎普拉德在家具行业赚到一大笔钱后，就也想在其他方面试试运气，于是买下了一家电视机厂的股份，结果惨得一塌糊涂，损失了超过宜家家居 1/4 以上的资金。

当然，这也并不是说每个人的运气都会像他这么差，但这方面的成功例子确实只是极少数。全球最富有传奇色彩的亿万富翁、英国人理查德·布兰森，算是其中杰出的一位。[②]

画重点

吃饭防噎而非因噎废食

▼创业和投资从来都与风险和失败为伍，而且创业的成功率很低。正所谓“物以稀为贵”，所以，全球各国的富豪数量永远要比中产阶级少得多。正确的态度是“走路防跌、吃饭防噎”，而不是因噎废食、这辈子就只敢喝稀汤了。

▲从投资成功的概率看，资产 10 亿元以上的大老板＞资产 2000 万元

---

① 张琳：《他是企业家里段子手，股东会开成相声专场，称收购多是因不会算账》，AI 财经社，2018 年 4 月 1 日。

② （德）雷纳·齐特尔曼著，李凤芹译：《富人的逻辑：如何创造财富，如何保有财富》，北京：社会科学文献出版社，2016，P156、157。

以下的小老板>资产2000万至1亿的中老板。个人财富从零起步积累到2000万元的过程相对容易，但2000万至1亿是个槛儿。归根到底，创业投资是一种全要素的考量。

案例

孙悟空离开《西游记》仅是一只猴

创业从来就是一条披荆斩棘的路，离不开“天时”“地利”的大环境，更离不开“人和”。一步不到，就会人仰马翻。就好比孙悟空，它如果不是出现在《西游记》里，那它就只能是一只猴，哪怕它成了精。

出生于1983年的茅侃侃，21岁便开始创业了。他虽然被认为是创业界的一颗新星，大家也都对他寄予厚望，可是他的一系列创业依然都失败了。

1997年，他便开始在《大众软件》等杂志上发表文章，同时也自行设计开发软件，随后获得了微软认证专家、微软认证系统工程师、微软认证数据库管理员等多项认证。只有初中文化的他，2004年与曾经合作过的国有企业再度携手，共同运营时代美兆(Majoy)，出任该公司总裁。

2006年5月，他以“成功的年轻创业者”身份登上中央电视台《对话》栏目。他在节目中表示，自己的特点是很有勇气、不计后果，思想力、行动力好。他说，“我感性地认识这个东西可能做出来就会有人去买或者怎么样，就会去做它。其实不会像现在这样要考虑什么商业模式、盈亏平衡点在什么地方，我就是做出来就好了。我不会考虑销售环节、渠道环节这些东西。那么当你做出来以后发现这个东西不行、叫好不叫座的时候，会受很大打击。”

2010年6月，他因为与股东决裂而提交了辞呈。两个月后，他在一次活动上发言说，“创业真的是一个挺讨厌的事儿，而且真的不是一个可以享受的过程，很受罪”。这大概可以看作是他当初辞职的动因。

接下来，他写了两本书，并且先后在移动医疗和移动交通领域创业，但最终还是放弃了。2014年，他开始担任GTV(游戏竞技频道)副总裁，负责视频等业务，进军电竞圈，当年公司净利润高达1400万元，成为业内佼佼者。但随后，因为与合伙人之间就融资问题产生矛盾，他感到很不爽。

但同样是在这一年，这位在圈内人人都说最仗义，并且已有10年创业经历的他在接受记者采访时坦言道，“我的性格不适合创业。我不是一个会管理的人。”

2015年9月，茅侃侃与万家文化实际控制人兼董事长孔德永的相识，成为一大转折点。他说，他对孔德永印象很好，于是他出资340万元，占股34%，与上市公司万家文化成立了合资企业万家电竞，正式出任CEO。

公司成立之初便呈现出辉煌，但随后便走下坡路。2015年11月，万家电竞向优酷出售《余烬战争》的游戏版权，获得700万元版税收入，这也是万家电竞最大的一笔收入。紧接着，万家电竞开始打造号称我国首个星座女子偶像团体的Astro12，但因为资金问题运营并不顺利。[①]

为了能尽快产生现金流，茅侃侃决定让公司同时做发行。这一决策被他事后认为是“最大的决策失误”，因为那时候的大环境已经不行了。此后，万家电竞就多次被曝亏损，融资计划一路坎坷。

2016年末，万家电竞计划对外融资。可是由于当时赵薇旗下的龙薇传媒宣布收购万家文化，所以这一计划暂时被耽搁了下来。到最后，龙薇传媒高达50倍杠杆的收购被原中国证券监督管理委员会立案调查，所以这起收购案自然也就黄了。

半年过去后的2017年8月，万家文化投入了另一个买家祥源控股的怀抱，并且于9月20日将上市公司简称也变更成了祥源文化，实际控制人当然也换了。这样，就使得祥源文化新的管理团队要重新对下属子公司进行调查。在这过程中，祥源文化在了解到万家电竞的实际经营

---

① 温婧:《80后创业者茅侃侃重压下离世》,载《北京青年报》,2018年1月26日。

状况后，委婉地向茅侃侃提出，目前万家电竞的业务和母公司在战略上不符。

这下茅侃侃急了。因为这时候他正在进行一项5000万元的融资计划，其中投资方提出愿意投资3000万元，但其前提是大股东祥源文化要投入2000万元。现在祥源文化说子公司与母公司发展战略不符，实际上就意味着不可能投入这2000万了，这也就间接宣布了这项融资计划的泡汤。

2017年10月，祥源文化给茅侃侃发了封邮件，称万家电竞确实不符合公司发展战略，更不用说持续亏损、不利于上市公司年度利润目标的实现了，所以希望万家电竞能在两个月内就从上市公司中剥离。鉴于这一情况，茅侃侃在与祥源文化沟通无果后，只好宣布万家电竞暂停营业，同时决定破产清算。

半个月过去后，万家电竞因为无力支付房租、电费等被物业断电。与此同时，60多位员工也因公司欠薪提起仲裁，如果不算离职补偿在内，欠薪总额高达220万元。据茅侃侃透露，万家电竞从成立以来的不到两年间，支出近7000万元，他自己通过抵押房产等方式凑出2000万元勉强支撑着运营，另有负债超过4000万元。

面对着创业以来遇到的最大危机，茅侃侃觉得这次自己再也挺不过去了。2018年1月23日，这位“80后”创业标杆人物带着许多遗憾离开了这个世界。

正如他2010年时就写下的这段话：“每一个创业者其实都是英雄，无论是非成败；就如同每一段婚姻都是美好的过往，无论是否分崩离析。然而人的心理总是这样，特别是在这个信息爆炸的年代，如不冠以‘神话’两字就没人会往下看。这往往需要我们读者更加理性。因为看了太多的神话，往往就会自以为是那孙悟空，却发现这个世界不是《西游记》，最后，自己成了别人眼中的笑话。”[①]

茅侃侃的倒下，启示后来的创业者在从中产通向富豪的征途中，在不甘命运屈服的同时，还需要综合考量许多东西。人生当然需要拼搏，但同样需要考虑自己的能力圈范围有多大。

---

① 李云琦、朱玥怡等：《“创业少年”之死：茅侃侃的最后三个月》，载《新京报》，2018年1月26日。

第一章　证券投资

证券投资属于间接投资，对象包括股票、债券、基金、期货等有价证券及其衍生产品，目的是获取差价、利息或资本利得，以最快的速度让财富增值。但应切记高收益与高风险并存。

【股票的长期回报率最高】

股票是证券之一。

所谓证券，是指用来证明券票持有人享有某种特定权益的法律凭证，既包括专门种类，也泛指各种经济权益凭证。从类别看，主要有资本证券、货币证券、商品证券等。从狭义概念看，主要是指证券市场上的证券产品，包括产权市场产品（如股票）、债权市场产品（如债券）、衍生市场产品（如股票期货、期权、利率期货等）。

投资理财概念上的证券，即是狭义概念，并且主要是指股票。股票投资是指买入股票借以获取收益的行为，它从出现的第一天起就是收益与风险并存的。

世界上最早的股票出现在1603年。当年，荷兰成立联合东印度公司时就是通过发行股票取得融资并分散经营风险的。只不过，当时的那种股票还不是现在看到的股票类型，说穿了，只是每个人自愿出钱，然后在本子上记一下你出了多少钱，公司承诺将来如有盈利会给你分红、亏了不负责任，就这么简单。

因为当时该公司拥有荷兰政府授予的许多特许权，如对外签订条约、发动战争等，并且荷兰政府自己也把各种授权折合成2.5万荷兰盾入股该公司，从而导致成千上万人踊跃购买该股票，最终通过这种方式募集到了650万荷兰盾资金（相当于现在的几十亿美元）。有了如此雄厚的实力，该公司实际上又行使着一个独立国家的权力，于是短短5年内每年都会向海外派出50支商船队（这超过了西班牙、葡萄牙船队数量的总和），以至于公司连续10年没有给股东分红，而是用盈利投入再生产，10年后才第一次给股东派发红利。

不分红股东能答应吗？当然。用今天的话来说就是，该股票是一只业绩非常优良的绩优股；更因为1609年在阿姆斯特丹诞生了世界上第一家股票交易所，一下子就成了欧洲最活跃的资本市场。当时，该交易所已经出现固定的交易席位，拥有1000多名股票经纪人，股东们随时可以通过该交易所把股票换成现金，每年享受着大量的股息收入。以荷兰政府为例，当时仅仅英国国债一项每年获得的收入就超过2500万荷兰盾，价值相当于200吨白银，相当于现在的上百亿美元！[①]

所以说，股票市场的出现对资本流通、产权交易、政府收入都有巨大好处，普通投资者也可以有机会从中分享到经济发展的红利。

总体而言，这种分享主要包括两大块：一是上市公司分配盈余时股东应该得到的股息（股利），包括股票股利（俗称送红股）和现金股利（俗称派发现金）；二是股票买卖的价差收入（当这种差价为负值时，就构成投资亏损）。并且，要想分享前者绝对容易，而后者则相对很难。究其原因在于，从长期来看，股市总是不断向上的，关键要坚持价值投资和长期投资，这也是巴菲特的成功之道；要想从短期炒作中获益，则必定是亏多赢少。

---

① 《证券是什么》，财安网，2013年2月28日。

先看股市及股市投资的长期表现。以巴菲特旗下的伯克希尔公司为例，2017 年末该股票的收盘价是每股 297600 美元，比 1965 年时的 19.46 美元上涨了 15291 倍，52 年间的复合增长率为 20.36%。也就是说，如果当时你有 1 万美元的伯克希尔股票，现在值 1.53 亿美元。再来看我国股市。上证综合指数从 1990 年 12 月 19 日的 100 点至 2017 年末的 3307 点，27 年间的年复合增长率为 13.83%。两者虽然相差很大，可是你要知道，全球最优秀的上市企业其长期回报率也只有 15%左右。如果你坚持长期投资上海股市，意味着你的长期投资回报率接近于拥有一家全球最优秀的企业；而如果你购买的是伯克希尔股票，意味着你的长期投资回报率还要在此基础上猛增 $1.2036^{27}\div(3307\div100)-1=3.5$ 倍！

值得注意的是，要想取得这样的长期投资业绩，并不意味着你个人在股市中单打独斗就行。股票投资的长期回报率极高，并不表明所有股票投资者都能赚到同样的钱。正如所有行业都是少数人赚钱、多数人亏损一样，绝大多数投资者在股市中都是亏的，股票投资中普遍存在着“二八定律”，即 20%的人赚钱、80%的人亏钱。

在美国，华尔街市场上人人熟知的“平均成本法”、“越跌越买”以及“被动指数策略”等，并不能保证投资者就能从股市中赚钱。因为所有理论都不能确保你准确掌握买进、卖出的最佳时机，更没有任何一种理论适合所有投资者。除此以外就是你要记住，你面对的是职业投资者。否则，在年龄 35 岁至 44 岁的美国人中，也不会有高达 50%的家庭净资产（包括房产、退休储蓄等在内）只有 3.5 万美元了。不但如此，65 岁以上的美国人手头也不宽裕，他们中有 50%的人家庭净资产中位数在 17.11 万美元，而这意味着他们还要过好多年才能真正退休（不用再上班）。[①]

怎么办？专家认为，股票投资的最好办法是购买交易所的交易基金（ETF），而不是自己单打独斗，也不是委托任何一家金融机构的资产管理或

① 米娜：《若股市可让人致富，为何美国有如此多穷人》，腾讯网，2018 年 2 月 4 日。

财富管理顾问，更不是交给几个人拼凑起来的所谓专家团队。这些人的短期业绩也许真的会超过市场表现，但你更应关心的是，他们凭什么说自己能战胜全球最出色的职业投资人。

说穿了就是，股市中95%的人是职业操盘手，他们靠整天研究股市谋生。大多数散户都会错误地认为自己能打败这些职业人士，实际上当然是高估了自己。

全球规模最大的对冲基金布里奇沃特同仁公司（2014年管理的资金数额高达1600亿美元）创始人雷·戴利奥就认为，散户投资者梦想有朝一日能胜过职业人士的想法是幼稚的："我有1500名员工和40年的从业经验，可是这对我来说仍是一场艰苦的博弈。（你）这是在与世界上最出色的扑克牌玩家打扑克……你一加入这场游戏就会发现，你不只是在与坐在对面的那些家伙打扑克，而是一场全球博弈，只有比例很小的一部分人能够真正从中赢钱。他们赢得很多，他们会将不太擅长这一游戏的人的钱赢走。"①

他认为，散户投资者的主要误区在于，会被太多的似是而非的所谓"至理名言"所误导。最典型的是，"不要把鸡蛋放在同一个篮子里"。不用说，这早已被依靠股票投资登上全球首富宝座的巴菲特用一辈子的实践否定掉了。

投资组合理论最早是1950年代哈里·M.马科维茨提出的。该理论基于这样一种基本假设：投资的总体风险能够通过精心选择各种资产搭配比例来实现最小化，从而达到预期收益。马科维茨认为，该组合中的资产关联性越小，就越能降低收益率标准差。根据这一理论，投资组合的最佳策略是这些资产之间的关联性要小。

然而，这种理论根本不值得一驳。以股票投资为例，如果把时间倒回到两年之前，让你重新选择购买什么样的股票；毫无疑问，你一定会把所有资金都集中投放在这两年中涨幅最大的股票上，而不可能会分散投放到其他

---

① （德）雷纳·齐特尔曼著，李凤芹译：《富人的逻辑：如何创造财富，如何保有财富》，北京：社会科学文献出版社，2016，P91。

股票上去。

那么,把头转过来看以后的两年应该怎么投资呢?你同样不可能把资金集中投在某一只股票上,因为你实在不知道未来两年中哪一只股票涨幅最大。从中容易看出,所谓分散投资组合,其实只是对未来不确定性和茫然无知的一种消极回避。而这样做的结果是,虽然降低了所谓投资风险,却也剥夺了自己抓住最成功投资机会的权利。

正如巴菲特所说,"风险投资是防范无知的措施,对于那些明白自己在做什么的人来说,这没多大意义。"事实上,如果他不搞集中投资,而只是满足于追求平均收益率,他也就不可能成为"巴菲特"![1]

有人也许会强调中国股市是"消息市""政策市",情况不一样,绝大多数投资者是靠听消息来进行投资决策的。这里撇开"小道消息"和"公开消息"的区别("政策"实际上也是一种消息),其实质是,听消息做决策恰好中了主力机构的套路,因为他们可以凭借控制消息来兴风作浪,让股市成熟不起来。

道理是,无论小道消息还是公开消息,也无论是什么样的消息,都可以做出各种解读。一条单独的消息没什么实用价值,有价值的是如何处置该消息。你听到的消息比其他人多,或者比其他人早,并不会让你成为更好的投资者;要想战胜竞争对手,更重要的是如何从听到的消息中得出正确的结论。

正如贝恩德·尼凯所说,"对于股市的全面分析表明,在任何时候,都有数量足够多的正面与负面信息,既可以用极具说服力的理由来支持股市会不可避免地走向繁荣,又可以用同样极具说服力的理由支持股市会不可避免地出现下跌。换句话说,同样的数据既可以用来预测明天阳光普照,也可以预测瓢泼大雨。最终,所有这些,都意味着需要极其慎重地对待一切股市

① (德)雷纳·齐特尔曼著,李凤芹译:《富人的逻辑:如何创造财富,如何保有财富》,北京:社会科学文献出版社,2016,P97。

‘智慧’。”[①]

举例说，如果政府公布的失业率出人意料地上升了，有人会认为这是一条坏消息，并由此预计经济增长速度会放缓，并导致企业利润下降；但也有人认为这是一条好消息，因为这会导致央行降低利率，反过来推动股价上涨。当然，未来的股价走势究竟如何，只能证明其中一部分人的看法是对的，而不可能证明大家都对。

在消息市中，许多媒体喜欢推出“股市权威人士”的观点来误导散户，而散户们也乐此不疲。其实，这些所谓股市权威人士之所以有名，是因为过去有过那么一两次正确的预测，比如预测股市几时见顶或见底；可是他们在这种“光环”下的大量的错误预言有意被人淡忘了，以至于“一白遮百丑”。

这些所谓权威人士通常分为“乐观派”和“悲观派”两大类。当股市上涨时，媒体会通篇报道乐观派的观点；在股市下跌时，又会有选择地报道悲观派的观点。就这样，一些幼稚的散户投资者就以为这些媒体和所谓股市权威人士一贯都是正确的，从而追涨杀跌，而这又会加剧股市的周期性投资趋势。

在美国华尔街上当了30年股市分析师的史蒂芬·麦克莱伦认为，股市分析师们的预知能力被严重高估了，他们预测的东西实际上并不可靠。因为股市分析师所做的推荐主要是短线交易，他们的客户大多也只关心这类交易。另外就是，股市分析师往往是为交易商而不是散户投资者利益服务的，他们所做的调研对交易商的短线操作最有利，可是对散户投资者、长期投资者来说准确性就会大大降低。

所以他认为，如果你要购买个股的话，最好是选择那些没有引起分析师关注的股票。他举例说，2006年标准普尔指数只上涨了13.6%，而那些经纪人推荐的股票平均涨幅却低于这个幅度；相反，那些分析师们关注最少的

---

① (德)雷纳·齐特尔曼著，李凤芹译：《富人的逻辑：如何创造财富，如何保有财富》，北京：社会科学文献出版社，2016，P96—97。

股票的平均涨幅却高达 24.6%，多涨了 81%，道理就在这里。[1]

总体来看，无论是哪种股票投资，都有可能帮助你加快从中产阶级步入富豪阶层的步伐。从上证综合指数过去 27 年间的平均年复合增长率 13.83%看，如果你能在股市中取得平均回报率，便能确保你维持原有中产阶级的地位不变。

画重点

"二八定律"岿然不动

▼股市处处有风险，但风险并不等于损失。事实上，风险并不可怕，可怕的是无法识别和预防以及超出可控范围。只有当风险的"可能性"变成现实，才会造成实际损失；相反，风险利用得好，便会带来超额利润，即风险收益。

▲股市中普遍存在着"二八定律"，即少数人赚钱、多数人亏损。所有股民都追求"高抛低吸"，但多数人除了呛水还是呛水。游泳池里的游泳健将被扔进汪洋大海看不到边时，唯一能做的便是随波逐流，根本不知道哪里是高哪里是低。

【债券投资优于银行储蓄】

债券作为投资工具，具有安全性高、收益高于银行储蓄、流动性强等特点。这就意味着，如果你有钱要存在银行里，这时候就不妨可以优先考虑债券投资。

债券投资的安全性高，是指债券在发行时就已经约定到期日期以及应该支付的本金和利息，收益稳定，并有切实保障。尤其是国债，因为有政府

---

① (德)雷纳·齐特尔曼著，李凤芹译：《富人的逻辑：如何创造财富，如何保有财富》，北京：社会科学文献出版社，2016，P128—130。

信誉和财力做担保，可以说几乎不存在任何风险，在各国都被称为“金边债券”①。

收益高于银行储蓄是债券存在的基本条件，否则对投资者就缺乏吸引力，会导致发行受阻。正是从这一点出发，投资者购买债券能够获得既稳定又高于银行储蓄利息的收入，同时还有可能利用债券价格变动低买高卖获取价差收入。

流动性强，当然就是指上市债券能够随时在交易市场卖出变现了。

根据发行主体的不同，债券主要可以分为国债、城投债、企业债三大类。不用说，国债是以国家为信用基础发行的债券，信用最好，安全性最高，但到期收益率也最低，价格一般不会有大的波动。企业债是以产业企业为信用基础发行的债券，由于各家企业的信用和偿债实力等等不一，所以企业债的信用总体上看最低，但收益最高。城投债是指以支持投资城市基础设施为目的而发行的债券，既属于政府债也属于企业债，所以它的信用评级和到期收益率介于国债与企业债之间。

显而易见，债券投资要想获得更高的收益便需要掌握一定的技巧。关于这一点，首先可以从债券收益的计算公式上看出来：

债券收益＝(利息收入＋资本利得)×杠杆系数×骑乘效应

在这里，利息收入是指债券发行时的票面利率，我国一般在5%至8%。

资本利得是指债券在二级市场上交易价格波动时所产生的折价或溢价收益。

杠杆系数是指债券质押给券商换取标准券时通过正回购放大资金的倍数。正因为有这种倍数的存在，才会导致盈亏比例同步放大，既可能成倍提高投资回报率，也可能因此同比例扩大亏损直至爆仓。

---

① 金边债券原指17世纪英国政府发行的公债债券，因为其金黄色边而得名，形容其本息支付由政府税收做保证，信誉度极高。在美国，金边债券是指经权威资信评级机构评定为最高资信等级(AAA级)的债券。现在泛指所有中央政府发行的债券(国债)。

骑乘效应是指在债券剩余持有期限内其收益率会沿收益率曲线下滑。很多投资者在投资债券时会抱有一种定期存款的思维惯性，例如在投资3年期债券时只关注3年内即将到期的债券，结果却发现这些剩余持有期限短的债券收益率都很低。而实际上，正确的做法是相反，要多关注那些剩余持有期限长的债券，因为它们的收益率较高。只是因为多数投资者无法忍受这样漫长的持有期限，所以折中一点，剩余持有期在两三年的相对会更合适。

具体的债券交易策略主要有：

专业策略

债券投资需要具备较高的专业性，尤其是在债券品种、数量不断增加，债券条款、交易规则越来越多也越来越复杂的背景下，债券投资越来越需要较高的专业技巧，这时依靠专业人士来管理债券投资就非常有必要，这也是未来发展趋势。

骑乘策略

就是在债券收益率曲线相对陡峭时，买入期限位于收益率曲线陡峭处的债券，接下来随着债券剩余持有期限缩短、债券收益率水平有所下降，从而获得资本利得收益。

息差策略

就是不断通过正回购融资来持续买入债券。只要回购资金成本低于债券收益率，就能达到通过放大杠杆来套利的目的。

高频交易策略

因为债券交易的规则是T+0,买入的当天就可以卖出,所以通过高频交易一天可以做几个来回,通过这种方式便能成倍放大收益。

有人自然会问,如果当天买进后价格涨了卖出去还有利可图,如果买进后价格下跌了无法卖出怎么办?这种情况当然存在,但如果你选择的是评级较高如AA+以上的债券,便会发现,即使价格下跌也会很快就反弹上来,一天的整个走势图会像织布机一样上上下下,给你以解套和赚取差价的机会。

坑机构策略

债券基金在发起时对所投资的债券评级会有要求(如必须AA级以上),所以每当债券评级下调时便会遭到各家债券基金的强行抛出。这样做的结果是,债券基金很可能会因此造成亏损,可对于个人投资者来说却是买入好时机。

上杠杆策略

有效利用杠杆系数来买入折算率较高的债券,以此成倍放大本金、变相抬高收益率。所要注意的是,杠杆系数并不是越高越好,一般以3到5倍为宜,5倍的杠杆率一般可以提高投资收益率50%至100%。杠杆系数越高,投资风险也越大。

信用债投资策略

这主要分为两种:在预期未来收益率曲线和资金面向好的牛市,主要采取进攻型策略，即拉久期、加杠杆、下沉信用资质，目的是要加大对利率风险和信用风险的暴露程度；而在预期未来收益率曲线和资金面走坏的熊市，主要采取防守型策略。

避税策略

债券投资是按天计算利息的，可是在结息日当天个人和公募基金都要缴纳20%的利息税（此外，QFII、RQFII还要交纳10%的企业所得税），其中持有的企业债券利息税一般会由兑付机构（证券公司）代扣代缴，其他类型的债券如公司债、可转换债、分离交易可转换债、中小企业私募债等由发行人代扣代缴。

为了避开这笔利息税支出，可以采取两种办法：

一是在派息日之前（从一两个月到一两天不等）就把债券卖给私募基金（私募基金不用支付利息税），然后在派息后再买入，以此来逃避利息税支出。这是最常见的做法，但不用说，大家都这样做，便会导致在派息前债券价格持续下跌，派息后债券价格强势上涨。

二是将满意的债券放在债券池里，通过两只相近的债券相互切换来实现避税。具体方法有三：①当一只债券快要接近派息日时卖出，同时买入债券池中的另一只债券以实现完全避税。②当你持有一只债券时，卖掉这只债券换成另一只除息后的债券，这时候刚刚除息的债券收益率相对较高。③当你持有一只债券时，卖掉这只债券换成另一只收益率更高的新上市的债券。

债券投资不同于股票投资的一大特点，也是债券投资最有意思的地方，便是折扣债的投资。

所谓折扣债，是指价格打了折扣的债券。最常见的是二级市场上面额100元的债券价格却跌到了七八十元，投资这样的债券是获得高收益的一大法宝。

因为债券的性质决定了无论你现在的买入价格是多少，将来都是要按面额本金结算利息的，所以现在的价格折扣越低实际上就意味着获利空间越大。

根据前面所说，折扣债主要发生在城投债和企业债身上，并且主要出现在二级市场中。之所以价格会跌到这么低，关键是发债企业出现了盈利下滑，从而给投资者造成恐慌心理，纷纷抛出该债券，导致价格下跌，有时甚至会跌到60元以下。

而其实，这种做法存在着一个很大的误区。对于同样一家企业来说，投资该公司的股票主要是看其企业盈利前景，盈利前景越好，投资价值越大；可是投资该公司的债券，则主要是看其偿债能力，即信用评级。信用好的企业，到时候没钱也会借钱来用于还债；信用不好的企业，到时候有钱也不肯还债。再退一步说，即使该发债企业倒闭了，剩余资产也是要优先偿还债券投资者的，最后才轮到股东。

所以，一条非常重要的经验是，眼睛要重点盯着二级市场上那些价格较低的折扣债，大胆买入。一般来说，当企业债券在跌到90元以下时，市场上就会不断出现质疑声，80元基本上就是铁底了，80元以下你闭着眼睛买就是，越跌越买，越跌将来的回报率就越高。

从历史上看，由于我国债券的政府监管力度极大，所以从1995年以来还从来没有出现过债券到期无法结算利息的情形。换句话说就是，债券投资到期不能兑现的风险在我国几乎是0。

画重点

债券兑付风险几乎为零

▼债券投资的风险主要是看发债企业的资信等级而不是盈利状况；如果发债企业有担保那就更是什么都不用看，闭着眼睛买就是。从历史上看，债券到期不能偿付的风险在我国是零，债券投资收益率主要是看票面利率以及买入时的价格折扣。

▲债券投资与股票投资相比更专业，市场规模也更大，再加上发债企

业资质良莠不齐，所以这对债券投资者提出了更高的专业性要求。建议不具备信用分析基础的个人投资者不要盲目参与，即使参与也要通过专业机构为好。

【基金投资进可攻退可守】

这里的基金，全称是证券投资基金，实际上是指一些专家利用基金管理公司这个平台来发行基金份额，然后把投资者的资金集中起来，委托基金托管人（具有资格的银行）托管，基金管理公司在这其中从事股票、债券等金融工具投资，与基金投资者共担风险、共享收益。

容易看出，对于投资者来说，基金投资实际上相当于聘请专家为你理财。

自从1998年3月我国推出第一家基金公司开始，截至2018年3月，在这20年间，我国公募基金的数量已经超过5000家，基金销售机构超过400家，基金经理1722位，管理资产规模超过12万亿元，公募基金持有人超过3.4亿，这些公募基金累计向持有人分红1.7万亿元。其中，偏股型基金的平均年化收益率为16.5%，超过同期上证综合指数平均涨幅10.5个百分点；债券型基金的平均年化收益率为7.2%，超过现行3年期定期存款基准利率4.4个百分点。①

基金投资的主要技巧有：

安全性

投资者要关注不同基金的投资方向，来衡量该基金投资是否安全。因

① 张羽：《数看公募基金20年：基金数量5000只，规模12万亿元》，载《国际金融报》，2018年3月26日。

为只有基金投资的安全，才能确保你的投资安全。

以证券投资基金为例，该基金主要投资于股票和债券等有价证券，所以规避和防范风险的最有效办法，就是选择那些分散组合投资的基金。因为基金投资的最大优势就是集合理财、分散风险，所以，重点要放在不同产品的合理配置上。这方面主要是结合自己的风险偏好和投资目标，在高风险高收益、风险适中、低风险这三类基金产品之间，选择两三家基金公司旗下的三五只产品进行科学组合。

基金投资的安全性与流动性无关。无论流动性大小，投资风险都存在，只是流动性大和流动性小的基金其安全性及风险性的表现形式不同而已。

长期性

基金是代客理财，所以你既然选择了购买基金，就要相信并承认这些专家理财的水平要超过自己；既然委托专家理财了，就要“用人不疑”，放心地交给他们去打理，同时兼顾流动性。

所谓流动性，就是基金投资必须具备随时赎回的条件。所以，基金投资不能像股票投资那样天天关心净值是多少，切忌追涨杀跌、频繁进出。

为此，选择购买基金品种时眼睛不能只盯着开放式基金，也要关注封闭式基金。开放式基金可以按净值随时赎回，这是它的优点，也是缺点；封闭式基金因为没有赎回压力，所以资金使用效率要远远高于开放式基金。

尤其是其中的小盘封闭式基金，要关注持有人结构和十大持有人所占份额。当该基金流通市值非常小、持有人非常分散时，很可能会出现部分主力为争夺提议表决权而进行大肆收购，导致价格快速上升，短线为你带来快速盈利的机会。

基金投资既然要考虑长期性，那么在选择基金时就不能只关注短期业绩排名如周排名、月排名等，这样很容易落入基金营销的陷阱。

事实上，许多基金在宣称自己的业绩时都会挑好的说，报喜不报忧——有的基金明明已经成立了好几年，却只提最近3个月以来的回报率；有的基金运作的时间并不长，却宣称自己“成立以来”的收益率高达多少多少；等等。这就像一个人从小学读到高中毕业，谁还没考过几次高分呢！拿小学一年级时考过100分的资历来炫耀，与眼下高考考得好坏根本没有任何关系。

有鉴于此，正确的做法应该是参考该基金成立以来完整的一贯表现，这才能体现该基金运行是否稳健；如果是新发行的基金，要着重核实与求证宣传材料里的内容，防止落入营销陷阱。然后，在中(1年)长(3至5年)期业绩排名相对稳定的基金中，选择名单中的前1/4品种作为投资对象。

收益率

某基金是否值得投资，关键要看该投资基金的前景，以及能否获得稳定的投资回报。为此，需要关注三个问题：一是正确确定基金投资的具体方向和目标，二是合理规划投资组合，三是对基金资产进行有效的经营管理。

也就是说，购买基金时主要是看其收益率高低，而不是单纯看价格孰低，也不是看分红次数的多少。真正影响基金投资者收益的，应该是那些管理人投资管理能力的高低。这与买入基金时的净值高低无关，并不是低净值基金的上涨空间就大。

比如说，两只基金同时成立并运作，一年过后其净值相差悬殊，这时候如果你贪便宜单挑净值低的买，就不一定是明智的选择。因为基金单位净值低，既可能表示其“价廉物美”，更能表示其“便宜没好货”。

又例如，有的基金经常分红，而实际上这很可能是它迎合投资者快速赚钱的心理，从而在封闭期一过就分红；可是，其实质是把投资者的钱从左边的口袋放到右边口袋里，并不具备什么实质性意义。尤其是，如果该基金的赚钱能力强，就应该少分或不分红，这时候的分红反而会削弱其资金增值能力。真正聪明的选择应该看收益率，这才能最终决定你的投资回报率高低。

封闭式基金转开放式基金之后，基金的价格也会实现价值回归，这时候的投资收益率就主要取决于其折价率。也就是说，折价率大的基金其价值回归的空间也大，从而为你创造良好的投资业绩回报。

风险性

不同种类的基金拥有不同的投资风险。目前市场上的基金品种中比例最大的是开放式股票型基金，而这类基金的投资风险也最大。

正所谓“大河有水小河满”。基金聘请专家为你投资理财，他们拿了你的钱同样主要是去投资股票的，他们的投资业绩没人保证就一定比你高。当股市处于大牛市时，这类基金的投资回报率也高；而当股市长期低迷甚至暴跌时，投资风险就较大，甚至会让你输得很惨。所以，投资基金应根据自身风险偏好和承受能力来选择基金类型。如果你没有足够的风险承担能力，就应该选择偏债型或债券型基金甚至货币市场基金，这才合适。

有人也许会问，我购买的是保本基金，是不是就没有风险了呢？这里关键是要弄清一个概念，那就是多数保本基金是要求投资者必须在发行期内购买、同时必须持有 3 年或 5 年的。也就是说，只有持有 3 年或 5 年的投资期，你才能获得 100%或 120%的本金安全保证；如果你要在投资期满前赎回，这时除了必须承担基金涨跌风险之外，还必须支付较高的手续费。换句话说就是，保本基金的保本是有条件的，不能简单地理解为无风险。

忌炒新

许多投资者特别偏爱新发行的基金，认为新发行的基金面值都只有 1 元钱，“很便宜”，甚至只买新基金。这种做法风险很大，正确的做法是恰恰相反。

这种新发行的基金，风险主要表现在以下三点：一是新发行的基金，其管理人水平究竟如何无从考量，所以其业绩如何具有很大的不确定性。即使其管理人队伍可靠，其研究团队一般也不会比老基金更成熟。二是新发行的基金按照规定要在半年内完成建仓任务，这种仓促行动往往就意味着其建仓成本不低。再怎么说，与老基金相比，新发行的基金建仓后必定会比老基金多一笔印花税和手续费。而不用说，这就抬高了经营成本、透支了部分盈利，可是老基金就不存在这个问题。三是老基金通常有一些按照发行价配售锁定的股票，这部分股票将来上市时能够确保其稳定的收益，而新发行的基金则不具备这种优势。

一般来说，当股市持续上涨时应首选购买老基金，因为在这样的上涨过程中，新基金因为要忙于建仓一定会错过许多好股票，而仓位较高的老基金上涨幅度会更大。相反，当股市持续下跌或方向不明时，应首选购买新基金，尤其是那些由老基金经营管理的新基金或投资研究平台较好的新基金。究其原因在于，这时候的新基金因为仓位轻，所遭受的损失自然也就小。

顺便一提的是，有些基金为了迎合投资者偏爱新发行的基金这样一种特点，会故意拆分基金，即把已经运作了一段时间、业绩又较好的基金进行拆分，令其净值归一。但这样做的问题是，在此前后要卖出部分持有的股票，然后在扩大规模后又要买进大量的股票，这一进一出就会白白多交印花税和手续费，并且还会因为规模匆忙调整买入不理想的股票，从而提高经营风险。事实上，进行这种拆分的基金业绩都会多多少少受到影响的。

画重点

基金管理人的能力最重要

▼不同类型的基金其安全性、流动性、收益率高低各不相同，投资者应当根据自己的投资风格和风险承受能力进行选择，明明白白地投资。如果不了解什么基金类型就乱买一通，无疑会增加投资风险。

▲基金投资与股票投资有诸多不同。基金投资既不能频繁进出，也不能单纯看净值高低；既不能看收益率高低，也不能看分红次数多少。影响基金投资回报率高低的主要因素，是该基金管理人的投资管理能力，然后就是你的买卖时机。

【期货投资的高风险和高收益】

所谓期货，通俗地说就是指还没有到期的货（包括某种具体商品或金融工具，前者如小麦、玉米、铜等，后者如外汇、债券、金融指标等），也就是现在买卖的是以后才到期的货。从这一点延伸开来看，期货投资就是现在买卖以后到期的货，并从这种期货价格波动中获取利润。进行期货投资的地方叫期货市场，简称期市。

期货的全称是期货合约，指期货交易所统一制定的、规定在将来某个特定时间和地点交割一定数量标的物的标准化合约。正如前面所说，这种标的物既可以是商品，也可以是某种金融工具、金融指标，但有一点很明确，那就是期货合约到期时，合约持有人有义务买入或卖出这种期货合约所对应的标的物；而在期货合约到期之前，合约持有人同样可以选择反向操作来冲销这项义务。

从广义概念看，期货不但包括期货合约也包括期权合约，而在大多数期货交易所的期货交易品种中，也都是同时包含这两大品种的。

期货投资是指在期货交易所买卖标准化期货合约、期权合约而进行的一种有组织的交易方式。不用说，这种交易对象不是现货，而是期货合约、期权合约。容易看出，期货投资是与现货投资相对而言的。

期货投资具有高杠杆、高收益的特点，所以历来为激进投资者所青睐。因为通过期货投资渠道，能够最大限度地积累起个人财富；但同时也毋庸讳言，如果操作不当，也很容易倾家荡产，所以非高手莫为。

期货投资的主要技巧有：

捕捉趋势

期货投资特别强调要捕捉趋势、顺势而为，这是取得投资成功的关键。

当然，要做到这一点非常不容易。不必说这种趋势规律很不容易识别，而且即使看出来了，趋势节奏也会有快有慢、有进有退。相反，如果逆势而动，虽然可能也会有一两单成功赚钱的案例，而要想长期获胜则不太可能。

捕捉市场趋势当然需要根据市场行情来进行判断，但所有投资者面对同样的市场行情，所进行的判断是完全不一样的。因为在一句轻飘飘的市场行情背后，涉及许多因素如心态、资金仓位、风险意识、风险承受能力、交易产品及平台等。

以交易平台为例，哪怕你的判断再准确，可是如果平台服务保障落后，该补仓时没有期货授信、本金硬是出不来，你也只好干瞪眼，再好的市场行情都会眼睁睁地看着错过。

坚持原则

这里的原则，是指期货投资中应当坚守的底线。简单地说，就是要紧盯着期货交易行情，然后看什么时候应当做多或做空，或平仓离场。所谓坚持原则，就是每当这种情形出现时必须当机立断，毫不犹豫。

例如，期货投资特别强调安全为先、规避风险，以便既能在行情波动中博取利润，又能把风险有效控制在能够承受的范围内，避免亏损进一步扩大。

懂得取舍

期货市场上蕴藏着巨大的财富，这些财富不可能被你一个人所得；事实上，如果你能从中有所得（赢）而不是一味亏损已经属于不容易了。所以，投资者应当明确自己的能力圈范围究竟有多大，然后适当加以取舍，有所为而有所不为。

为此，有时候往往还要故意错过某次行情和机会，原因在于限于你的认识、精力、时间，你不得不这样做。这代表了你的一种筛选、克制和等待，事实上这就是你的一种投资原则，即宁错过也不做错。

保持平衡

这里的平衡主要是指风险和收益的平衡，而要做到这一点，则主要取决于心态平和。心态平和的人知足、感恩，无论做人、做事还是投资都不走极端。人生在世，投资机会有的是，只有端正心态、保持实力、不断历练提高，才会赢得未来。

善用锁仓

期货投资不但可以做多，也可以做空，所以，可以通过开立与原先买卖方向相反、数量相等或相近的头寸的锁仓，来锁定利润(而不是锁定亏损。相反，如果是亏损单子，就应当运用止损策略了)，同时伺机参与折返行情。

期货主力无一不是善用锁仓的高手，因为唯有如此，它才能主导行情发展、挤兑散户跟风，同时也兑现部分盈利。

期货投机

期货投机是指不以买卖实物为目的，而是通过期货价格波动来预测将来什么时候买进或卖出某种商品期货能够盈利，并从现在开始就从事这种商品的期货买卖。

期货投机要比期货锁仓复杂得多，它既可以利用商品价格的波动来投机，又可以利用现货和期货的价差来套利，还可以进行跨交易所、跨品种、跨月份操作。所有这些，都可以避免现货交易既要积压资金又要支付仓储费、运输费、保险费、保管费等等的麻烦。

不断检验

市场瞬息万变，期货投资同样需要不断学习、不断检验，逐步提高实战能力。

特别是大多数期货投资者都是非专业人士，要想能快速看懂大盘并掌握盈利技巧，就必须不断学习、琢磨、检验过去的操作过程，并在此基础上借力发挥，最大限度地提高投资收益。

逐步积累

这种积累的过程包括经验、人脉和资源，当然更包括财富。

期货投资绝不是有些人所理解的那样是“赌一把”，它既适合于纯粹为了获利而进行的投机，同样也适合于为规避风险而进行的套期保值。所以，这里面可学习、积累的东西可多啦。

画重点

更适合激进投资者

▼期货投资强调要顺势而为，在逆势做单时要特别谨慎。一定要切记，你只要能集中精力做好一个方向就有足够盈利空间了，不要幻想着每一个波动自己都能把握得住。在学习操作技术时一定要化繁为简，注重做精。

▲期货市场非常现实，所以期货投资十分强调不贪婪、不猜势、不幻想，而是要在逻辑分析和规律常态分析、市场心理分析的基础上判断市场运行趋势，确保稳赚，赚多赚少则在其次。尤其是在学习阶段，更要保持一颗平常心。

【银行储蓄有技巧】

银行储蓄是一种传统的理财方式，在过去没有互联网金融时，最常见的投资理财便是银行储蓄，这也几乎是当时唯一的选择；只不过当互联网金融出现之后，网上理财的风头才渐渐盖过银行储蓄，成为流行趋势。但即使如此，银行储蓄作为投资理财方式的补充，依然有存在的价值。

银行储蓄的概念及种类

所谓银行储蓄，是指个人或家庭将暂时不用或结余的货币资金存入银行及其他金融机构获取利息的投资理财行为。

银行储蓄是针对个人或家庭而言的；如果是单位或组织的这种投资理财行为，则称为银行存款。也就是说，所谓银行存款，是指单位或组织将暂时不用或结余的货币资金存入银行及其他金融机构获取利息的投资理财行为。

银行储蓄和银行存款，合称储蓄存款。

银行储蓄的种类分为活期储蓄、定活两便储蓄、通知储蓄、零存整取储蓄、存本取息储蓄、整存整取储蓄、教育储蓄、智能通知储蓄等。银行储蓄的目的，主要是为了合理安排以后的生活和生产，尤其是对收入不稳定的家庭和组织更为重要。

银行储蓄的技巧

银行储蓄的获利是通过利息收入形式实现的。不同金融机构、不同储蓄种类的利率标准也不同，合理利用其规则，有助于大幅度提高投资收益。

从储蓄方式看，把一笔定期储蓄大单分成多张小单，就能避免将来因为要提前支取造成利息损失，从而变相提高投资收益。

举例说，如果你要存10万元现金，那么就不如存5万元一年期定期储蓄，3万元半年期定期储蓄，2万元三个月定期储蓄，并且错开储蓄日期、约定自动转存。这样，将来一旦要提前支取，就可以选择利息损失最小的那张存单；如果不需要提前支取，也不会造成任何损失。又或者，每个月都存一笔钱，并且约定自动转存，这样无论什么时候需要用钱，都可以选择提取当月即将到期的那张存单，从而把利息损失降到最低。

银行储蓄的自动转存主要有三大好处：一是不用去跑银行，刮风下雨路远都和你无关；二是如果你自己要去银行转存，转存前这几天的逾期部分利息是要按照活期来计算的，显得有些浪费；三是如果储蓄到期后遇到利率下调，如果没有办理自动转存的话，利率将会按照新的较低的利率计算，而办理了自动转存后便会按照过去较高的利率来计算。

结合银行储蓄和自动转存的要求，选择智能存款方式是一种不错的选择。

智能存款不但能够取得定期储蓄收益，而且储蓄利率会高于普通储蓄；储蓄门槛也并不高（目前一般为5000元起步），却可以随时支取（这时候的利率会根据实际储蓄时间按相对应的定期利率计息，即超过1年按照一年期定期储蓄利率计息，超过2年按照两年期定期储蓄利率计息，以此类推）。

又例如，如果你要办理零存整取储蓄，那还不如每个月都存一张定期存单来得实在，同样的操作，利息收入要高出许多。

以目前的一年期零存整取利率为例，年利率只有1.35%，相当于三个月定期储蓄利率（也是1.35%）；可是一年期整存整取利率却有1.75%，比前者要高出约30%。与此相似的是，提前支取、零存整取的损失也会大大高于多单整存。

银行储蓄的利息收入不高，各家金融机构的利率水平也相差不大，但还是要注重优选利率水平较高的机构和项目。正所谓“差之毫厘，谬以千里”。千万别小看利率水平只相差那么一点点，假以时日便会有巨大差别，甚至会相差数倍之多，这对财富积累的影响是相当大的。

根据中国人民银行规定，我国从2015年8月26日起放开一年期以上（不含一年期）定期存款利率浮动上限，活期存款以及一年期以下定期存款的利率浮动上限依然不变（为50%），所以每家金融机构为了揽储所设置的利率都是不同的，完全可以"货比三家"。

更由于银行储蓄利率敌不过网上理财产品，所以各金融机构纷纷推出了结构性存款方式来吸引客户，这种储蓄利率更高。

这种结构性存款是金融机构在吸收普通储蓄基础上，通过与国内外金融市场各类参数挂钩，加入了一定的金融衍生产品结构，在确保本金100%有保障以及确保同期银行储蓄定期利率的基础上，可选择储蓄期限不等、储蓄利率递增的储蓄方式。

例如，目前结构性存款中的一个月定期储蓄利率为3%、三个月定期储蓄利率为4.1%、半年期和一年期定期储蓄利率为4.2%等等，已经相当于普通定期储蓄利率的近3倍，接近于网上理财产品的收益水平了。1万元一年期基准利率可获利息150元，而这种结构性存款的利率最高可达420元，是前者的2.8倍！

两大法则

储户非常有必要了解"72法则"和"115法则"。当然，其他投资渠道也是如此。

所谓"72法则"，就是指不拿回利息，而是利滚利，本金增值1倍所需要的时间。它来源于按照1%的复利来计算，大约在经过72年后本金可以翻一番的结果。明白了这一点，你就可以举一反三用来推断投资时间和效果。同样的道理，"115法则"是指本金增值2倍所需要的时间。

举例说，如果你的投资额是50万元，年投资收益率是6%，那么大约在经过72/6＝12年后，这50万元就会变成100万元；在经过115/6＝19.17年后，这50万元会变成150万元。如果你的年投资收益率提高到了9%，那么大约在经过72/9＝8年后，这50万元就会变成100万元；在经过115/9

＝12.78 年后，这 50 万元会变成 150 万元。

之所以这里说“大约”，是指这样的计算结果并不十分精确，只是已经很接近了，所以能够满足普通投资者的计算需求，以及各种投资渠道的比较选择。

例如，如果你现在有三条投资渠道，分别是：一年期银行储蓄，年利率是 1.5％；网络理财产品，年利率是 6％；借给亲朋好友，年利率是 24％。那么，在不考虑投资风险及其他因素的背景下，最后简单计算一下本金增值 1 倍所需要的时间，就分别是 48 年、12 年和 3 年。

私人银行

对于储蓄数额较大或有特殊需要的个人和家庭，可以选择一些高端财富管理机构为你理财。各大银行都有这样的机构，俗称“私人银行”，主要是为一些富豪打理私人财富，内容包括理财规划、理财产品配置、出国移民、高端享乐等。

既然称之为“私人”银行，那么其进入门槛就是比较高的，通常分为 1000 万元、800 万元、600 万元人民币不等，具体你可以去各银行问问看。既然门槛不低，那么服务也会“高大上”，从合理避税到保险配置一应俱全。当然，因为任何服务都是人提供的，所以不同的理财销售人员之间水准相差很大。

除了私人银行，还有一些与此类似的理财机构，门槛同样很高（但与私人银行相比就要低多了，有的门槛只要 50 万元），但服务同样也不错，如恒天财富、诺亚财富、宜信财富等。

需要提醒的是，有这样的专门机构为你专业打理，你自然可以省心不少；但也大可不必迷信这些机构，更不能从此就不闻不问。因为归根到底，你是这些财富的所有者，对此负最终责任的只能是你。

画重点

储蓄可以有，但不能多

▼人生在世，财富积累就像一场战役，既要拥有属于自己的住宅，又要为孩子积攒教育费用，还要考虑父母和自己的养老保障，为此，每个家庭都应该有一部分随时可以动用的资金，同时搞好它与其他投资方式的衔接。

▲需要指出的是，无论是互联网理财还是银行储蓄，都不能算是追求投资收益回报的投资渠道，至多只能算是一种合理安排未来生活的理财措施。所以，要想尽快从中产阶级步入富豪阶层就要尽可能减少这部分规模，把它控制在合理范围内。

榜样

他炒股炒成了世界首富

1930年8月30日，在美国中部小城奥玛哈，一名男婴呱呱坠地。

当时的美国，正处在股市暴跌后的经济萧条中。他的父亲原本在联合州立银行当股票经纪人，因为股市暴跌让客户损失惨重，所以他吓得连门都不敢出，不但没有了收入，而且整天要给那些遭受损失的客户打电话道歉。在他不到一周岁时，父亲所在的银行破产倒闭，全家顿时失去唯一的生活来源。

走投无路之际，父亲和另外两名同事一起合伙开了一家股票经纪公司。虽然当时已经没有人买股票了，可是父亲只有这么点特长，生活总得继续下去。他们一开始只做熟人的生意，所投资的也都是一些安全性较高的股票，如公用事业股和市政债券等。就这样，生意慢慢做大，全家生活一下子就滋润起来。

小时候，他经常在爷爷开的小卖部里帮忙。6岁时，就从爷爷那里用每箱(6瓶)25美分的价格，买进整箱可口可乐，然后拆零卖给邻居的小朋友们，每瓶卖6美分。

7 岁时，他就经常把其他孩子喝完汽水后扔掉的瓶盖分门别类地加以整理，看哪种牌子的汽水卖得快，从中寻找商业机会。

8 岁时，当其他孩子在看童话故事的时候，他就开始阅读股票投资书籍，并且能把他最喜欢的《赚 1000 美金的 1000 种方法》一书滚瓜烂熟地背下来。

9 岁时，他经常利用和同学打篮球的间隙阅读《华尔街时报》，并且认定自己这辈子将来要吃证券投资这碗饭了。

10 岁时，他开始出售百事可乐，因为他觉得百事可乐和可口可乐虽然价格一样，可是容量却要增加一倍，这表明它们的“内在价值”也相差一倍。

11 岁时，他开始在父亲开办的股票经纪公司打工，帮着张贴股市信息等，一有空就阅读华尔街教父本杰明·格雷厄姆的《证券分析》一书。

12 岁时，他第一次炒股，用个人积蓄购买了 3 股“城市服务”股票，净赚 5 美元。

15 岁时，他在读初中时用业余时间投递《华盛顿邮报》，月收入高达 175 美元，超过老师的工资收入，这时候他的个人积蓄就已经高达 2000 美元。

20 岁时，他大学毕业后慕名报考本杰明·格雷厄姆任教的哥伦比亚大学商学院研究生，并梦想成真。

1956 年，26 岁的他牵头成立了合伙企业。当时公司总共才只有 7 个人，并且是费了好大的劲才募集到 10.51 万美元的启动资金，其中他个人象征性地入股 100 美元。令人难以想象的是，此时的他就立志要做“全球首富”，并时常为此激动不已。

他的这一切，父亲都看在眼里，并深深地为他感到骄傲和自豪。

1963 年，父亲在遗嘱中这样写道：“我没有为我的儿子沃伦做任何更多的准备，不是因为我不爱他，而是因为凭借他自身的头衔，他就有大量的资产。更进一步的原因，他曾建议我说，他不希望和别人得到一样多的财产，并要求我不要为他的将来做更多的安排和打算。”也难怪，这时候的他已经凭借股票投资从中产进入了富豪阶层，当然就不需要父亲为他考虑过多了。

1993年，他终于梦寐以求地登上全球首富宝座，并且至今仍然是全球唯一依靠股票投资登上全球首富宝座的人。①

在他1965年开始掌管伯克希尔公司以来的50多年间，美国标准普尔500指数上涨了155倍，而伯克希尔公司的股价则上涨了15292倍(2017年末的收盘价为每股297600美元)，超出前者15137倍！

2006年，76岁的他把个人净资产的85％回报给社会。因为在他看来，这数百亿美元的财富仅仅是一种符号而已。有人对此大为不解，不理解这老头究竟图的是什么？其实，道理很简单，他图的只是丰富多彩的人生，以及成功后的喜悦和快乐；当然，还有自身实力的展示。2018年，这位88周岁的老头个人净资产已经高达840亿美元，位列《福布斯》杂志全球富豪排行榜第三名。

他，就是人称“股神”的巴菲特，全球最伟大的股票投资者。

---

① 严行方：《滚雪球：巴菲特投资传奇》，北京：中国城市出版社，2010，P11、12。

第二章　房产投资

俗话说"小康不小康，关键看住房"，还可加上一句"中产或富豪，就看几套房"。房子虽然是用来住的、不是用来炒的，但只要能住，就有投资价值。谁让它是咱家中最值钱的宝贝呢！

【房产投资回报有多高】

所谓房产投资，是指以房产为投资对象获取收益的投资行为。

自从1998年我国全面停止住房实物分配、推行住房分配货币化，就注定了房价要走上一条永不回头的上涨之路。因为住房从无到有、从小到大是每家每户的刚性需求，在经济适用房不能满足需求的背景下，房价必然会越涨越高；而这也就注定了住房要在每个家庭的财富中占据越来越重要的地位，并导致房产投资升值。

为什么？因为在1998年《国务院关于进一步深化城镇住房制度改革、加快住房建设的通知》（国发〔1998〕23号）中，虽然明确要求"建立和完善以经济适用房为主的多层次城镇住房供应体系"，但实际上这一条从来就没做到。究其原因主要有两点：一是商品房制度的设计初衷就是为了融资，说穿了就是为了吸收超发的货币，这就注定房地产市场是资本市场；二是地方政府大规模建设政策性住房所带来的税收增量要与中央财政分享，可是以土地拍卖方式建造商品房所带来的土地收益却可以独享，这样就势必会使得“市场”上的商品房比重越来越大、“计划”中的经济适用房比重越来越小，最终逐渐并轨，甚至是经济适用房让位于商品房。[①]

在这样的宏观背景下，房地产投资是一定会盈利的，并且回报率还极高。

回报率究竟有多高呢？下面通过一个实例来加以说明。如表 2-1 所示。

表中第一行显示的是江苏省无锡市 2015 年至 2017 年的全市一手房平均成交价格。如果按 100 平方米建筑面积计算，房款以首付 30%、贷款 70%计算，可以得到如下结果。

表 2-1　无锡市一手房成交价格

项目年份	2015 年 12 月	2016 年 12 月	2017 年 12 月
全市平均房价(元/m^2)[②]	6771	8300	9592
100 平方米价格(万元)	67.71	83.00	95.92
贷款 70%计(万元)	47.40	58.10	67.14
净资产 30%计(万元)	20.31	24.90	28.78
房产环比增值(万元)	0	15.29	12.92
房产环比增长(%)	0	22.60	15.58

从中容易看出，从 2015 年末到 2016 年末，该市的房产价值增长了 22.60%，而从 2016 年末到 2017 年末却只增长了 15.58%。这就是现实。从绝对值看，2016 年增值了 15.29 万元，2017 年增值了 12.92 万元，也在同步降低。

在这种背景下，如果你要提高投资绩效，有两条路可走：

① 赵燕菁：《温故 1998 年房改：商品房市场从一开始就是为了融资》，经济观察网，2017 年 8 月 13 日。

② 数据来自国内知名房地产信息服务平台 58 集团安居客网。

一是找到性价比高、升值潜力大的优质楼盘。

因为上述数据是就全市一手房平均数而言的，而实际上，更具有投资价值的是二手房，或者一手房中的笋盘，这一点下面再讲。如果这方面的技巧和机遇把握得好，业绩增长可就不只是仅仅一倍两倍，三四五倍都是有可能的，这就相当于每年都能赚一倍。

二是加大杠杆。

上面例子中所举的首付都是30%，负债率是70%，这是许多地方的政策性规定，看起来好像是锐不可当、不可突破。但大环境不是你能决定的，小环境却是你可以人为创造的。如果你在房产升值后抛掉旧物业、重置新物业，就能变相提高负债率，从而推高收益率。

举例说，你在2015年房价是67.71万元时买入这套物业的负债是47.40万元，而当房价涨到2017年年末的95.92万元时负债仍然是原来的47.40万元，你的收益率自然就会降低，这种现象叫“角质化”。

最典型的角质化是皮肤上抵御外界各种刺激的角质层，如指甲和老茧等。在这里，则是形容因为你的负债(杠杆)率一直僵化不变，从而导致在房产不断增值的背景下，投资收益率越来越低(钝化)的现象。

这种现象在创业界也很常见。例如，无论是创业还是投资理财，要想赚到第一个100万元相当困难，可是要想在赚到第一个100万元之后继续向1000万元进军就要相对容易；而当你的资产突破1个亿之后，后面的运作几乎全是数字变动，因为其中有相当一部分是杠杆在起作用。

看看你周围，几乎所有成功的创业者无一不是利用杠杆的高手，有的甚至完全是白手起家，要想靠他们个人原有的那点可怜的自有资金来滚动发展，几乎没有可能。这就是大科学家阿基米德所说的“给我一个支点，我能撬动起地球”。

最极端的杠杆率当然就是100%了，民间通俗的说法叫“零首付”。零首付看起来不可能，其实随处可见，而且从古到今一直存在，关键看你有没有这个胆量。

零首付的主要方式有两条：一是“以贷易贷”，二是“高评”。

所谓以贷易贷，是指从其他渠道取得贷款来弥补这必需的30％的首付。对此，各地政策有所不同，对第一、第二、第三套房的限购政策也不同，并且经常发生改变，所以购房首付款的比例也不一样。无论如何，首付款是规定必须要有的。而要扩大杠杆率，你就必须想方设法压低首付比例，直至压缩到零。

别以为这很难，其实也简单，你直接通过其他渠道贷到或从亲朋好友那里借到这笔首付金额就行了。你当然要为此支付相应的利息，但这点成本与房产增值相比实在不值得一提。过去有“首付贷”，即从一些房产中介公司或金融平台那里获得你所需要的首付款金额，但现在它因为“扰乱金融秩序”被叫停了，那你就只能通过其他渠道来想办法，这依然是可以做到的。

所谓“高评”，就是故意提高房产交易价格，从中套取资金，以达到降低投资门槛的目的。

举例说，如果你的这套房产达成的实际交易价格是200万元，可是双方“写”的交易额是280万元，那么原本最多只能贷70％即140万元，现在虽然依然只能贷70％，可是就能贷到196万元了。这样“提高”了交易价格后，虽然需要多支出营业税、所得税、契税(中介费不变)，但这部分支出实在有限，并且是你能够承受的，完全可以看作是你为增加这56万元杠杆所付出的必要代价。

这部分代价有多大呢？业内流行“借六还七”的说法。意思是说，你每多写10万元，就能多贷7万元，同时要多支出1万元税费，实际到手6万元。

这1万元税费分摊到6万元身上，就相当于16.67％，这笔金额当然是需要你在以后的日子里进行摊销的。也就是说，如果这套房子你在2年后卖出，分摊到这两年中每年就要多增加成本8.33％；如果5年后卖出，分摊到这五年中每年就要多增加成本3.33％；10年后卖出每年多增加1.67％。

这样做的结果便是，首付款从原来的30％即60万元，下降到了200－196＝4万元，即2％。这实际上就意味着你的投资收益率提高了(30％÷2％)－1＝14倍！

这还只是从200万元写成280万元的结果，如果继续往上写，那就直接可以做到零首付了。

这一投资秘诀被有些人掌握后，便在房地产投资领域出现一个专门的流派叫“零首付流派”。他们投资房产的主要依据或唯一依据，便是追求零首付。

这些人非常熟悉银行内部操作规程，并且知道每个楼盘之间的差异。即使是同一楼盘，在不同银行之间的评估也不同，所以总能在它们之间找到机会。通常是，他们能把实际交易价格“写”高 40％到 50％，这在其他人是很难做到的，因为银行那里通不过；可是他们有办法，因为他们既了解这家银行又了解这个楼盘，并且还有其他技巧和渠道，知道哪些楼盘价格是早就被银行高估了却还蒙在鼓里的。

与零首付相反的做法是“全首付”。意思是说，你本来是需要贷款的，现在为了能得到更优惠的价格和户型、地段，便决定一次性付清全款。那原来钱就不够现在要一次性付清，这部分差额从哪里来呢？那就与上面的做法相反，即“低评”。

高评有“借六还七”的说法，而低评则可以获得“还六得七”的效果。意思是说，你合同价每写低 10 万元就能节省 1 万元税费，同样是贷 70％，但你实际上只要还 60％就行了。这样，就又出现了另一种流派叫“全款付流派”。

与高评相比，低评的做法更普遍，尤其是在贷款成数不多、贷款总价过大的情况下，因为这样做更实惠。

例如，政策规定房贷最高可贷 70％，而你因为手头现金充裕，只需贷到 40％以下甚至只需贷 10％、20％。那这个时候干脆就会考虑不贷了，把合同价格写低一点，既节省了税费负担，又增加了与开发商讨价还价的余地——开发商是非常欢迎业主全额付款的，并且一定会给予最大的价格优惠。

还有一种情况是，你面对的物业流动性小、总价过高，能够一次性付清全款买下的人很少，这时候低评的做法同样相当普遍。

例如，如果你投资的房产价格是 2000 万元，这时候就可以理直气壮地要求低评至1700万元，这样就可以省下30万元税费；同时，你还一定会强调你是一次性付清，以此来狠狠地杀价。这世界上从来不缺急等着钱用的人和单位，尤其是每年春节之前，这种全款付清的杀伤力非常大，一般来说从2000万元砍到1900万元是很正常的；再加上节省的税费等，实际上就意味着差不多打了个9折，这200万元净利润就轻而易举先到你口袋里来了。

目前在我国，同一套二手房的房屋成交价、银行贷款评估价、网签备案合同价、房管部门计税评估价（简称"四价"）是各不相同的，所以这为"高评"和"低评"创造了条件。其中，由于房屋成交价是买卖双方自己商定的，所以剩下的另外三个价格合称"三价"。为了堵塞上述漏洞，个别地区已开始实行"三价合一"政策，即银行贷款评估价会以网签备案合同价和房管部门计税评估价孰低原则确定，这样一来要想继续钻空子难度就大了。

画重点

这样做可成倍放大收益

▼虽然房产投资仅仅是取得平均获利就已经很丰厚了，但投资者一定还会"志存高远"。把目光主要投向地段较好、总价较低的二手房以及一手房中的笋盘，更会进一步放大获利，每年赚一倍都是有可能做到的。

▲在房价不断上涨的大背景下，通过"以贷易贷"和"高评"，尽可能提高杠杆比例，直至提高到100%，就能最大限度地放大投资回报。与此相反，通过"低评"来获得实惠，先锁定基本盈利，同样是一种常见手段。

【什么样的房产最赚钱】

投资房产很重要的一点是，要关注投资什么类型的房产最赚钱。而这又主要取决于哪类房产的流动性最大、最容易脱手？要讨论这个问题，我们先来看看都是谁在买房、怎么买房。

随着人们收入的增加和生活水平的提高，无论是买房还是换房都会眼睛向上，即房子越换越新、面积越换越大、小区越换越好，这一点毫无疑问。

对照以上三条标准，如果将市场上的所有住房划分为A、B、C、D、E、F六个等级，并且假设社会各阶层的经济条件从低到高也相应地分为甲、乙、丙、丁、戊、戌六类人群，他们都在按照同一节奏买房、换房。那么，一个周期下来，就会从

人群	甲	乙	丙	丁	戊	戌
住宅	A	B	C	D	E	F

变成

人群	?	甲	乙	丙	丁	戊	戌
住宅	A	B	C	D	E	F	?

容易看出，在这其中，房型最旧、房龄最长、面积最小、楼层最差也最破烂的A类住宅便被空了出来。但这种“空”并不一定是指闲置或废弃，多数情况下会有新的房主进入(购买或租下)才会实现这种转移。

不用说，那一定是刚性需求了。换句话说就是，是实在没办法的人才会逼不得已地购买或租下这种又破、又小、又旧的房子。

那这些买主又都是谁呢？你猜对了，是新移民。他们初来乍到，没有任何资产和背景，收入低微，或还处在白手起家的初创阶段，又人生地不熟，所以不可能奢望那些最“高大上”的D、E、F类住宅，可是又不能没有地方栖身；所以，最先想到的方案便是A。除非等到他们以后收入条件改善后，才可能进行一轮新的住房条件改善，否则A类住宅将会一直伴随着他们。从实际情况看，他们从A类换成B类住宅的时间跨度要长得多，甚至会是终身制。

并且，这里还有一个特点：那就是一个小老板背井离乡来到这里创业，往往会拖儿带女、沾亲带故从老家带来一大群人口。这样，他们就对住房面积提出了新要求。所以能看到，他们在选择A类住宅时，不但会一连买下

或租下好几间，还会优先考虑同一楼面的大平层，或打通相邻门幢。尤其是顶楼，不但没人干扰，而且房价（或租金）还便宜。所以，这些在有钱人眼里没人要的房子，就给他们承接了下来。读到这里你就明白了，实际上投资A类住宅的回报率是最高的。

A类住宅面对的都是刚性需求。这些业主同样对房价和房租高低有要求，当然这又与面积大小有关，但35平方米是一大门槛。也就是说，每套35平方米以下的住宅，租金基本上不会有变化。这也就意味着，你当初买入的总价越低，回报率就越高。而这也正是你要寻找的投资对象"老（房）、破（房）、小（房）"，这样的住房你简单装修一下就可以租出去，为你创造源源不断的现金流；除了"待拆迁"概念外，它还有一大好处就是"永远不（需要）折旧"。

明白了上述演变规律就知道，一个城市中的新移民流入数量越大，这种A类住房就越紧俏，流动性就越大；如果没有新移民流入，理论上说，这些A类住宅就没地方可去，当然就会直接影响到A类住宅的流动性和变现性了。

那么，什么样的城市里新移民流入数量最大呢？当然是特大城市和大城市了。

特大城市和大城市规模之所以会变大，总是有其原因的，并且已经形成一种"共识"。一般来说，特大城市中又可以分为本地人、外地人、外国人三大类。因为不断有新移民源源不断地流入，所以特大城市中地段好、人流量大、总价低的A类住宅就最受追捧，投资A类住宅的升值潜力也最大（请别忘了它面对的是刚性需求），并且非常容易脱手，绝不会亏损。

在一般大城市中，外国人的数量并不多，所以大致上可以分为本地人和外地人两大类，这时候A类住宅的流动性就要差一些。但房子是有所在区域的，同一个城市的不同区域人口流入、流出情形也大不一样。所以同样是A类住宅，命运就会迥然不同。其基本秘诀是，要投资在人口流入大的区域。人口流入越大，房价上涨就越快，也越容易脱手。相反，在人口流出地区，不但房价会跌，甚至根本出不了手。

在基本只有本地人的中小城市，A类住宅因为没有新移民接手，所以根本不值钱，说是价值为零也不为过。如果你不相信，可以看看一些农村地区，那里的青壮年全都在外地，村里只剩下耄耋老人，原有的老式民居大片大片地空着，送给人住都没人要，就是因为那里没有外来人口流入。

顺便一提的是，住房条件逐步改善后，上面“戌”的这部分人去哪儿了呢？他们当然会追求F或者比F类住宅更高的档次，即所谓的豪宅、大平层、联排别墅和独院别墅。这类住宅满足的是高层次人士需求，所以溢价成分特别高；但这类住宅从投资角度看有一个最大的毛病，那就是适合居住，却不适合投资。住在这样的房子里当然高贵无比、脸上也有光，但要是用来谋求投资升值，既不容易脱手，又不容易卖出过高的溢价，这方面就远不如上面所指的A类住宅了。

住宅结构中还有一种特殊类型，叫公寓或商住楼。尤其是那种纯住宅性质的商住两用楼（即在典型住宅中只有那么一两户是开公司办公的），这会让整幢大楼住户都感到不舒服，并连累整幢大楼的房价迅速贬值。

因为在人们的观念中，住宅就应当是“纯洁无邪”的。住宅楼就是专门住人的，而现在如果有人要在这里办公或洽谈业务频繁进出，有电梯的经常要抢电梯，没电梯的楼梯整天响个不停，其他住户就会因此有一种不安逸、不安全感。

推而广之，房产投资最理想的对象都是那些A类住宅。他们往往地处老城区，面积小，但由于总价最低，所以颇受刚需穷人所青睐。你从这些穷人的手里买下来，再卖给或租给那些穷人，从投资角度看，性价比自然就是最高的；最容易出手，差价也最大。

有意思的是，虽然二手房投资收益更好，但绝大多数人都有“一手房情结”，无论是自住还是投资，都喜欢买新建的一手房。有数据表明，这一比例就全国总体而言高达90%。也就是说，几乎所有人都会首选新建住房；只有在一手房与二手房价格、地段相差悬殊的“迫不得已”的背景下，才会考虑二手房。而换个角度看，在房地产交易市场上挂牌的一手房和二手房比例却几乎是一半对一半，从中就能看出一手房和二手房究竟谁更容易租售出去了。

明白了这一点你就能想到，各地频频推出的房地产指数包括今年商品房新开工面积、销售面积、哪个区域好卖或不好卖、销售单价等，全都是指狭义概念上的房地产市场，而不是房地产投资市场。对房地产投资者来说，完全没有参考价值！

画重点

特大城市的 A 类住宅

▼房产投资并不是投在哪个城市都能赚钱。城市规模越大、流入人口越多，升值潜力越大。

▲房产投资并不是买什么房产都能赚钱。投资回报率最高、最容易出手的主要是那些位于老城区、面积小、总价低的 A 类住宅；房型越新、面积越大尤其是那些别墅和联排别墅，投资价值最小，甚至根本转手不出去。

【聪明人首选贷款买房】

根据前面所述杠杆要求，在房价上涨的大环境下，买房时应首选贷款买房。这不是你钱够不够的问题，而是聪明不聪明的区别。

真正的有钱人不是指账面上有很多钱的人，而是指当要用钱时有足够多的钱来调度。说得更通俗一点就是，不是说你有多少资产，而是说你有充裕的现金。怎样才能做到这一点呢？途径有两条：一是你有足够多的资产或信用，这是最基础和最重要的；二是你的现金比例高，这一点也很重要。

举例说，按照第二点要求，如果你要买房，无论你有多少钱，都会采用贷款至少也是部分贷款，一般不会选择全额付款，因为这样做无法发挥杠杆作用。

贷款买房有两大好处：一是这部分房贷就从资产变成了现金，当今后遇到更好的投资机会时，会有足够多的现金流来帮助你抓住机遇；二是住房贷款利率可以说是在所有贷款中最低的，贷到就是赚到。打个比方说，即使是你用贷款利率套出现金来存在银行里，依然是合算的。

所以能看到，在面对贷款买房还是全款买房时，有钱人都会毫不犹豫地选择贷款买房，即使他们有能力全额付款；相反，倒是工薪阶层会首选全额付款，哪怕他们是在不得不需要贷款买房时，也会尽量提高首付比例，并且会选择尽可能短的贷款期限。在他们看来，贷款买房后每天早上一醒过来就要计算支付多少贷款利息，并且期限要长达二三十年，这会严重影响幸福指数。

只是他们没想到的是，这种做法与富豪们的思维截然相反。

在富豪们看来，贷款买房就意味着能够用最低的成本做杠杆，迅速搅动几十万乃至几百万元低成本资金，用于放大自己的财富。更重要的是，这样的机会只有在买房时能遇到，所以实在不该白白错过。即使乍一看房贷利息是笔大数字，但这要分摊到今后二三十年来看。从发展趋势考察，社会平均工资每年都是在上涨的，而房贷利率几乎一成不变，这就意味着实际还贷压力是在逐年减轻的。媒体上之所以会看到“房奴们”重压之下的哀叹，主要出现在最初还贷的几年中；若干年过去后，听到的多半不是抱怨，而是撒娇，是在换种方式告诉别人“我这几年因为贷款买房赚大了”。

当然，本书并没有倡导你非买房不可，因为每个人的情况实在相差悬殊。但如果要买房，那一定是选择贷款买房更合算，并且要把贷款额度、期限用足，哪怕你有足够的能力付清全款。

可喜的是，这一“致富理念”正在快速得到普及。调查表明，在2006年至2016年这10年间，我国居民家庭的杠杆率从11%升至45%，2017年9月末更是达到50%，10年间增长3倍。从国际比较看，用来衡量一个家庭负债程度和家庭债务风险的指标——负债与劳动报酬之比，我国从2008年的不到50%已经上升到2016年的90%；与此同时，美国的这一比值却从140%下降到118%。[①] 不知不觉间，部分国人的财务状态已经从过去的“怕

① 桑彤、姚玉洁：《“灰犀牛”动起来：中国家庭债务风险浮出水面》，载《半月谈内部版》，2018年第3期。

欠债”变成了主动“高负债”，其中最主要的因素就是房贷，这些人的家庭财富也因此成倍增加。

负债杠杆的使用不仅是付款方式问题，更是思维问题，因为这意味着你擅长用杠杆来放大你的财富。在过去的20年中，我国的房价在飞速上涨，可以说贷款买房是天底下一种最合算的投资行为；今后的房价涨幅哪怕不再像以前那么疯狂，但在可预期的将来，依然会是一项非常有利可图的行为。

以北京为例。北京1997年全市的平均房价是每平方米5478元，2017年是67822元，20年间上涨了11.38倍，年平均上涨幅度高达32.69%！完全可以说，投资其他任何项目都不可能连续20年每年都保持这么高的上涨幅度的。

为什么会涨得这么凶呢？归根到底，这是M2增速过快所刺激的。政府印的钱太多了，物价自然就要上涨。

有人也许会问：货币发行是全国范围内的事，为什么特大城市尤其是北京、上海、深圳等地的房价涨得快，其他中小城市涨得慢，甚至还有许多城市在原地徘徊呢？实际上，这就涉及中央集权制度的本质了——虽然政府发行了那么多货币，可是，这些钱主要是流向了特大城市尤其是那些政治经济中心（政治中心能拿到钱，经济中心能吸引钱），所以，这些地方房价涨得快是必然的。

货币如水，所以钱也被称为流水。当资金流向这些政治经济中心后，便会形成水滴效应——离该城市越近的地区受惠越多；水波渐渐散发出去，力度就会层层减小，但这种影响并不是均衡扩散的。

就好比说，在这水波扩散中就有那么几个城市，经济发展未必差、人均收入也不低，可是房地产价格却偏偏上不去，这又怎么解释呢？这就很可能是前面所说的人口流入、迁徙问题——如果你当地都是本地人，流入人口不多，价格自然就起不来，房租也上不去。因为从租房市场看，房子主要是租给外地人和外国人的。本地人或者不需要租房，这样就自然没有了成交和价格；或者只是改善性需求，所以并不着急。

具体到外地人和外国人，他们虽然同样都要租房，可是口味喜好、价值观念是完全不同的。外国人租房，会首选抱团居住（这一点中国人在海外也是如此），因为这样更便于他们交友，更有生活气息，也更安全，他们看重的并不是性价比。所以，价格高低对他们来说无所谓，因为他们有住房补贴，而且数额还不小（在华欧美高管的每月房贴在3.5万到7万元人民币不等）。这样的房租水平如果用于买房也是可以的，但是他们不会考虑买房，因为他们住了三五年就要离开。从这个角度出发，如果你要想租房获得高回报率，首先要看你当地有没有外国人、你的房产是不是在外国人抱团租房的地段；其次，当然就是要看你有没有租给外国人了。如果你只是租给外地人，主要是那些小商小贩和农民工，房租价格肯定就上不去，投资回报率当然就低了。再退一步，如果你当地没有外地流入人口，全都是本地人，那房租就等于是零，也就是说，你的房子根本租不出去，因为谁都不缺住。

继续讨论上面提到的贷款买房。在选择贷款买房时，有两种还贷方式可供选择：一是等额本息，二是等额本金。

所谓等额本息，是指每个月偿还的贷款数额相同。在这其中，每个月的还贷金额包括两部分，分别是贷款本金和贷款利息。虽然每个月的还贷金额一样，但其中的本金和利息金额是各不相同的。随着时间的推移，该数额中的本金比重会逐月递增，利息比重逐月减少。

所谓等额本金，是指每个月偿还的贷款中本金数额是一样的，利息部分则要根据剩余贷款在当月产生多少利息来计算。这样，自然就会导致每个月的还贷金额都不一样，总的趋势是越还越少。也就是说，还贷的第一个月还款金额最高，最后一个月还款金额最少。原因在于，随着还款期限的逐步缩短，其本金部分所产生的利息当然也就越来越少了。

对比这两种方式，如果你手头的现金比较充裕，又想节省利息支出，那就可以选择等额本金还贷方式；尤其是在你觉得未来的收入不容乐观、不会增长过快时，那就更应选择这种方式了，越到后面还款压力越小。相反，如果你现在手头现金比较紧，还总想着攒钱要装修、结婚用，而对未来的收入前景又看好，这时候就宜选择等额本息还贷方式，虽然总的利息支出要多一些，但至少能缓解一下眼前的资金紧张局面。

如果这两种方式对你来说都可以，那就首选等额本金还款方式。一方面，这种还贷方式下的总利息支出要减少不少；另一方面，从中国人的实际情况看，绝大多数人都会提前还贷，而在提前还贷背景下，选择等额本金还贷方式你不会吃亏，而选择等额本息还贷方式下是要吃亏的。

为什么这么说呢？因为在等额本金还贷方式下，无论你是不是提前还贷、什么时候提前还贷，每个月的还贷本金数额是固定的，什么时候还都可以；可是如果是等额本息还贷方式，越到后面本金所占比重越高，这时候你如果要提前还贷，归还的实际上主要是本金，利息比重很小。

这里面的计算关系很复杂，但你可以记住一个大概的数字：假定贷款期限是30年，那么大约到第11年时，等额本金还贷方式下的月供就和等额本息方式下的月供一样了，之后便会越还越少；而到还贷第22年时，无论是等额本金还是等额本息方式，两者的房贷总支出会趋于一致。也就是说，如果是等额本息还贷，从经济角度看这时候再提前还贷就已经没有价值了，因为剩下的全是本金；如果你有余钱用于提前还贷，那还不如把这部分资金用在其他地方以钱生钱来得合算。

有人也许会说，我原来办理的是等额本息，现在如果要改成等额本金可以吗？回答是肯定的，手续也很方便。你只要去贷款银行找到你的房贷客户经理，向他提出要求，然后在房贷还款变更文件上签个字就行，银行一般都是会立刻同意的，并且从下个月开始就可以按照新的方式来计息并扣款。

画重点

贷到就是赚到

▼无论你是否有足够的财力一次性付清房款，都应当首选贷款买房，并且要用足贷款额度和贷款期限。对比上面每年32.69%的收益率和4.9%的贷款成本就能发现，住房贷款利率是所有贷款项目中性价比最高的，可以说贷到就是赚到。

▲住房贷款有等额本金和等额本息两种还贷方式。应首选等额本金

还贷方式，并且随时可以改成这种还贷方式。在等额本金还贷方式下，不但总利息支出大幅度减少，而且能够较好地满足国人喜欢提前还贷的需求（提前还贷时不吃亏）。

【自住房升值也有好处】

所谓自住房，是指自己居住的房产，即指不是以投资为目的的房产。通常表现为全家只有这一处房产，并供自己居住，不想也无法用于对外租售。

房产投资和房价上涨对自住房有什么样的影响呢？或者是不是像有人所说的那样，我总共只有一套房，房价涨不涨和我没关系，涨我也不会卖，跌我也没有钱再去买呢？显然不是这样，房价上涨对有房一族来说都是有好处的。

因为即使你只有这套房，房价上涨了，你的房产账面价值也是增长的。虽然你不会发生交易，但因为房产升值了，你可以用它来做的事情就会比以前多。

例如，自住房和投资房是可以互相转换的，所以自住房涨价之后移民就方便了。

从国际移民看，现在北京、上海的普通商品房价格已经超过美国纽约，这就使得这些城市的全家移民变得相对简单。或许这也是向外移民增多的原因之一，毕竟有了这几百万、上千万元人民币垫底，两者就站在了同一条起跑线上。

从国内移民看，城里有许多独生子女家庭。当孩子去外地上大学、工作、结婚之后，一辈子过着勤俭节约生活的父母也已经退休了，过去的那点家底早已掏空，收入又不会增加，主要时间不是用来去外地照看孙辈，就是去乡下老家照顾年迈的老人。这时他们唯一的优势，恐怕就是过去分到的福利房已经升值了，所以干脆卖掉或对外出租，自己搬到乡下去住。蔬菜新鲜，空气也好，还能一解乡愁，同时照顾老人，这升值了的自住房就可帮了他们的大忙，能彻底解决后顾之忧。

再例如，即使你依然住在这套房子里，也可以拿自住房来进行抵押贷款融得资金，一转手就能把它变成钱，而房子你照样住，一点不受影响就能派其他用场。

比如说，你原来的这套房产评估价值是500万元，通常最高可贷得70%即350万元；而现在评估值已经上升到1000万元，这时候你便最高可以贷得700万元。如果你有好的投资渠道，或者你所从事的经营恰好需要资金，这从350万元至700万元多出的350万元或许就能一解你的燃眉之急，让你以钱生钱。

举例说，目前五年期银行贷款的年利率是4.9%，国内规模较大的互联网融资平台五年期的年利率是10.5%，仅此一项，你稍微转转手，就能赚得5.6%的利差。如果你原来贷得350万元，五年间的获利可得350×5.6%×5=98万元，相当于每年有20万元的净收入；现在按照房产升值后计算，五年间的获利便是700×5.6%×5=196万元，相当于每年有40万元的净收入。而你做了什么呢，可以说只是举手之劳。当然，这只是一种理论上的算法，但却是可行的。

对于许多拥有自己企业的业主来说，从其他渠道融资可以说相当难，但如果你有房产作抵押，并通过这种方式贷到更多的资金用于经营、周转或投资，就不但能解燃眉之急，而且简直会是神来之笔。这种贷款方式在生意人中相当普遍，更不用说，其贷款利率之低可以说是其他方式难以比拟的。即使你能以其他方式借到钱，首选房屋抵押贷款的人也非常多。

又有人说，我的房子几年前就已经办过抵押贷款了，这些年来房价虽然又涨了不少，这与我就没关系了吧？当然有关系，你可以把原来的贷款还掉重借呀！

仍然以上面为例，如果你几年前的房产价值是500万元时贷了350万元，目前还有部分尚未还清，这时你便可以把剩下的贷款提前还清，然后再借。如果还贷负担不重，你可以用自有资金来解决，也可以在各融资平台短期融资。也就是说，你可以用短期贷款来归还原来的房屋抵押贷款。这种短期贷款利率看上去虽然有点高，但因为期限短，而你本来也只是为了周转一下,所以并不会产生沉重的利息负担。而从银行方面看,提前还贷银行一般不收违约金,即使有罚息也相当有限,对你来说不会构成什么麻烦。可是,一旦你还清这部分贷款余额,接下来就可以借到最高700万元的贷款,有更多的资金用于周转或寻找其他回报率高的项目了。

顺便一提的是,房屋抵押贷款的通常规定是:房屋建筑面积大于50平方米,房龄在20年以内,具有较强的变现能力。商品住宅的抵押率最高为房屋评估价值的70%,写字楼和商铺最高为60%,工厂厂房最高50%。贷款期限一般为"贷款年限+借款人年龄"男性不超过65岁、女性不超过60岁,新房的贷款期限最长不超过30年、二手房贷款期限最长不超过20年。贷款利率按中国人民银行规定的同期同档次贷款利率执行。

画重点

并非只有心理快感

▼房价上涨给自住房带来的不仅有心理快慰,同样可以变成真金白银。卖了房子去国内外移民,住着房子用抵押贷款派其他用场,都会比原来有更多回旋余地。如果以后银行实行养老反向抵押贷款,更能进一步提高老年生活质量。

▲自住房即使不用于投资,至少也能确保自己有住的地方,并且住得舒坦,不至于像其他投资方式那样可能会因为投资失败而无家可归。相反,如果房价下跌过多,倒可能会导致自住者被银行赶出家门(还不起房贷被银行拍卖房产)。

【房价上涨规律】

面对房价飞涨的形势,太多的人都在寻找房价上涨规律。毕竟,如果真的存在这种轨迹,便可顺势而动、稳操胜券了。

从过去的历史经验看，似乎还真的存在这样一条“规律”，简单地可以概括为“向右转，向前看！”

谁都知道，房产市场上有一种“金九银十”的说法，意思是说每年的9至10月是销售旺季。所以，许多人便想当然地认为，一年之中这个季节里房价涨幅最快。因此，网上便有了“团结起来不买房，狙击金九银十”的说法。意思是说，你房价涨得这么快，我们偏偏就是不买、等你跌下来再买。殊不知，这正好中了销售商的圈套。为什么？因为全年的房价涨幅早就暗度陈仓，这时候的涨幅反而不大，你买不买随便；如果你不买，那正好给开发商下一波房价上涨留出更大的空间。

从全年看，一年四季中楼市价格的走势具有明显的季节性波动规律，并且不同地区有着不同的表现特点。

以上海为例。从历史上看，一年中房价上涨幅度最快的时间绝大多数集中在3、4月份，一直延续到6月末，之后的涨幅会逐步趋缓，从来没有哪一年在9、10月份也涨过。如果抽查2001、2003、2005、2007、2009、2013、2015、2017年的具体数据，大致上能看出，3、4两个月的平均涨幅在20%，整个上半年的涨幅在30%，全年的涨幅在40%左右。

这是为什么呢？分析认为，主要原因可能是“春节红包”因素造成的。无论什么样的企业，年末分红包括春节之前所发的年终奖、红包、承包分红等，在全年收入中都会占到很大的比重，总体来看会占全年收入的1/4甚至超过1/2，并且全都集中在春节前半个月内发放到手。

也就是说，从全年看，春节之前每家每户手中的现金最充裕。但因为这时候本地人都在忙着过年、外地人更是已经或准备回家了，所以这时候的楼市必然会处于淡季。因为买房这种事毕竟是大事，谁也不会急吼吼地在乎这十天半个月。所以，从元旦开始到春节，这一个月中一般不会进行大宗商品投资，所以民间有“春节之前不买房”的说法。

春节一过，这部分积淀下来的现金购买力就会蠢蠢欲动，并开始爆发出来。

从历史数据看，大约从正月二十开始，房价开始发力并高歌猛进，大致上以 3 月份涨价 10%、4 月份涨价 5%、5 月份涨价 5%的速度递增。然后，这股动力便开始慢慢地衰竭。一方面，这时候手里的钱已经安排妥当，不是买房就是用于其他用途，尘埃已定；另一方面，这时候的天气也开始热起来了，酷热难耐，一动就是一身汗，谁都不太愿意出门，楼市自然就成了淡季，涨价动因基本消失。所以，有的年份 6 月份价格依然会上涨 5%，有的就不涨，主要就是这两大因素起作用。

接下来到了 7、8 月份，房价基本保持平衡。接下来的 9 月份天气因为开始转凉，10 月份进一步转凉，所以这时候的楼市又开始活跃起来了。

一方面，一部分购房者中有的半年期分红到手了，想重新捡起投资计划；另一方面，楼市已经淡了好几个月，开发商为了夺取之前几个月停滞不前造成的业绩损失，也在发力搞促销。但这时候谁也不敢提价，因为整个市场的人气还在恢复中，谁提谁倒霉。所以，从过去的经验看，这个阶段绝大多数年份价格并没有上扬，少数年份则有 5%的涨幅。

上述规律能告诉我们什么呢？对于卖房者来说，就是要争取趁热打铁在上半年出手，最好是销售旺季、涨幅最大的 3、4 月份，这时候的投资获利最高。而对于买房者来说，则相反，最好的出手机会是在元旦前、后各一个月。

一方面，这时候一些楼盘在销售上想冲量，总会有些优惠措施推出来；另一方面，市场上也总会有缺钱的人。从历史数据看，每年的这时候房价会比平时低 10%左右；并且如果你经常在市场上跑的话，很可能还会买到价廉物美的笋盘。所以，对于房产投资者来说，就有必要把“春节之前不买房”的老话改成“春节之前要买房，春节过后就卖房”了。

上面只提到单数年份的涨幅，那双数年份呢？从过去的数据看，单数年份的房价都在暴涨，而双数年份（第二年）的价格则相对平缓或主要是在补涨。

如果以这种每两年一个房价涨幅周期来考察，会发现这样一条规律：在同一城市的领涨板块（主要是当时集中推出新楼盘的地区），房价最低的时刻出现在单数年份元旦前后的一个月内，直到当年 10 月过后达到最高点或次高点；而在接下来的双数年份，其他房价相对落后的板块则会出现补涨，以重新调整全域房价体系。[①]

明白了上述实证依据就知道，在过去的20年中，我国有关房价看涨看跌的言论虽然公说公有理、婆说婆才行，但无一不是斗胆猜测和凭感觉，几乎没有一篇能够硬碰硬地摆事实、讲道理，让人心服口服。事实上，房价是一路狂奔的。

回过头来看，我国自从1987年有全国性的房价统计（当年全国平均房价是每平方米408元）以来，房价一直在涨。1988年7月，我国第一个通过土地拍卖、按揭贷款建立起来的真正意义上的商品房小区——东晓花园在深圳竣工，售价就直接跨了几个台阶攀上每平方米1600元。

不过，全国大规模的房价上涨是从1998年取消福利分房起步的，那时候"商品房"的概念刚开始普及，全国平均房价已跃上每平方米2000元大关。只是由于受东南亚金融危机影响，1998至2000年这三年中房价不但没涨，甚至还有所下跌。[②]

2000年之前，我国几乎所有城市的发展都是依靠旧城改造，而在此之后，几乎所有城市全都转到新区开发上来了。这样一来，一下子就把城市的区域拓展到老城区的3倍甚至5倍以上。尤其是接下来的2008年爆发全球性金融危机后，政府因为要救市，所以把巨额资金源源不断地注入基本建设和房地产业，这样就让人产生了一种这里潜伏着史无前例的投资机会的"共识"，从此带动起房价加速上扬来。

从这时候开始，各种低首付、零首付的鼓励和救市政策纷纷出笼；但现在已经通通被取消了，不但首付款比例在上升，而且住房贷款利率也在逐月上涨。这样做的目的是要抑制房价上涨，最终目的是要挤走房地产泡沫。

这一目的有没有达到呢？当然没有，而且这种扬汤止沸注定不会有效果。

---

① yevon_ou著：《中产阶级如何保护自己的财富》，北京：中国友谊出版公司，2017，P104—107。

② 《中国的房价历史与规律剖析：房价涨了35年》，腾讯大粤网，2016年3月21日。

仅仅2018年第一季度，我国就出台房地产调控措施100多次，但各地依然屡屡出现万人参与摇号的"抢房"盛况。购房者有在现场烧香祈祷的，有因体力不支送医院抢救的，甚至万人摇号还"摇瘫"了杭州公证处网站。

为什么会这样？就是因为"限售""限价"政策犯了"头痛医头"的错误。

众所周知，价格问题的核心是供需失衡。也就是说，要想抑制房价过快上涨，应该从扩大供给、减少需求两方面入手，而不是强行规定哪些住房不得出售、强行规定房价不准上涨。在无法减少需求的背景下，唯一的办法只能是增加供给。

而现在实行的"限售"政策，必然会导致供给压缩，在"物以稀为贵""买涨不买跌"心理驱使下，进一步扩大供需矛盾，从而推动房价加速上涨。而"限价"政策则扭曲了价格体系，在房价上涨上起到了火上浇油作用：一方面，打压价格（而不是扩大供给）犯了方向性错误。按理说，新房无论在建筑设计、户型结构、小区绿化方面都会优于二手房，价格理应要比二手房高才是；可是由于新房价格被摁得死死的，二手房价格却随行就市，这样便使得西安、杭州、成都等地的一手房与二手房出现了新房反而要比二手房价格低30％左右的倒挂现象。这样的结果是什么呢？那就是必定会使得所有人产生这样一种预期：新房的价格以后至少能涨30％！这种"买到就是赚到"的预期，是出现万人抢购现象的根本原因。并且可以预测，这种态势在今后一二十年内都不会改变，至少在大中城市会是这样。

但政府为什么明知打压房价没用还要这样做呢？归根到底在于，二手房投资时房龄超过20年，银行是不会给你贷款的；即使抵押贷款，所贷金额也十分有限。

换句话说，理论上说这种二手房已经不值钱了（根据税法规定，房屋建筑物的最低折旧年限为20年；即20年以上的房屋已经只剩下不多的残值了），所以，这时候要想购买二手房就必须全额付款，银行贷款很难指望得上。可是，又有多少人有实力一次性付清全款呢，当然不会多。这就很可能会促使20年房龄以上的二手房成交寥寥，要想套现就必须抛房。

所以能看到，政府现在这样提前进行调控，说到底就是要与这种预期相衔接,担心到时候房价硬着陆。一生擅长玩地产的华人首富李嘉诚之所以要提前套现走人,实际上也是因为他比别人更早意识到这一点,他是个先知先觉者。[1]

总而言之,以后的房价走势是不是还会像以前那样实在不好说,因为未来并非过去的简单延续。

画重点

向右转,向前看

▼全国平均房价从 1987 年的 408 元到 2017 年的 7900 元, 30 年间上涨 18.4 倍, 平均每年上涨 10.2%。 经济在发展, 房价不涨不现实。 政府调控主要是为了稳定社会舆论而踩刹车, 并非为了降房价。 开车踩刹车会往后倒吗? 不可能的。

▲房产投资必须看清后市, 但这要有自己的判断, 不要人云亦云, 甚至不要看政府调控。 在房价上涨预期下, 市场平稳或政府调控恰好是买入好时机。 由于一线城市的资源聚集和经济辐射性, 房价上涨必然会呈水波型(从波心向四周蔓延)。

【房产投资的“一要三不”】

房产投资要想确保获利和安全,必须坚持“一要三不”原则。

要重视笋盘

所谓笋盘,是广东人的一种说法,指在房产市场不景气情况下业主无偿

① 黄斌汉:《全球房价规律揭秘:为什么房价涨 20 年都是顶》,腾讯网,2016 年 12 月 17 日。

赠送给你的房产。不需要你办理首付和按揭贷款，只要你愿意继续供贷即可，并且可以马上过户。

世上真有这样的好事吗？还确实有。一般来说，这种情况往往出现在房产市场不景气或原业主遇到了暂时的困难，连接下来的按揭贷款都付不出来，所以与其打折卖掉，还不如做个顺水人情送给别人，以低于市场价几十万甚至几百万的价格转让给你；前提条件是，你要愿意继续归还接下来的银行贷款。

这种笋盘具有两大特点：一是便宜，二是新。归结为一点，就是物美价廉。它以后的价格上涨空间会像雨后春笋一样，所以应作为房产投资的优选对象。

笋盘从哪里来呢？这就需要依靠投资者多跑、多问、多打听了。业内人士介绍说，如果你看房 200 套以上就可能会觅得这种良机。

这种“看”不是说你在网上查资料、查信息，而是要到楼盘现场去实地转悠。约好中介，一个楼盘一个楼盘、一间房子一间房子地推开门去看。当你看得多了，自然就会对每个楼盘的户型、结构、楼层、地段、朝向等有一个大致了解，并且到后来一眼就能看出哪些房子是受业主欢迎的，哪些房子是业主最讨厌的，这就叫见多识广。

这项工作非常劳累，因为你一天也跑不了几家；并且，楼盘并不一定集中在一处，有时会相隔很远。除此以外，你还要忍受中介的各种陷阱和欺诈，种种“掖了毛边说光边”的信息会让你琢磨不透。以一天跑 4 家为例，这就意味着你一年到头几乎要把所有休息日全都泡在这上面了。从这个角度看，房产投资的高额回报就是对你这种勤奋的奖赏。

笋盘在哪里呢？没有谁能回答你。但你整天这样看楼盘，把人头混熟了，笋盘自然就会找上门来。因为大家都知道你要买房，自然就会把信息透露给你。这就叫功夫不负有心人。只要你能买到一套笋盘，价格是新房的 7 折，即相当于回到一两年之前的价格，这就奠定了你以后投资盈利的基础，至少也不会亏多少。

从投资角度看，最有投资价值的房产都具有以下特征：市郊结合部、二手房、毛坯房、大户型、低单价、纯住宅、国有开发商。在这其中，最理想的投资对象是房龄略老的二手房。这种房产虽然其貌不扬，可是其投资价值绝对有保障，以后的价格上扬几乎是必然的。

投资价值最小的房产都具有以下特征：远郊、一手房、品牌房、装修房、精装房、CEO房、小户型、高单价、酒店式公寓。这种房产买下来以后往往会一连几年都看不到盈利前景，即使周边房价整体上扬，也会有赚有赔。

笋盘的最大好处是，因为价格低于市场价，所以当然就减轻了投资者负担；尤其是在楼市前景不明朗背景下，增强了抗跌性和保值增值功能。

如果要说笋盘的风险，主要有两点：一是搞清这笋盘是不是噱头，还是真有大的增值空间。所以，除了实地查看、了解清楚，还需仔细计算税费成本、中介成本并核实产权信息等。即使这样，今后遇到房价持续下跌时，依然有可能被套牢。二是因为笋盘本身有贷款，所以原业主如果在外面有其他负债，这房子就可能已经被法院查封过或即将被查封，这会有可能导致你钱财两空。为此，购买笋盘时就需要通过正规中介。正规中介流程更专业、更规范，可以给你更多保障。

不参与众筹炒房

众筹炒房是指几个人一起凑钱买房搞投资，赚了钱之后大家分红。这种想法非常不错，因为一个人单枪匹马投资买房很可能资金不够，而几个人一起凑钱，这资金难题就解决了；除此以外，它还有一大好处，就是既然未来的房价涨跌未知，那么几个人一起合资炒房，有商有量，信息就会更灵通，从而有助于分散风险。

而实际上，这样的想法只是一厢情愿。这种操作方式的风险并不小，这主要体现在以下两点：

一是共有人办不动产权证手续烦琐。并且，如果要涉及个人住房贷款，每个人的情况都不一样，个人住房公积金贷款、个人住房商业贷款，第几套房，贷款额度、利率和期限等也都不一样，里面的花样经是很多的。

二是国人头脑中固有的“不患寡而患不均”思维方式在作祟，这就更难办。无论是赚是赔，到头来都可能会因为分配不均彼此之间产生矛盾，甚至反目为仇。你只要仔细关注各大媒体，就几乎每天都能看到父母子女和兄弟姊妹之间因为房产问题闹得不可开交的社会新闻。

有血缘关系的亲人之间尚且如此，没有血缘关系的朋友之间就更别说了；尤其是一些表面看上去关系很不错、实际上斤斤计较处处算计的所谓朋友了，利益面前人性毕现。所以，无论这种炒房是赚是赔，本书都不建议参与。

不参与售后回购(租)

房产售后回购、售后回租，这种方式通俗地说，就是房地产开发商为了刺激房产销售，承诺你买了房子以后几年内它可以加价回购或对外招租，确保你的利益不受损失。比如说，在你买下房产两年后它加价 20%、三年后加价 30%，以这样的新价格回购你的房产，这就是售后回购，包括个人住宅和商铺。具体到商铺而言，又会出现开发商代你对外招租，也就是说，替你将商铺租出去，从而确保你的租金收入高于其他投资渠道。

这种设想确实美妙，这种方案看上去也非常诱人，但未必经得起推敲。一方面，未来的房价涨跌谁都不知道，开发商根本就不能确保这种计划能够顺利实现；另一方面，更重要的是，凡是推出这种方案的开发商都意味着它严重缺乏现金，这种行为实际上是政府禁止的非法集资。说句不好听的话，接下来它会不会因为资金链断裂导致破产尚未可知，能不能挺过这两年、三年、十年就更难说，所以这种远期空头支票能否兑现要打一个大大的问号。因此，以不参与为好。

看不懂的房产金融坚决不碰

还有一种房产投资是用金融理财方式出现的，搞得很复杂。不要说普通百姓看不懂了，就连专家也说不清个所以然来。所以，对于这样的金融理财，最好的办法就是敬而远之，因为这里面的水实在太深了。如果你非要奋不顾身地跳下去，很可能会被淹死。

举例说，有一种房产金融理财是这样的：一家房地产开发商建好一批商品住宅后，因为根本卖不出去，又不甘心坐在那里等死，便想出一种办法来：把它卖给投资公司A，承诺过段时间后会加价20%加以回收。这样一来，A就兴高采烈地把它包装成"理财产品"对外出售了，只要它的这种理财产品利率低于20%，就能确保有利可图。假如说，它对外承诺的利率是9%，去掉各种费用后，A就能净赚一半。并且，它还可以对外宣称该理财产品是有房产做抵押的，"几乎没有风险"；再加上利率如此之高，所以该理财产品很快就会销售一空。

不用说，到了约定的回收时限后，开发商是根本不可能拿出钱来的，于是它又用同样的说辞承诺给B，把从B那里拿来的钱去付给A，算是兑现了承诺，同时也把眼下的窟窿给糊弄了过去。假如它承诺给B加价40%，那么除了归还给A之后，依然能确保自己原有的资金流规模。于是，B又可以如此这般继续运作下去。

开发商采用这样的方法层层加价回收，给C承诺的加价幅度是60%，给D承诺80%，给E承诺100%……如此下去，它总有转不过来的时候，而这就是它资金链彻底断裂的时刻。

开发商还不出钱来怎么办？唯一的办法当然就是赖账，拒绝归还投资公司的本息；而投资公司拿不到钱，就会导致理财产品到期支付的违约，先谎称延期支付，然后干脆就没钱支付了。这时候倒霉的就是投资者，即那些理财产品购买者。

陕西某资产管理咨询有限公司上海分公司就是其中典型的A。该公司出售的理财产品，抵押物是位于郑州的地产，承诺给投资者的年化收益率是13.2%，按月支付，一年期满后本金全部返回。可是，2016年2月该理财产品到期时，却根本无钱支付本息。根据合同规定，需用郑州期房价格的5折冲抵本金；而这时候，5折却提高到了8.5折。直到这时候投资者才知道，当初该公司与房产开发商签订的是商品房买卖合同而非借款协议，年利率是20%至24%。

这就清楚地说明两点：一是该开发商因为严重缺乏资金，所以才会采用这种售后回购方式，这本身就潜伏着巨大的资金链断裂风险；二是如果该商品房买卖合同没有进行网签备案，该资产管理公司就不具备房产所有权，投资者即使与该公司签订了公证书、证明其房屋所有权归自己，实际上也是废纸一张。

据了解，该案涉案资金高达19亿元，波及投资者5000人左右。①

画重点

有底线才有未来

▼房产投资最有利可图的是笋盘，即那些白白送给你的楼盘。不用说，因为是白送的，所以成本会打个大折扣，并且将来会进退自如——未来房价上涨了，获利会成倍增加；如果遇到房价下跌，至少也会减少亏损或做到不亏损。

▲房产投资数额巨大，所以一定要确保投资安全和变现性强。为此，就要坚持上述三条原则，远离众筹炒房、售后回购(租)和各种噱头十足的房地产金融，力戒“辛辛苦苦几十年，一夜回到解放前”！

榜样

她靠房产投资挤进富豪行列

1977年，陈小敏出生于广东省鹤山市农村，在六姐妹中排行第二。

她从小就非常能吃苦。小学六年级时，被选进体校，两个月后因肘关节受伤不得不回家休息。面对这位全班最瘦小的“关刀手”(因身体原因肘关节向外拐的举重运动员，容易在抓举发力过度后受伤)，父母心痛

① 汪青：《鑫琦资产被爆陷19亿兑付危机，皇阿玛张铁林代言》，新浪网，2016年2月17日。

地劝她放弃吧；可是她为了能有机会走出山村去城里读书，依然咬紧牙关坚持了下来。她的身体素质欠缺，可是心理素质非常好，每次比赛总能出色发挥出训练水平来。

1993年，刚满16岁的她第一次参加大型活动就是第七届全国运动会。为了能减轻5公斤体重、参加原定24公斤级比赛，她硬是三天三夜不吃不喝达到体重指标，最终拿到人生中的第一块金牌。并且，她在当年就破了世界纪录。2000年，她在左腿和腰部肌肉严重拉伤、很可能瘫痪的条件下，奋力拼搏，荣获悉尼奥运会举重冠军，实现了她“每一个步骤，每一个机遇，我都拼了命去抓，死都不放手”的诺言。

无论是在赛场还是人生中，她每一次都会踏准节拍。针对许多运动员“等、靠、要”思想严重、退役后即身陷落魄境地的现实，她对自己的人生有着明确的规划和实践，最终通过投资彻底改变了自己和家庭的命运。

陈小敏在2003年退役前就坚持边训练，边学习。1998年，她在几乎所有人的反对下，报名参加了广东商学院(今广东财经大学)法律系的本科学业。

退役后，她应邀出任羊城晚报报业集团团委书记，用多年积累起来的人脉和商业资源，把团委工作搞得风生水起，以至于团委还能为企业招商赚钱，这在其他单位是极其罕见的[①]。

因为她是奥运冠军，所以经常会被邀请去参加一些大型活动，尤其是房产楼盘的开业剪彩，她因此对房产投资有了更多的了解，觉得该项目前景看好。为此，她不但利用自身优势用优惠价格买房，有时还会主动要求用房产来折抵出场费。

那时候的她虽然没有学过投资理论，也没有什么高人指点，但投资房产的丰厚回报明摆在那里，有时候一年就能实现翻番，所以她完全是靠自

① 《陈小敏：历经数次华丽转身，成功永远给有准备的人》，人民网，2012年10月19日。

己摸索。后来她出任羊城晚报集团创意产业园副总经理后，在这个岗位上很好地锻炼了自己的企业经营管理能力，投资之路就更是走得顺风顺水。2010 年，她获得中山大学行政管理学硕士学位。

例如，2005 年时，她看中广州市中心一座庭院深深的老别墅，面积 400 多平方米，外带 200 多平方米的花园，最终以 300 万元的价格买了下来，2013 年时又以原价好几倍的价格卖了出去。在此前后，她已经投资了好几套老城区的学区房。

那时候还没有实行限购政策，贷款利率也低，买房甚至可以用别人的名字，所以，她的业余时间几乎全都用在看房、贷款、过户上了，不是在买房，就是在去买房的路上。

当时她的月薪是 1 万元，可最多时每个月要付的房贷就多达十几万元，所以需要不停地接广告和参加商业活动，才能周转得过来。最困难的时候，她的银行卡上甚至连电费都没钱扣。但即使如此，她依然不断地投资房产。

2008 年爆发全球金融危机时，她果断地抛掉已经升值了好几倍的学区房，转而以每平方米 1 万多元的价格另外买入了多套别墅。等到她 2013 年判断房地产涨势趋缓、每年的房产增值已经达不到她的投资回报率要求时，毅然将价格已经涨到每平方米 5 万多元的这些别墅全部抛了出去。

当时国内股市非常低迷，而根本不懂炒股的她，在报社财经编辑指点下，把这些卖别墅的钱全都重仓在某股票上。刚买进该股票时就遇到价格暴跌，被套近 30%；但她坚持一路持有，两年后遇到 2015 年股市大牛，卖出后又赚了好几倍。

2013 年，由于过去训练时留下的伤痛影响到正常生活，她向单位提出辞职，随后全家移民去了她的夺冠福地澳大利亚。而此时此刻，她早就实现了财务自由，把养病、疗伤、享受作为新的人生主题。

不过，闲不住的她仅仅只休养了一年，就在澳大利亚一个著名的华人区买了一栋大别墅，开始重复过去投资置业的人生经历。

2016 年 6 月，她在应邀出任某整形美容机构举办的第十届中国胸模大赛评委时，抑制不住内心被压抑了多年的爱美之心，愉快地接受了主办方给她腿部抽脂的建议，并最终穿上性感花裙，在 T 台上摇曳多姿地展示自己曼妙的身材曲线。

回顾投资人生，陈小敏自豪地说："在中国举重界，我现在应该是最潇洒的一个。"她认为，自己的成功经验主要有两条：

一是大胆地用奥运奖金投资房产。当初她得了奥运冠军后国家奖励了 10 来万元，地方奖励了 10 来万元，另外还有 1 公斤黄金，以及一些企业的赞助，加起来约有 30 多万元，全都成了她最早用于房产投资的本钱。她说，"那个时候如果你拿了奖金不投资的话，可能十几年前的奖金现在就只够买一个厕所。"

二是无论投资房产还是股票，每个节拍都踏得很准。她在房产市场行情最低潮时买入别墅和学区房，然后在学区房价格高涨时转手卖出，转而买入价格刚刚启动的别墅房，又在高位卖出。卖出后又恰好遇到股市低迷，于是全力杀入，一直捂到大牛市时抛出。能踏准这样的节拍，需要有很大的决心和毅力才行。[①]

---

① 练情情、胡玉立：《女举重奥运冠军炒房成富商：不投资，奖金现在只够买厕所》，载《广州日报》，2016 年 7 月 5 日。

第三章　创业投资

创业投资俗称风险投资，是一种主动拥抱风险、获取风险溢价的投资行为。创业投资行为属于“第一次吃螃蟹”，这种“要么楼上楼，要么楼下搬砖头”的胆商，有望迅速跨入富豪阶层。

【创业投资容易暴富】

所谓创业投资，是指向创业企业提供股权资本以及管理和经营服务，在该企业发展到相对成熟后，通过股权转让获得中长期高收益的投资行为。

创业投资的英文是 venture capital，而 venture 一词意为“谋取个人利益的大胆行动”。在我国，创业投资过去俗称风险投资，意思是在高风险中追求高回报。而符合这一特征的企业，多半具有高成长性，所以创业投资的主要目标便是高新技术企业，而不是传统企业（在美国，70％以上的创业投资投向高新技术企业）。并且，为了追求尽可能高的投资回报，创业投资会瞄准那些还处于起步和发展阶段，甚至仅仅只有一种设想的企业。

由于无论这样的企业还是这样的投资都具有极大的成长风险，所以创业投资一般不追求控股，而是会浅尝辄止，取得少部分股权就行。与此同时，为了尽量降低风险，创业投资投入后都会通过资金和管理方面的援助，来帮助企业快速成长。一旦初创企业茁壮成长、股票上市，便会通过出售股票来获取丰厚的回报。

在中产阶级走向富豪阶层的道路上为什么要强调创业投资？原因在于，古今中外收入分配的优先顺序都必定会遵循以下规则：风险→资本→劳动。

这里的风险就是指风险投资，也就是我们上面所说的创业投资。

创业投资具有极高的失败率；也因此，它必须拥有相应的高回报率来作为对这种高风险的补偿，才有人愿意进行这种投资和尝试，这是符合经济规律的。相反，明知投资风险极大，回报率还低，还有谁愿意去投资呢！这是一方面。另一方面，投资风险大的高新技术产业初期筹资相对困难，更需要资金支持。

最经典的创业投资案例是孙正义投资阿里巴巴的故事。

1999 年初，马云在杭州创办电子商务企业阿里巴巴。没过多久，阿里巴巴就遇到了资金瓶颈，于是马云出去四处会见投资者。当时的阿里巴巴已经在海外有了一点小名气，并且已经成为国内四家互联网龙头企业之一，所以筹钱并不是太难。但马云的观点是，他不但要钱，更要能给钱之外的其他帮助，即能带来其他创业投资和海外资源。因为当时国内对互联网企业有一种不信任感，他急需通过融资来摆脱这种困境。因此，他虽然急等着钱用，但最终还是拒绝了 38 家投资商，接下了以美国高盛集团为首的一批投资银行的 500 万美元。

1999 年秋，马云又缺钱了，经人介绍找到当时的亚洲首富、日本软银总裁孙正义。孙正义直截了当地问马云要多少钱。马云说："我不要钱。"对方反问道："你不缺钱找我干什么？"马云说："不是我要来找你的，是有人叫我来见你的。"

过后不久，马云再次去东京见孙正义时，孙正义当面提出愿意给阿里巴巴投资 3000 万美元，占 30％的股份。但马云认为这笔钱太多了、所占股份也太多，在经过了 6 分钟的考虑后决定只拿 2000 万美元，以确保自己能绝对控股。

有了这 2500 万美元资金作保障，阿里巴巴在 2000 年 4 月开始长达两年的全球互联网公司倒闭潮中坚强地挺了过来。

软银集团虽然不是阿里巴巴最早的创业投资商，却是坚持到最后的一家创业投资商。最终，它以 34.4%的持股比例成为阿里巴巴第一大股东，总回报率高达累计初始投资 0.8 亿美元的 440 倍即 351.8 亿美元。

言归正传。投资回报率排在创业投资后面的是资本投资，这种资本投资主要是实业投资。实业投资一般数额不小，投资周期长、见效也慢。但正所谓“本大利大”，将来一旦做成，回报也很丰厚。只不过，这种回报率与创业投资相比就是小巫见大巫了；庆幸的是，资本投资虽然也有风险，但这种风险要比创业投资小得多。

排在最后的便是做做吃吃的劳动回报，也就是我们通常理解的工资收入。这也是绝大多数中产阶级的收入来源和现状，俗称“吃不饱，饿不死”。

举例说，国家统计局对 16 个行业门类的 96 万家企业进行的调查表明，这些被调查单位就业人员 2016 年的年平均工资总额为 57394 元。其中：中层及以上管理人员 123926 元，专业技术人员 76325 元，办事人员和相关人员 54258 元，商业、服务业人员 46742 元，生产、运输设备操作人员及有关人员 48005 元；城镇非私营单位就业人员年平均工资为 67569 元，明显高于城镇私营单位就业人员的 42833 元，前者是后者的 1.58 倍。[①]

值得一提的是，按照统计口径，职工工资是指税前工资，包括单位为你代扣代缴的各种应由个人缴纳的项目，如养老保险、医疗保险、失业保险、个人所得税等，以及通过实物形式发放的各种劳动报酬，实际到手的比例只占 34%。[②] 由于不同行业、不同单位情况不同，所以实际到手的比例大体上在 1/3 至 2/3。如果按 1/2 计算，就意味着 2016 年全国就业人员年实际到手的平均工资为 28697 元，相当于月收入 2391 元。

在这其中，即使是城镇非私营企业职工年平均工资收入最高的信息传

---

① 《2016 年平均工资出炉！你为啥总拖后腿？官方给出答案了》，中国网，2017 年 6 月 1 日。

② 《六成工资不落腰包，统计面临改革呼声》，载《广州日报》，2009 年 3 月 31 日。

输、软件和信息技术服务业，年收入也不过122478元，如果有人通过劳动收入达到了这最高水平的两倍即25万元，就基本上已经碰到天花板；甚至只有企业高科技人员和管理层，才可能获得这样的待遇。

但是，如果你拥有1000万元的资本投入（比如在某企业有1000万元的股权投入），哪怕年回报率只有5%也有50万元，远远超过你的劳动所得，就是这个道理。更不用说，资本投入的回报率在百分之二三十是常事，这也就意味着你每年可有二三百万元的资本回报，进入富豪阶层是分分秒秒的事。

资本投资的例子如果不太好理解，这里再举个日常生活中常见的例子来说明。

假如你的邻居拥有一套门面房可供出租，当初的购置成本是1000万元，那么现在的租金少说每年也该有100万元，这就相当于他家里比别人多了10多个人在为他打工；尤其是，这10多个人的工资收入还都是全额上交给你的，衣食住行不用你支出一分钱。这种对比非常强烈，这也是“一铺养三代”说法的由来。

画重点

赚钱不吃力的甩手掌柜

▼创业投资来钱快，但却只有极少数人能做这件事。主要原因有三点：一是没有这么大的资金投入，二是没有这方面的经历和经验，三是没有这样的魄力（国人凡事谨小慎微、极其厌恶风险），这也注定了多数人进不了富豪阶层。

▲创业投资家雷军说，要在最贵的地方点最便宜的菜、在最便宜的地方点最贵的菜。最理想的便是当一个甩手掌柜，把钱投到一家公司后不闻不问，几年后就有几十倍的利润拿回来。这就是俗话所说的“吃力不赚钱，赚钱不吃力！”

【乘人之危和独到眼光】

创业投资需要具有独到的眼光，善于在别人未发现之时发现别人未发现之处。否则，不是扩大投资风险，就是只能取得行业平均获利。为了做到这一点，有时甚至需要乘人之危（准确地说是发现商业机会），这方面与典当行有相似之处。

创业投资最早出现在矿山开采中。比如，你买下10座石山，其中只要有一座山能挖到珍贵的石头，就能全部赚回来了。发展到今天，这样的山就是高新技术企业。

中国科学院前院长路甬祥曾经把"创新意识较强的科技型企业、市场意识较强的科研院所、风险意识和资本运作能力较强的投资机构"三者的有机结合模式称为"金三角"组合，认为它们一旦有机结合，便可能会创造出奇迹来。

在这里，他实际上是向我们指明了一条"探宝"之路——创业投资应该及早关注科研机构、及早寻找创新型企业，这是捷足先登、获取丰厚回报的一条捷径。

只不过在私募股权投资（PE）中后期，如果不是"乘人之危"就很难拿到好价格，而这样一来，即使以后企业上市了，如果遇到股价波动，也很可能意味着没钱可赚。不过话也要说回来，在乘人之危的投资者拿到好价钱后，企业可能就不爽了，以后有可能会想方设法收拾投资人（把资产和好项目往关联企业转）。

乘人之危和独到眼光，泛泛而谈很难理解，下面举一个实例来加以说明。

1998年，重庆人吴长江、胡永宏、杜刚这三位高中同班同学在广东惠州合伙从事照明品牌，这就是他们分别以45万元、27.5万元、27.5万元合计100万元注册成立的雷士照明。

2005年11月，因股东之间的矛盾发展到不可调和地步，吴长江给其他两位股东各8000万元现金，把企业买了下来。但当时因为账上没有那么多钱，所以商量好每人各先拿5000万元，剩余部分在半年内结清。就这样，在接下来的整整一年里，到处找钱便成了吴长江唯一要做的事。

就在这时候，了解雷士照明股东纠纷全过程以及当时吴长江极度缺钱现状的亚盛投资总裁毛区健丽出现了。毛区健丽一方面为吴长江提供全方位的金融服务，如在境外设立离岸公司、搭建离岸股权架构、引进资本方、设计融资交易结构等；另一方面在得知吴长江已经找过柳传志，然而“远水解不了近渴”时表示，自己能在三个月内就让风险投资的钱转到雷士照明账上。

吴长江对此当然是求之不得并喜出望外。为了表示诚意，毛区健丽先向雷士照明提供2000万元借款用于周转，接下来她找到两家机构和一位个人（共三位）愿意出资的投资人，分别出资180万美元、120万美元、100万美元，承诺他们合计可以获得雷士照明10%的股份；但有一个前提条件，就是这三个人的资金必须先以她个人名义投入雷士照明，然后再由她将股份转让给他们三人。

三个月过去后的2006年6月27日，毛区健丽在联想投资尚未作出投资意向之前，就将这400万美元连同自己出资的494万美元再加上自己应该收取的融资顾问费折算成100万美元，合计994万美元，入股雷士照明，占比30%。

值得一提的是，企业第一轮融资投资方给出的估值一般是8至10倍市盈率，而根据雷士照明2005年的净利润700万美元推算，毛区健丽这笔投资的市盈率只有4.73倍。也就是说，毛区健丽的这笔创业投资价格只有正常价格的一半。

为什么会造成这一局面呢？一方面是，吴长江当时并不懂得这一行情；另一方面，也是更重要的原因是，毛区健丽当时承诺他三个月资金就能到账，在面临资金链断绝的关键当口他别无选择。

在入股交易达成后的第二天即6月28日，毛区健丽就把雷士照明

10%的股份转手兑现给了出资400万美元的其他三人。这就是说，她仅仅以494万美元的实际投入就获得了20%的股份，相当于市盈率3.53倍；而前面三位的市盈率则相应提高到了5.71倍。如果放在A股市场上，3.53倍的市盈率你又到哪里去找呢？买入这样的股票，价格上涨10倍、20倍都是很可能的。

毛区健丽虽然“乘人之危”捞了一票，可是并没有得了好处便撒手不管，而是继续帮助吴长江四处筹钱。从而使得雷士照明在短短半年内就募集到资金2.6亿元人民币，除了支付前面两位股东的1.6亿元分手费，还有1亿元余款用于补充运营资金，从而既解决了股东矛盾后遗症，又使得雷士照明走上了稳健扩张之路。

回过头来看毛区健丽，仅仅是一个月过后的2006年8月14日，在她的牵线搭桥下软银赛富追加投入2200万美元，占雷士照明股权比例35.71%。据此推算，软银赛富的这笔入股市盈率为8.80倍。换句话说就是，毛区健丽的这笔投资一个半月后就已经获利1.5倍，即738万美元！

雷士照明2010年5月在香港上市。毛区健丽作为最早入股的投资人，已经赚得盆满钵满。在这短短4年间，她除了已经套现1200万美元，在股票上市后又陆续套现了约8000万美元，合计9200万美元，收益率高达17.6倍！①

由此可见，创业投资在考量一家企业时，实际上就像鉴赏一件艺术品，需要考虑方方面面。这里主要包括三个方面：一是丰富的知识，二是企业管理经验，三是熟悉当前的投资行情和动态。只有这样，才能大致判断出该项目的投资价值来，并且有效管控风险。如果是基金管理公司，这种鉴赏过程会更严格。因为风险投资在国际上已是一种非常成熟的投资工具，所有的投资项目都需要经过投资决策委员会评定，否则投资者也不敢投钱给你呀！如果不是这种操作方式，就不能算是风险投资，只能叫直接投资。

遗憾的是，我国国内目前普遍存在着这样一对矛盾：

① 苏龙飞：《雷士照明股权连环局》，载《新财富》，2012年7月号。

一方面,上述三者兼备的人才极其罕见,大多数人只会根据财务报告、尽职调查和所谓核心能力分析等(称为 KPI)来评估投资价值。这样做当然不是不可以,但这些只是最基础的东西,因为这都是企业特征和表面数据,并且具有滞后性,未必就能反映企业本质和未来发展方向,也就是说不一定能抓住重点。

另一方面,也是显而易见的,是无论你怎么考察项目,被投资企业和项目在运行过程中总会充满不确定性,既可能成功,也可能失败。因此能看到,当创业投资无法控制企业和项目未来发展方向时,就会跟着感觉走,直接接手管理,就像俗话所说的"炒房炒成了房东,炒股炒成了股东!"

画重点

在商言商,稳准狠

▼毛区健丽作为雷士照明的财务顾问,在当年融资过程中表现出了高超的财务技巧,既设法阻止了吴长江对联想投资的翘首以盼,又有计谋地买到了地板价,然后陆续将手头股票转卖套现、收回本钱,这样余下的股票便是纯利润了。

▲乘人之危和独到眼光是风险投资机构的基本素养。尤其是以黑石、凯雷、KKR 等为代表的私募股权投资,更是这方面的高手和老手。它们会专门猎食性地入股一些暂时陷入困境或价值被严重低估的企业,整合后打包或分拆出售,借此获取暴利。

【合适的出手时机】

创业投资要想获得最大的投资回报率,与选择最佳的进出时机有关,尤其是与退出时机密切相关,因为这是创业投资运作的最后也是最重要环节。

一般来说,创业投资的退出时机有以下三种:

一是公开上市(简称"IPO"),即将投资企业改组为上市公司后顺势退出。创业投资的本质并不是经营和持有股份,只是为了获利,所以退出是必然的。公司上市时退出的利益回报最大,只是公司上市的难度也最大,比例并不高。

二是股份回购,即在经过努力怎么也达不到公开上市的条件时,采用这种方式把股份转让给其他公司或自然人。在这其中,又分为创业者回购和风险企业回购两种方式。创业投资者面对既上不了市,又不想长期持有问题时,就只能采取这种方式来套现手中持有的股权,这种逼不得已也导致收益率较低。

三是股份转让。创业投资者在入股时,一般都会与原有股东签订对赌协议,要求几年后业绩达到上市要求;否则可以约定以某个价格转让给之前的老股东。

下面通过两个实例来说明如何掌握这种合适的出手时间。

2012年,王刚和程维先后离开阿里巴巴公司,准备两人合伙创办一家集团公司。后来因为操作难度太大,融资也不顺利,只好放弃了。

两人聊着聊着,就聊到了我国的打车难问题,认为从这方面找突破口会是一个很好的创业方向。当时英国的一种打车应用软件刚刚拿到融资,但这种模式有点不适合我国国情。但既然打车是大众主流的刚性需求,并且移动互联网正在兴起,那么利用手机定位来找车、找人就是发展方向,并且插上"互联网+"的翅膀后一定会做大。就这样,两人决定从这里起步。

2012年5月,程维出资10万元,王刚给了他70万元,两人就这样走上了创业之路。两人都没有创业经验,所以只是做出一个演示和能够勉强上线的产品就去融资了,目标是要融资500万美元。可是,找来找去找了20多家风险投资,一个都不愿意掏钱;而眼看这时候的启动资金就快要用完了。没办法,王刚又只好硬着头皮拿出几十万元来应急。直到几个月后的一天,金沙江创投合伙人朱啸虎通过微信找上门来,双方一拍即合,仅仅半个小时就答应所有条件(这便是滴滴打车真正意义上的A轮融资),面对幸福来得如此突然,程维还一度以为遇到了骗子。

接下来，众所周知，滴滴打车从出租到专车到代驾，一步步发展壮大。滴滴打车也改名成了滴滴出行，意思是所有与出行有关的事业线要全覆盖。

截至2017年末，王刚在滴滴出行还只有一个概念的时候出资的70万元，已经因为滴滴出行估值达到500亿美元而远远超过70亿元人民币，五年间的投资回报率远远超过1万倍！

值得一提的是，滴滴出行是王刚所投的第一个却不是唯一创业项目。其实，他在中国和美国一共投资了60多个企业，如出行领域的“运满满”“典典养车”、餐饮领域的“回家吃饭”等。只是因为滴滴出行的光环太大，大家就都只关心他的这个投资项目了。在他看来，只要与“互联网＋”有关的项目，都有可能做到100亿美元甚至1000亿美元的市值。

王刚的投资哲学是，要百里挑一、集中投资，而不要投机、不要否定经济周期，同时要摆正与CEO的关系，不要去触碰公司权力。只有集中投资，才会让你全身心地投入，从而增加赢的概率；没有足够关注度的投资，失败概率是很高的。①

说完了王刚的故事，再来看看另一位传奇人物段永平。

2000年，网易刚刚在美国纳斯达克市场登陆时，正好遇到互联网泡沫破灭，可谓生不逢时。更要命的是，当年第二季度网易被查出涉嫌会计造假，2001年时全年更是亏损2.3亿元人民币，股价跌至1美元以内；再加上遭到美国投资者起诉，面临着摘牌的危险，这便使得创始人丁磊动起了想卖掉网易的念头。

可是在这种背景下，他想卖也卖不出去呀，所以这件事情就被耽搁了下来。

2002年，网易推出网络游戏《大话西游2》时营销是短板，于是他便想找一位师傅请教一下。他听人说段永平对营销有自己的独到见解，于是翻开通讯录，一下子就找到了他的名片。段永平比他大10岁，从商时间比他长

① 《滴滴最早投资人：5年前投了70万，如今回报远超70亿，惊心动魄！》，搜狐网，2017年12月5日。

（当时丁磊只有30岁），于是丁磊便想找他聊聊，认为段永平在营销方面有一套，见见面总能学到点东西。

而巧的是，曾经创建过小霸王和步步高两大品牌、做游戏出身的段永平这时候也在寻找投资项目。在他看来，互联网本身并不是泡沫，互联网我们每天都在用，怎么能说是泡沫呢！所以，这时候的他已经试探性地买过几家互联网公司如新浪、搜狐、网易、联众的股票，只是对这些企业的运营模式和未来发展还看不透。所以当秘书告诉他丁磊求见时，爽快地就答应了，因为他也想趁机了解一下互联网企业究竟如何，自己是否能从互联网泡沫破灭后的废墟里淘点金？

当他听到丁磊说网易当时与中国移动的合作项目，并表示接下来要全力做网络游戏时，顿时眼睛一亮。因为他本身是做游戏出身的，知道游戏市场有多大。虽然他不知道网易做游戏是否能成功，但直觉告诉他，网易公司的内在价值远远高出当时的股价。再怎么说，当年他1995年做小霸王时营业额就以亿计了，现在六七年过去了，市场没有理由会比过去小。

于是，他马上去查网易的财务年报，发现当时网易的股价在这次网络泡沫中已跌去80%，只剩下每股0.8美元，可是账面现金却超过每股2美元。他知道，如果网易公司接下来要如期推出网络游戏和短信业务，便可能一举扭亏为盈，所以这股价实在被严重低估了。

他简直有点不敢相信自己的眼睛。因为当时网易正面临美国投资者的起诉，具有一定的法律风险，所以他又专门聘请律师给自己把关，评估网易被摘牌的概率有多大；如果赔钱，要赔多少钱。他在拿到律师的评估报告认为摘牌风险很小，更重要的是公司在运营上没有大的问题后，便心里有谱了。接下来，他在2002年4月，倾其所有100多万美元以及几十万美元的借款，合计152万美元，通过公开市场买入了200万股股票。

俗话说，风雨过后是彩虹。后来网易股价一飞冲天，可是段永平并没有马上脱手，而是继续增持到205万股，然后便一直把这些股票捂在手里。

2006年末，段永平个人持有的网易股票拆股后已经超过534万股，占比4.21%；除此以外，还有230多万股在他的家庭慈善基金名下，占比

1.81%。两者合计共有764万多股，按照当时每股20美元的价格计算，已经净赚1亿多美元。

有人认为，段永平的这一举措在于他认识丁磊，在于他们两人之间的这种关系。但他对此加以否认。他说，“我认识的老板多了。如果我认识一个就买一个，那要买的东西就多了。最重要的是对企业花了足够的工夫，对公司、产品都有深刻了解。”“0.8美元买网易股票的不单是我一个人，但坚持持有到100美元的就不多。”他特别提醒说：“投资不在乎失掉一个机会，而是千万不要抓错一个机会。”意思是说，卖出股票的理由或许有很多，但唯一不该有的理由是“我已经赚钱了”，否则很容易卖错时机。当然，买的时候也一样。什么时候该买和该卖，应该依据股票价值来判断；唯有如此，才会吃足肉段。

那段永平价值投资的依据在哪里呢？他介绍说，步步高的投资小分队有一项重要工作，就是泡在网上玩游戏，玩网易的游戏以及竞争对手的游戏。所以，他们对网民中现在流行什么游戏、游戏公司将会推出什么游戏、游戏中会出现什么问题、每家公司又是如何处理这些问题的（是急功近利还是着眼长远）等了如指掌。也就是说，他们不但了解网易公司，而且还了解每家公司的产品及其对比。包括段永平本人也是如此，他也玩游戏，每天花在这方面的时间至少是两小时。

建立在这样的认知基础上，段永平对出手网易股票的火候把握得非常好。他最早买入股票的价格是1美元左右（摊薄后相当于现在的0.25美元），然后在接下来的八九年中，虽然每天都会被卖价所诱惑，但依然只出手了很少的部分，价格在30至35美元。而他之所以要卖出这些股票，也是为了要换其他股票，而不是套现。“我就是这样做投资的”，他说。①

---

① 姚斌：《如此深刻而独步的理解，不想战胜市场亦难》，格隆汇，2017年7月14日。

画重点

投资有耐心的人很少

▼王刚认为，现在已经进入全民天使化时代，所有人都可以成为创业投资者。在这其中，许多人已经交了昂贵的学费，而优秀的创业投资者会越来越机构化，因为他们需要孵化越来越多的项目，通过机构化运作才能节省投资成本。

▲段永平认为，有耐心的人很少，同时能够在投资方面取得成功的人也很少，这两者之间是有联系的。因为成功的人都必然有耐心。耐心是价值投资者一定要具备、必须长期坚持的一个东西，如果你不长期坚持就没有机会得到很好的回报。

【老牛吃嫩草】

这里的“老牛吃嫩草”，是指老练的创业投资者会争取尽早进入创业项目，以便能吃到味道鲜美的“头道汤”。

创业投资之所以称为风险投资，原本就是指这种资金投入蕴含着很大的失败风险；但一旦成功，也能取得很高的资本收益。

从进入阶段看，创业投资主要是通过资金投入和增值服务把被投资企业做大，然后通过公开上市、兼并收购等方式退出，在产权流动中实现投资增值和变现。

而在这其中，就涉及在被投资企业的哪个阶段（种子阶段、创建阶段、成长阶段、扩张阶段、成熟阶段）进入的问题。越是在早期阶段进入，投资风险越大，但投资回报率也可能更高。

这就是说，最理想的方式是在被投资企业的种子阶段或创建阶段就进入，以便能取得较高的潜在利润，但这对投资者的要求也高。

为此，就要力图使得投资回报与所担风险相适应。怎样才能做到这一点呢？最主要的是要对未来三五年内的投资价值进行分析：首先评估现金流或收入规模，在技术、管理、技能、经验、经营计划、知识产权、工作进展等方面判断风险大小；然后，通过适当的折现率来计算被投资企业的净现值，看是否值得投资。

并且，在这过程中往往会出现多家创业投资合投一个项目的情形。这样做的好处，一是分散投资风险，二是带来更多咨询资源，确保投资回报率。

顺便一提的是，在这个过程中势必会出现"烧钱"。而其实，这种烧钱的准确含义是"必要的投资布局"。也就是说，这种钱不是无缘无故去烧的，无论哪家风险投资都不会允许你浪费钱。如果风险投资在与企业领导人的交流中没有发现他具有足够的战略眼光和执行能力，是不会给你投资的。

创业投资是如何来判断一个早期项目是否值得投资的呢？举例说，创业者想把自己的某项专利技术产业化，已经经过了中试环节，送样给部分下游企业使用，但还没有实际展开销售；这时候，又怎样来判断该项目是否具有投资价值呢？一般来说，主要是关注以下两大方面：一是市场，二是团队。

从市场方面看，又主要可以从两个角度来进行考察：首先是市场规模，其次是边际成本。

市场规模的判断依据主要是LTV(long term value，长期价值)。

LTV＝客户单次消费为公司提供的价值P×客户在公司消费的频次T

举例说，如果有一家房地产开发企业，假如一位客户在该企业一生只会买一套房，一套房的价值是500万元。那么，这里的P就是500万元，T就是1，LTV也是500万元。

而另一家是菜场，一位客户在你这里会买10年即3600天的菜，每天的菜金是100元，那么这里的P就是100元，T是3600，LTV是36万元。

不用说，作为你的考察对象来说，你当然希望这家被投资企业的LTV值越大越好。因为无论是企业盈利还是你的投资获利回报，都来源于此。

但显而易见，一家房地产企业和一家菜场似乎没什么可比性，所以我们下面来选择一个有可比性的例子。

假如时间倒退到2000年。那时候俏江南餐饮刚刚开业，呷哺呷哺餐饮也才成立两年，如果你同时面对这两家被投资企业，会选择哪一家呢？

众所周知，这两家连锁餐饮企业一家是川菜，一家是火锅。假设消费者对这两类食物都很喜欢，也就是说，这两家企业的LTV不分高低，这时候就要从另一个角度——边际成本——来看问题了。

所谓边际成本，是指每增加一个单位产量所增加的成本。在这里就是说，每增加一位消费者需要增加多少成本。俏江南要为顾客提供精致的川菜，离不开有经验的川菜厨师。这样的厨师不但难找，而且用人成本也高，这就意味着在同样的食材条件下，俏江南的用人成本较高。事实上也是，俏江南的边际成本在整个餐饮行业里都要算高的。回过头来看呷脯呷脯，由于它实行的是集中配料、生产过程标准化，所以具体烹饪过程完全由消费者自己来完成，这样也就没有传统意义上的厨师岗位了，只要雇用几个切菜、切肉的厨工就行，其边际成本要远远低于俏江南。

这样一比较，你就知道哪家企业的盈利更有保证，应该投资哪一家了。

这条经验具有普遍性。也就是说，在同行业的两家规模差不多的企业中，谁的消费层次更高、边际成本更低，谁就更能活下来，更能盈利，更能扩张。

回过头来看今天。截至2018年上半年，俏江南的经营状况已十分困难，创始人被退休，估值也已跌到10亿元人民币以下；而呷脯呷脯早在2014年年末就已经完成上市，2018年3月末的市值高达人民币160亿元。从这个角度看，似乎也能证明上述边际成本因素对未来发展前景的推测：无论两家公司有多么不同，其他方面存在什么实际问题，边际成本都是其主要因素之一。

理论上说，当边际成本和边际收益相等的时候，就是公司盈利最高的时候，这就是所谓的行业“天花板”。边际成本高的产品（如精美手工艺品）价格一定会比工厂流水线生产出来的产品贵；如果非得是一样的售价，就必定要倒闭，这就是现在许多手工产品在市场上消失的原因，因为它不具备竞争优势。

同样的例子还有很多。比如滴滴出行和神州租车，虽然两者都提供租车服务，但因为神州租车是自有车辆，需要买车，这样边际成本就要远远高于通过车辆加盟形成竞争优势的滴滴出行。另外，各种连锁加盟店有些来头很大、牌子很硬，但其实它提供的主要是品牌、系统化设计和管理服务体系，然后进行服务费用和收益上的分成，这种情况下的边际成本并不高。

更进一步，越是标准化程度高的公司其边际成本越低，更能扩大生产规模。①

从团队方面看，被投资公司的创业团队，无论是高学历的"海龟"还是了解本土的"土鳖"，或者是别无选择的"草根"，首先要有高智商和高情商，其次是韧性。

高智商表明整个团队或至少领头羊是聪明人，否则他怎么能把这个公司做到行业中的最好呢？高情商不用说，那就是容易沟通；如果领头羊总是不苟言笑，那这个团队中至少要有情商高的人来负责交流和解释。如果有想法不愿意和你说或者说不清楚，那又怎么来阐述整个市场和未来的规划呢？

与此同时，创业投资考察团队的韧性还有一个"八年抗战"的要求，即至少要求这个团队能够坚持 8 年。也就是说，它在投资一个企业时往往会想到 8 年以后这个团队在哪里？这个企业又会怎么样？

为什么是 8 年呢？一方面，创业投资从进入到上市退出一般需要 8 年之久。如果创业团队没有这样的耐心，就很难保证创业投资能够顺利退出。另一方面，被投资企业创建后，无论在人脉关系的积累还是市场开拓方面都需要时间；或者反过来说，只要能坚持 8 年就多少能出点成果，否则坚持不了那么久就可能已经倒闭了。

从上述角度看，似乎做什么产品并不重要，比产品更重要的是模型和人。

---

① 李政：《记住这个神奇的公式，你将知道 2017 年哪些项目值得投》，搜狐网，2017 年 1 月 8 日。

画重点

老马识途有妙招

▼创业投资都想及早进入有发展前景的新项目，但为什么有些项目在创业早期就有投资人追捧，而另一些项目即使已经开始盈利了也难以获得融资呢？除了其他因素之外，很重要的一点是它的经济学模型是否被创业投资所看好。

▲创业投资是很难有经验积累的。因为每一个被投资项目都有太多的干扰因素掺杂在其中，运气占很大部分，有的是靠天吃饭，有的则要靠政策推动。但这也并不是说毫无规律可循，这正是投资学要总结和解决的问题。

【适当的参与方式】

创业投资在选定被投资项目后，选择适当的参与方式同样非常重要。

根据 2006 年 3 月起施行的《创业投资企业管理暂行办法》第 15、16 条规定，创业投资对未上市被投资企业的参与方式分为：股权、优先股、可转换优先股等，但对单一企业的投资不能超过创业投资企业总资产的 20%。第 24 条规定，投资退出途径主要有：股权上市转让、股权协议转让、被投资企业回购等。话虽这么说，但其具体操作过程等等不一定异常烦琐。在这其中，最关键的因素是判断力，这会直接影响到投资的成败及回报率高低。

显而易见的是，创业投资与创业是两个不同的概念，所以不能用创业的理念来对待和实施创业投资。

在我国，创业者基本上可以分成以下几大类：

一是生存型创业者。这些人是为了混口饭吃，被逼上梁山才被迫创业的。这也是我国数量最大的创业人群，占创业者总数的 90%左右，主要是进城务工人员、失业人员和未就业大学生。他们所从事的主要是商业贸易和小型加工业，极少数从事实业。这些人中虽然也有因为创业而成为富豪的，但所占比例极小。

二是主动型创业者。这些人原本有自己的行当，现在主动投入到创业大军中来了，所以他们是有备而来，甚至是志在必得。在这些人中又分为两种：一种有着明确的规划、扎实的措施，所以称为冷静型创业者。他们因为掌握关键资源或技术，因此成功率很高。而另一种则是看到别人发财而心里痒痒的，也想出去闯荡一番，所以称之为盲动型创业者。他们虽然有的是冲劲，但因为两眼茫然，所以成功率很低；不过，他们一旦成功就往往会成就一番大事业。

三是赚钱型创业者。他们的创业目的就是为了赚钱，看到社会上什么赚钱做什么，根本不考虑自己究竟适合做什么、能够做什么。因为创业的目的就是拥有当老板那样一种感觉，所以他们一旦遇到这个项目失手就会另起炉灶从事其他项目，并且很可能这些项目之间会毫无关联。因为他们具有明确的赚钱动机，所以最终能够赚到钱的概率也不低。此外就是，不管他们能不能赚到钱，大多过得很快乐，总觉得自己再怎么地也比在别人手下打工好。

四是创新型创业者。这些人一般具有很高的个人素养或国际视野，具有与众不同的创意和创新头脑。他们的创业往往是建立在一个新点子基础之上的，所以不会走别人的老路，而是会别出心裁地重新组织资源和市场。所以在他们中间最容易出现新的经济业态，或独角兽企业（市值在短时间内就超过10亿美元的创业企业）。

创业投资在面对上述几种不同类型的创业者时，采取的策略应有不同。总的来说，投资目光应主要集中在第四类创新型创业者身上，但也不排除有少量投资会投向第三类赚钱型创业者。与此同时，要特别注重这些创业者是否有野心（有人认为这是富豪阶层和普通中产阶级的最大区别）。换句话说就是，只有这个人对未来充满憧憬，才可能有大作为，小富即安成不了大事。

在此基础上，还要从其他角度来衡量该投资者是否符合某些特定秉性。

举例说，日本超大银行富裕阶层顾客销售负责人挂越直树就发现，超级富豪们都会十分关心厕所是否清洁，并且这一点具有共性。能看到，无论是他们自己家里还是创办的企业里，洗手间总会干干净净，坐便器更是擦得锃锃发亮。

为什么富豪们会关心这样的小事呢？这倒不是因为他们有洁癖，更不是因为他们闲得无聊只抓这些“小事”，实在是因为他们更善于用积极的态度来思考洗手间清洁这件事。在他们看来，洗手间不干净是会失去财运的，绝对要不得。

不用说，他们在其他工作方面也会持这样的积极态度。例如，当下属做错一件事或丢了一桩业务，战战兢兢地站在他面前面如土色、等待挨训时，他当然知道这个问题的性质很严重，却依然会安慰对方说：“没关系啦，不就是一笔业务吗？只要能找到新的客户，不就可以了吗！”[①]

可以说，具有这种特质和心态的人才更适合创业投资。

从个人投资者角度看，致力于为国内企业提供企业级移动销售管理云服务的和创(北京)科技股份有限公司2009年成立后，就吸引了包括天使投资人雷军、李汉生、陈发树、王亚威，以及中关村管委会、复兴集团、东方富海、中信金石、新希望集团、中银集团等的创业投资。这些创业投资后来都获得了丰厚的获利回报。2016年2月它在新三板市场挂牌时市值即达到40亿元，在近6000家新三板挂牌企业中排名第35位，并且是这35家企业中唯一一家做移动互联网技术的企业。

值得一提的是，该企业在过去两年中三轮比较大的融资累计总额达到4.36亿元人民币，这也就意味着这些创业投资者在短短一两年内的回报率就已经增长了七八倍。以东方富海为例，它是2014年9月成为和创科技股东的，短短一两年内投资总额的市场估值就增长了七八倍[②](补充说明的

---

① (日)挂越直树著，刘世佳译：《亿万富翁教我的理财武器——从金钱逻辑到投资技巧》，北京：民主与建设出版社，2016，P173。

② 贺骏：《雷军天使投资成绩单再下一城，和创科技挂牌新三板引入王亚伟》，中国经济网，2016年2月29日。

是，截至2018年1月15日该公司股票停牌时市值为45.18亿元，三年多时间里投资回报率超过10倍)。

更令人惊讶的是，和创科技是移动互联网企业中极少数不烧钱的企业，也就是说，实际上它吸收的投资全都存在了银行里。而这对于创业投资者来说，实际上便是用银行存单买了一个股东资格，买到一个巨大的商机。

对比表明，美国企业级服务领域市值10亿美元以上的企业已经超过100家、市值百亿美元的也已经超过10家，可是在我国这个领域还只是刚刚起步。

从机构投资者角度看，南非投资公司MIH的慧眼识珠就很典型。

1999年，腾讯开发出了很受市场欢迎的QQ产品，2000年6月注册用户就突破1000万。但接下来遇到互联网泡沫破灭，尚未盈利的腾讯根本看不到曙光，只好艰难地做出了收费注册的决定。但即使如此，依然远水解不了近渴，收益微乎其微。

无奈之下，马化腾一度动起了出售QQ业务的念头，只因最后价格没谈拢而告吹。直到碰到IDG和盈科数码获得第一笔投资后，才渐渐恢复元气并走上正轨。

2001年，腾讯公司连续两个季度出现巨额亏损。在这种困难背景下，MIH主动找上门来，从IDG和盈科数码手中收购了腾讯公司33%的股份，总投资3300万美元；与此同时，股东们还一起向腾讯公司紧急提供了200万美元的流动资金，让腾讯从此彻底摆脱资金短缺的局面。

2004年腾讯在香港上市，于是MIH的这笔投资也一路跟随升值。截至2018年3月末时，这笔投资的价值已经高达1636.48亿美元。换句话说就是，MIH当初的这笔投资在短短17年间，在这家亚洲市值最大的公司身上获得的回报率就达4957倍，净获利1636亿美元，并且至今一直没有抛售。正因如此，MIH目前依然是腾讯公司最大的单一股东，而这笔投资也成为MIH历史上最成功的一笔海外投资。

画重点

判断力决定回报率

▼创业投资是一件非常迷茫和痛苦的事，要考察的东西太多，甚至有一种碰运气的感觉。但显而易见，在这其中同样有许多规律可循、有许多功课可做。创业投资者要想减少这种痛苦，除了经验、模型还需要有明确的目标和规划。

▲创业投资的核心就好比朋友圈里随份子，你看到好朋友想开店，于是也出股支持，赚钱了你也可以分一份，亏了就可能要自认倒霉。又有点像买彩票，买了彩票后中奖了回报率或许能有成千上万倍，但绝大多数都会血本无归。

榜样

他投入 200 万赚到 26 个亿

2004 年，广州动景计算机科技有限公司旗下的 UC 优视诞生了，旗下有 UC 浏览器、九游、UC 云等产品，是国内最早的一批移动互联网应用之一。UC 优视创立之初，当时的背景是手机刚开始 2G 上网，所以手机浏览器都很烂、网速也慢，而 UC 优视的出现使得它因为采用服务器端压缩网页，能够迅速打开网站，所以很快就凭借加载快、流量消耗低等优势一举成名，之后便一直稳定发展，用户突飞猛进，一年多之后用户量就超过 2000 万。

而就在那一年，雷军已经将自己创办的卓越网以 7500 万美元的价格卖给了亚马逊，从而获得了属于自己的第一桶金。所以从这时候开始，他就陆续在风险投资领域小试身手，促使一些有想法的人把他们的想法变成现实。

当时的 UC 优视两位创始人何小鹏和梁捷都是搞技术出身，他们的手机网浏览器开发方向非常明确，之所以取名为 UCWEB，就来源于 You Can WEB 缩写，意思是“你能随时随地访问互联网”。可是他们的天才想法却遇到了资金困境，最困难时因为付不起房租，两人晚上只好扛着服务器从一个办公室搬向另一个办公室。网易创始人丁磊得知后，以个人名义借给他们80万元，让他们勉强支撑了两年。

在这种情况下，UC优视陆续寻找了20多家创业投资，包括红杉资本在内。但当时许多人对移动互联网行业不了解，觉得投资这玩意风险太大，另外就是管理团队问题。雷军显然也看到了这两大问题，但他认为这些问题并不是没有解决方案；不但如此，他还坚信UC优视能有机会做成下一个谷歌，人生能有几回搏！

2006年，他和几位朋友一起出资400万元人民币给UC优视，占股20%；其中他个人出资200万元，占股10%。他掏出这笔钱时眼睛眨都没眨一下，干脆得很。

2007年末，金山刚刚在香港上市后不久，他就宣布因个人原因辞去金山总裁兼CEO职位。他说自己太累了，想歇歇了；但实际上他并没有歇下来，半年后便出任UC优视董事长。

上任伊始，他就理清思路、明确未来的发展方向。当时公司一共有10多名技术人员，但其中只有两人开发浏览器，其余都在给中国移动公司开发邮件办公软件项目。雷军认为，UC优视要做规模经济，只有把规模搞得足够大才能挣钱，并且到那时候挣钱会非常容易。为此，他认为必须把所有精力都集中到做大服务规模上来。最终他决定果断砍掉当时唯一盈利的为中国移动开发软件的项目，把它以1000多万元的价格卖了出去，然后扩招人员全力开发手机上网浏览器。

这一招马上见到了效果。例如，新浪新闻首页转到手机上后只有100K，还不到原来的1/10，所以被网民誉为最省钱的浏览器；不但如此，UC优视还可以打开多个网页，从而缩短了等待时间。仅仅一年多之后，用户就增长了25倍。

雷军不停地进行创业投资，仅仅2008年那年他就投了不止10家企业，融资总金额超过1亿美元，他也因此被评为“2008年度最佳天使投资人”。UC优视只是他最得意的投资项目之一，所以被人记住了。

在雷军看来，手机上网将会成为未来的时代潮流，移动互联网业务规模会远远超过当时的互联网业务规模，于是他把自己的事业重心瞄准了这一块。

2013年3月，阿里巴巴投入5.06亿美元(折合人民币31.30亿元)战略投资UC优视，2014年干脆又直接投入43.5亿美元收购了UC优视(按当时的汇率折算约为人民币261亿元)，把它打造成阿里巴巴移动事业部旗下的核心产品。而直到此时，雷军前期个人投入的200万元创业投资所占10%股份对应金额已达26.1亿元人民币，投资回报率超过1300倍。

正是在这笔创业投资中，雷军尝到了甜头并着了迷，之后便四处进行创业投资。尤其是他通过UC优视看到了移动互联网发展的巨大前景，这一点可以从iPhone发布后移动互联网被引爆得到证实。这时候他看到国产厂商魅族在做智能手机便也想进行创业投资，但因为没有投资成功，所以他干脆自己创立了小米，并由此正式进军移动互联网。

截至2017年一季度末，UC优视的用户渗透率依然高达67.1%、下载量3.3亿次，均占市场第一位，继续领跑国内第三方手机浏览器市场，远远超出第二名QQ浏览器。

雷军在2016年夏季天津举行的达沃斯论坛峰会上深有感触地说：中国今天的创业环境已经发生翻天覆地的变化，各种新型孵化器的产生和移动互联网的普及，使得创业机会比过去更多；而这些创业机会所需资金不会都靠银行贷款，更主要的还是天使投资。他形容说，这些天使投资(创业投资)就像“朋友出份子”，虽然失败的多，但一旦成功，收益会远远超过自己的想象。就他而言，除了投资之外，自己过去曾经的创业经验也是给创业团队的另一种投资。

他说，做投资人会突然发现有许多可以实现的梦想，挺幸福的，他很喜欢享受那种具有预见性的尝试。在他看来，创业投资最重要的是对大势和人的判断，然后便是顺势而为，而不是勤奋。他的投资哲学归纳起来就是：投资先看人(投给谁)，再看趋势(以便顺势而为)。

第四章　实业投资

无商不艰，无艰不商。实业投资更容易获得成就感，但对财商能力是一种巨大的考验。除了人、财、物、产、供、销一个都不能少，还需要具备不人云亦云的头脑和思想，即“观念”。

【“男怕入错行”】

曾几何时，兴办实业是众多爱国企业家的第一选择。但随着时代的变迁，这种理念有淡化趋势；但不可否认，实业投资永远有它无穷的魅力。

实业投资在今天也叫产业投资，是指为获取预期收益，用货币购买生产要素，让货币收入转化为产业资本，形成固定资产、流动资产、无形资产的经济活动，是一种对企业进行股权投资和提供经营管理，实现利益共享、风险共担的投资方式。

所谓实业，过去纯粹是指生产制造业；现在已放宽到与“产业”概念相同的地步，即指具有正式产品生产或交易的工商企业实体，除生产制造业，还包括商业贸易及服务业。

实业公司是区别于投资公司而言的，两者的主要区别在于其价值创造过程：实业公司的价值创造过程是从货币到商品或服务再到资本增值，即G

→W→G′，而投资公司则是从货币到资本增值，即 G→G′。

实业投资与金融投资的主要区别在于：实业投资注重生产能力的增长，而金融投资则注重所有权转移。

俗话说，“男怕入错行，女怕嫁错郎。”在你准备创办某个实业的时候，除了自身条件，很有必要仔细考量一番这个行业究竟处在什么样的阶段。

各行业大体上可以分为起步期和成熟期两大阶段。如果处在起步期，那么就算创业有些匆忙或草率，也会因为行业红利比较方便地从中分到一杯羹。

举例说，如果你在一个新的小区门口开个店面，这时因为你先人一步、独领风骚，顾客没得选择，所以只能找你，这就是所谓红利的概念。可是等到若干年过去后，小区发展成熟了，与你经营同一业务的店家越来越多、竞争越来越激烈，如果没有点特色或真功夫，要想存活下来就已属不易；而后来者要想进入这个行业，就更难生存，因为初期红利期或窗口期已经消失。

小店面是这样，大企业也是如此。无论是国内知名的房地产企业如万科、万通、恒大等，还是互联网巨头阿里巴巴、腾讯、新浪等，都是在世纪之交就已经站稳脚跟或开始创业，经过大浪淘沙最终存活下来，并且在房价高涨、互联网快速发展之际得到发展壮大的。能看到，在它们瓜分天下完毕后的最近这 10 多年中，就没有哪一家房地产企业巨头或互联网企业巨头能从这遮天蔽日的企业丛林中冒出头来，往往是连小树苗都存活不下来，也就根本不可能有出头之日，就是这个道理。

当然，这样说并不是指创业只能选择新兴行业或空白点。因为即使在那样的红利期，你也会碰到其他各种各样的困难和矛盾；也不是说，在市场成熟的行业和地域就不能再有新的巨头出现及站稳脚跟，只是说这时候的难度要大得多。例如，国际知名企业肯德基和星巴克等就是其中的典型。只是这样的品牌定位和运营效率并非今天的单枪匹马能胜任得了，所以不在本书的讨论范围之内。

实业投资要找准方向、找对路子，这说起来容易做起来难，泛泛而谈基本上不会有多少新收获，所以下面举个实例来加以说明。

许多人认为教师职业蛮好的，可是北京一所中学的物理老师赵松青却觉得这工作缺乏激情。用他自己的话来说就是，“一眼就可以看到自己20年以后的样子，日子像一杯温吞的白开水。”

参加工作两年后，他就怀揣着自己所有的5000元积蓄准备创业。没想到，一位朋友听了他的设想后笑得岔了气，说：“5000元在北京做个小买卖都困难，你还说什么要做一番事业？”

朋友的哈哈大笑，让他觉得受到了莫大的侮辱。因为他一直以为自己是一个有头脑的人，尤其是当一种东西如果能让他感兴趣，就一定会琢磨个透，这点很少有人比得上他。不过说实话，直到这时候，他还确实不知道自己究竟能够干什么。

1997年暑假过后，在家人和朋友没有一个人赞同的情况下，他毅然辞职，准备先断了自己的退路再说。

由于平时对市场没什么研究，所以他把自己关在屋里整整一个星期，每天就在那里翻阅报纸、杂志和看过的书，希望能够从中找到一丝灵感。结果，这些项目不是投资太大就是需要有研发过程，自己完全搞不来。到了第6天夜里，他心里已经开始默默赞同其他人的看法：自己不是一块创业的料。

他愤懑地一屁股坐在地上。没想到，这时候屁股底下发出了一种怪声，很像抽水马桶抽水时发出的那种声响。仔细一看，原来是父亲从美国带回来的一种冰箱贴，制作成了马桶的样子。拿手一摁，就会发出抽水般的声音。突然，他知道自己该做什么了。

第二天，他就去买了一份报纸，从上面的分类广告中找出几个希望承接制造礼品的小厂电话。联系了几个都不理想，只有门头沟有个小厂已经好久没生意了，所以厂长在电话里反复强调，他只要有点蝇头小利就愿意干。赵松青听说后连忙跑过去，一看所谓的工厂实际上是个村办小作坊。管它呢，双方彼此彼此，一对难兄难弟。当天晚上，凭着自己学物理的功底，他拿出了制作工艺图，可是怎么也发不出抽水马桶的那种声音来。

天亮之后，他手里捏着图纸跑到大兴一家玩具厂，自报家门自己是中学老师、想在课外活动中教学生一点有用的东西，所以前来请教。

厂方非常热情，专门叫来一个老技师进行讲解。讲解以后才知道，其实这东西很简单，只要将声音模拟到一个模块上就行。与此同时，老技师还热心地给他介绍了一家生产模块的工厂。赵松青跑去一看，对方报价每个模块 0.32 元，如果生产 3000 个三天就可以提货。赵松青二话没说就订了货，然后马上跑到门头沟的那家工厂去，对方报价是每个成品 1.22 元。

回到北京后的第二天，他就开始跑各商场的玩具柜台。因为实在不知道这个产品该销往何处，所以只好一家一家地跑。后来经人指点，这种既没有商标又没有谁见过的“三无产品”怎么能放在大商场里卖呢？应该放在私人摊位上代销最合适。

他一拍大腿，马上改跑北京的所有小商品批发市场。结果，这些小老板们非常感兴趣，6 元钱一个，三天内就订出了 1000 多个。于是他马上向生产厂家追加制作 1 万个。对方自然是高兴万分，因为生产批量大了，还主动让出了 0.2 元的毛利。

就这样，在不到两个月时间里，赵松青一共卖出 1.3 万个“抽水马桶”冰箱贴，刨除所有开支和制作费用，一共赚了 5 万元。

就是凭着这 5 万元钱的“第一桶金”，赵松青马上见好就收，改做其他新产品。因为在他看来，当时已经有几个工厂在模仿生产这玩意了，市场价格也一下子跌去了一大半。

做什么好呢？当时他因为劳累过度发起了高烧，并且持续不退，只好用冰块降温。有一天吃过药后浑身发热，就这样昏昏沉沉地睡着了。迷迷糊糊之际，他突然觉得脖子凉凉的特别舒服，这才发现冰块已经滑落到了枕头上。

他联想到前两年市场上有一种冰爽坐垫相当畅销，于是由此得到启发，如果能制作出一种冰枕来一定会受人欢迎。于是，他马上翻阅气象资料，并预测第二年夏天将会酷暑难熬，就这样，他一股脑儿把这 5 万元全部投入了冰枕产品。

果然，这是一个炎热的夏天。虽然当年有几个厂家同时推出了这种产品,相互压价非常厉害,但因为他的产品成本比别人低,所以不但能在竞争中取得优势,而且盈利十分可观。1998 年 8 月,他上一年的 5 万元就已经变成了 70 万!

赵松青用这 70 万元成立了自己的商贸公司。冒了一次险之后,他便不再把所有资金都砸在同一个项目上,而是陆续开发出了 5 种产品。到 2000 年末时,他在短短三年内就已经赚到 600 多万元。

从 2001 年开始,他觉得自己的原始积累任务已经完成,于是将商贸公司里的业务交给副手,让他继续专心致志地去寻找科技含量高的短平快项目,自己另建了绿色建业中心,开发绿色环保装修装饰材料。

为了克服自己不懂经营管理的短处,要结识更多的成功者,1999 年他用整整半年时间学打高尔夫球,2000 年花费 1.2 万美元、每年另交 1200 美元会费获得了北京顶级私人俱乐部长安俱乐部的终身会员资格;同时拥有北京五家饭店游泳馆的金卡。这些举措虽然让亲朋好友们不解,但他自己认为很值。仅仅是在长安俱乐部,当时就有 700 多名商界精英。他相信,加入这个队伍一定能学到其他地方学不到的能力。[①]

当年他 29 岁。这个年龄的其他人都在忙着结婚生子、身边已掏空积蓄,可是赵松青通过自己的创业,已经轻松地就实现了财务自由,拥有两家公司和 1000 万元的个人净资产。[②]

从上容易看出,赵松青的成功创业之路是自己从摸爬滚打中找到的。虽然过程有些惊险,但方向却没有错,并且很好地发挥了自己爱琢磨的特长。

泛泛而谈,实业投资的正确方向在哪里呢?不同地区、不同阶段、不同创业者的具体情况各有不同,但依然是有规律可循的。

据《无锡市工商局 2017 年度市场竞争环境情况报告》显示,在这座全国“GDP 万亿俱乐部”中唯一的二线城市里,当年盈利率最高的五个行业分别是:制造业、交通运输业、电力热力燃气供应业、水利环境保护业、批发零售业。

---

① 赵松青:《29 岁 5000 元创造奇迹》,和讯网,2004 年 11 月 5 日。

② 赵松青:《5000 元创造奇迹》,载《中国·城乡桥》,2007 年第 7 期。

其中，盈利率最高的便是制造业，为55.92%。也就是说，制造业中有超过一半企业是盈利的，该指标反映了一个地区的企业经济发展水平。

而从该市各行业存量企业的正常经营率看，正常经营率最高的五个行业分别是：交通运输业，金融业，建筑业，信息传输、软件和信息技术服务业，批发零售业；最低的三个行业分别为：住宿餐饮业、农业、卫生和社会工作服务业。也就是说，在这三大行业中，有相当一部分处于停业、歇业和清算状态。①

对于茫然无措的创业者来说，从中或许也能得到一点有用的启发。

画重点

不要犯方向性错误

▼虽说条条大路通罗马，但毕竟有多快好省和少慢差费之别。无论是什么样的创业投资，都不能犯方向性和原则性错误。

▲赵松青加入长安俱乐部后发现，身边的那些富豪们并非他过去想象中的那种挥金如土的奢靡，而是每一笔花费都会有明确目的。他由此得出结论说，会花钱不是坏事；但更重要的是要开动脑筋，这样才能争取以后更大的成功。

【小型工业投资】

这里的小型企业（下同），严格地说是指小微企业，即小型企业和微型企业的合称，这是2011年才出现的新名词。从数量看，我国现有小微企业4000万家，占企业总数的97.3%。

根据2017年12月28日国家统计局颁发的《统计上大中小微型企业划

① 邵旭根：《无锡工商发布三大“环境”报告，制造业：盈利率最高吸纳就业最多》，载《无锡日报》，2018年1月24日。

分办法(2017)》规定,小型工业企业(包括采矿业、制造业、电力、热力、燃气及水生产和供应业)是指同时满足以下两项条件的企业:一是从业人员20人以上300人以下,二是年销售收入300万元以上2000万元以下。从业人员20人以下或年销售收入300万元以下的为微型企业。

创办小型工业的最大理由,就是从总体上看预期回报率较高。研究表明,股市中散户连续三年赚钱的比例只有3%,而创办小型工厂连续三年赚钱的概率至少可达20%。而像上面赵松青这样因为选对投资项目,用他的话来说就是"一个笨办法,三年赚百万",这样的小型工业投资项目绝非少见。

投资小型工业首先要解决的问题是定位、规模、选址三要素,即选什么项目好、开在哪里、怎么开。这其中的每一项都不但会直接影响到你的投资回报,更可能决定它今后的生死存亡。但归根到底,项目选择是最重要的,除此以外就是商业模式和团队建设。

项目选择

小型工业投资选什么项目好?以下思路可供参考:

一是短缺缺口。

短缺是经济谋利的第一动因,有短缺,就说明那里的市场需求旺盛,从那里打开缺口、形成产业就容易获取利润。由于开办工厂必然要考虑到可持续发展问题,所以在研究短缺缺口时,就必须考察这种短缺形成的原因、过程和时间跨度,以便从长计议。

二是时间缺口。

现代社会节奏越来越快,许多人最缺的并不是钱,而是时间。各种先进交通工具如这几年全国各地大力建造的高速铁路、城际铁路、地铁等,在方便乘客快速到达目的地的同时,实际上追求的就是时间的节省。从这个角度出发,快餐食品能够节省用餐时间、智能机器人能够节省劳动和家务时间、健康食品和保健品能够延长人的寿命时间等等,就永远充满投资机会。

三是价格与成本缺口。

同样的产品，价格卖得越高，利润当然就越高；同样的价格，进货成本越低，利润率当然也就越高，这是一条简单的真理。无论是你生产的产品能比别人卖出更好的价格，还是虽然价格不能比别人卖得更高，可是生产成本和费用却能更低，就都蕴藏着无限的商机。退一步说，如果实在做不到这两点，能够用价格更低的替代物加以替代，同样会蕴含着无限商机。

四是方便性缺口。

时代的进步和生活条件的改善，促使越来越多的人会追求方便、实在，而只要你生产的产品或提供的服务能够满足顾客这方面的需求，就会有立足之地。

五是通用性需求缺口。

消费者日常生活中所用的日杂品，品种多、花色多、规格不一，其中必定有一些是生产厂家较少、市场需求紧缺的产品。善于通过市场调查发现这种缺口(有时候你不用调查就能从日常生活中感悟得到)，看能否通过生产满足这一市场缺口；如果能做到这一点，当然就能从中获利了。

六是价值发现缺口。

世界上的万事万物都有它已经公开的用途，但还有它尚未被挖掘出来的潜在用途。你所要关心的重点不是这种大家都已经知道的用途，因为既然大家已经知道了，很可能这方面的市场就已经基本饱和甚至供大于求了；你更应该关心的是它的潜在用途。如果你能比别人更早发现某种商品的价值性缺口，就能在其中发现潜伏着的巨大商机。

七是中间性缺口。

社会经济领域的生产和消费是一环套一环的，而在这其中就可能存在着某种缺口甚至断裂，从中很容易找到投资良机。

八是战略性缺口。

每个时代都有它的国家战略计划，这些战略性和政策性计划各有特点，必然会给投资者带来战略性缺口商机。

九是回归性缺口。

许多生活用品尤其是时尚商品在沉寂一段时间后，会掀起一股复古风。好好把握这种规律和消费趋势，就可能从中找到投资良机。

对照上述特点，许多人总抱怨找不到什么好的投资项目；但其实，只要从市场需求的产生和满足方式在时间、地点、成本、数量、对象上的不平衡状态中去考察，就很容易发现投资机会，甚至可以说机会遍地都是。

商业模式

投资小型工业的收益从哪里来？表面上看是通过生产、加工、销售实现利润，而实质上更应该关心的是它的盈利模式，即通过什么方式来赚钱。只有这样，才会有助于确立投资方向、制订生产经营计划、更好地提高投资回报率。

小型工业的盈利模式有很多，这里主要介绍最合适、最简单、最方便跟进的六种模式：

一是鱼印鱼模式。

鱼印鱼模式的实质在于弱者依附于强者生存，并且想方设法把竞争对手转化为合作伙伴。这种方法不但有效，而且很聪明。

这种模式来源于海洋中的生物竞争。海洋中的鲨鱼十分凶狠，可是却有一种鱼印鱼能够与鲨鱼友好相处。鲨鱼不但不会吃掉它，而且还非常喜欢它，会反过来为它供食。说到这里也许你就明白了，所谓鱼印鱼模式就是要学习鱼印鱼的生存方式——依附于鲨鱼，鲨鱼到哪儿它就跟到哪儿，鲨鱼有吃的也少不了它的那一份。吃饱喝足了，给鲨鱼身上驱驱寄生虫(权当是提供按摩服务)，所以鲨鱼就不但不会反感它，相反还十分感激它。因为有鲨鱼的保护，所以它的处境十分安全。

具体到小型工业投资来说，如果你能为大企业提供配套、贴牌、代理服务，就能很好地借助于大企业的营销渠道获得高回报率。

二是专业化模式。

专业化模式就是只搞一门，把这门做好、做深、做透、做精，然后就等着

“一招鲜，吃遍天”，这样的赚钱方式既简单又不容易。

说简单，是因为你只要专心致志地懂这一门就行，可以集中人、财、物攻关，组织形式和管理都相对简单。一旦打开市场，后期几乎不需要更多的投入，利润率可达百分之六七十。哪怕是最小的产品，都容易把你造就成亿万富翁。说不容易，是指在这样一个多元化诱惑的年代，如果你想静下心来专精一门，并把它做到全国、全球前五名是很不容易的。

三是利润乘数模式。

利润乘数模式就是借助于一种被市场广泛认同的形象和概念进行包装。这种做法有点像跟风，不同的是，它不是另起炉灶模仿着创造另一品牌，而是完全借用某种成熟的产品或形象，所以没有产品研发和开发成本，上市速度快。当然，它是要支付专利使用费的。

利润乘数模式的利润来源十分广泛，既可以是一种卡通形象，也可以是一个动听的故事，还可以是一种有价值的信息或技巧。而让它产生利润的方式，就是不断重复地去叙述、复制、使用，并赋予它们种种不同的外部形象，如各种授权使用的米老鼠形象等。

四是独创产品模式。

独创产品模式是指你生产的这种产品具有与众不同的生产工艺、配方、原料、核心技术，并且又有长期市场需求，所以值得把它作为一个产业来发展经营。由于这种模式具有独占性，所以注定它的利润回报率相当高。

这方面最典型的是用祖传秘方制作的中医药产品和保健品，由于有这种祖传秘方和独创技术，所以可以确保你的知识产权不被侵犯。当然，并不是所有人都拥有这种先天条件，但你可以通过购买专利和技术来获得，从中开发新品。所要注意的是，这样的独创产品一旦走向市场就要大力推广，争取在别人的仿冒产品出来之前就先赚个盆满钵满。

五是策略跟进模式。

策略跟进模式的对象必然是强者，即行业中的龙头老大，所以它和盲目跟风有很大的不同。不但要对自己所跟进的目标对象进行研究，还要分析自己的优势和劣势在哪里，对未来作出判断。

例如，创业过程中有许多拿不定的主意，这时候你跟着成功者的脚步走，一方面就便于观察，另一方面也会降低投资成本和风险，把别人的成败都一清二楚地看在眼里。等到你积累起了相当的资金和经验后，再采取侧面迂回办法，在竞争对手还没来得及涉足的新的市场进行开拓，超越对方。由于你的这种先跟进后超越策略蓄谋已久，而对方毫无防范，所以很容易取得成功。

除此以外还有一点对小企业非常实惠的是，在大部分跟进中，市场开拓费用很少，所以利润率反而会更高。

六是战略领先模式。

与上面几种甘居人后策略不同的是，这种战略领先模式是你一开始就先人一步，或者虽然一开始会暂居人后，但很快就通过战略领先策略来领跑市场，把同行远远甩在后头，实现真正的高枕无忧。

例如，主业领先、技术领先、人才领先等等，都会在提高知名度的同时赢得一大批“追星族”，最终拉大与跟进者的距离。

团队建设

虽说是创办一家小型工厂，可涉及的方方面面还是很多的，单靠一个人断然解决不了问题，必须组建一支团队。而谈到组建团队，就势必要涉及许多人。不用说，做人的工作是最难的，却又是企业发展所必需的。

小型工厂也是企业。企业的“企”字上面是个“人”，下面是个“止”。意思是说，如果你不善于用“人”，这家企业就会停“止”不前。

团队的素质和质量决定将来你这家企业的工作效率、经营业绩和发展前景。这就好比一台电脑一样，哪怕是再好的硬件也需要有好的软件来支撑，否则这电脑就无法发挥应有的作用。

组建团队强调的是“适宜”而不是“优秀”，或者说“适宜”比“优秀”更重要。像仓库保管员、保安等岗位，招聘大学生就远远不如让认真负责的普通员工担任更合适，敬业是最重要的，工资成本也低。

一个团队不止一个人，所以要用精神力量、文化氛围把大家凝聚在一起。这里有三点需要特别注意：一是古语中所说的“疑人不用、用人不疑”，相互猜忌很伤人，更不可能让大家跟你走得很远。二是这里讲的精神力量、文化氛围，与你的合作伙伴和员工的文凭高低没有必然联系，更重要的是素质，即相互之间知道怎么配合、怎么尊重整个团队的发展。三是团队建设一定要用制度来管理人，这一点特别重要。尤其是在小型工业中，合作伙伴和员工中多数是“自己人”，不是亲戚朋友和同学，就是邻居和熟人，如果没有严格的制度约束，就很难管得起来。

小型工业的制度管理要强调有效和实用，至于多和少相对来说不太重要。制度管理的实质，管的不是人，而是人的心。如果订立的制度很多，可是到时候执行不了，不是相互矛盾就是朝令夕改，这种制度就不但是多余的，而且是有害的；当然，没有制度也不行，一方面是执法无据，另一方面也会给人以管理混乱的感觉，不利于调动员工积极性。

这方面你可以参考一下蒙牛集团前总裁牛根生的座右铭：“小胜凭智，大胜靠德。”这里的“德”，既包括领导者个人的德，也包括你创办的这家企业的德，后者是需要企业制度来维护、企业文化来弘扬的。而要做到这一点，又必须维护企业制度的威慑性、必然性、即时性、公平性、有效性，以制度管人，以制度服人。

画重点

三大纪律，八项注意

▼创办小型工业同样涉及方方面面。最重要的问题主要体现在这三大块：一是资金，二是盈利模式，三是团队建设。团队建设又以制度建设首当其冲，各类管理制度要少而精，并且具有威慑性、必然性、即时性、公平性和有效性。

▲小型工业投资的焦点主要集中在以下八个方面：标准化管理和作坊式管理、出资者所有权和法人财产权、生产运营和资本运营、专业化和多

元化经营、资本流动和资产流失、产品缺乏知名度却要开拓市场、销售人员管理和执行力问题。

【小型商业投资】

国家统计局《统计上大中小微型企业划分办法(2017)》规定，小型商业企业中的批发业要同时满足以下两项条件：一是从业人员5人以上20人以下，二是年销售收入1000万元以上5000万元以下；零售业同时满足以下两项条件：一是从业人员10人以上50人以下，二是年销售收入100万元以上500万元以下。上述条件中只要有一项达不到的，就为微型企业。

从规模和类型看，小型商业投资都是适合普通个人或家庭运作的项目。从投入资金看，规模从几千元、几万元到几十万元不等，一般不包括几百万元、几千万元的大项目。

绝大多数投资者都不具备雄厚的资金实力去投资大项目，一开始只能停留在小打小闹甚至白手起家阶段，但他们同样有用闲散资金投资的愿望和能力，并且这种愿望还非常强烈。至于投资能力，则可以在实践中得到培养和锻炼；投资业绩，也同样可以令人瞩目而至辉煌。只不过这样的小型商业投资还是有许多需要注意的地方，不能因为投资额小就掉以轻心。道理很简单：投资有风险，入市须谨慎。

三大定律

小型商业投资必须遵守以下三条定律：

一是我为人人，人人为我。

有人说“现在的生意很难做”，其实这句话不仅适用于“现在”，同样也适用于“过去”和“将来”。但有一条原则不变，这就是“我为人人，人人为我”。只要遵守这条定律，生意就不难做。只要有人类，就永远需要服务和提供服务，就永远存在着商业机会。

这主要又包括以下几个方面：首先是要建立一套快速、稳定的商业服务系统；其次是针对现代人工作忙、生活节奏快的特点，提供有针对性的服务；最后是细化市场，针对特定的某一类或几类人群提供服务。顺便提一句，只要你有心，可以说所有人的钱都能赚，例如针对男人销售品牌服装、烟、酒，针对女人销售所有流行的东西，针对小孩销售他们爱不释手的玩具，针对中老年人销售养生保健品……这方面的市场可以说无比广阔。

二是容器越大，容量才能越大。

小型商业投资非常注重地理位置的选择，一般首选商业中心区域，次选低一级的商业中心或副中心。在此前提下，店面租金高低反而是次要的。因为房租归根结底是一种成本或费用，是一种获得回报的垫资。如果能带来更多收入，这种成本或费用就是值得的，否则就会形成真正的费用。这里请记住商铺投资最基本的三条黄金法则：人气、位置、供求关系。

从某种意义上说，任何商品销售的市场都是无限的，关键是要把这个容器做大。容器大了，容量才大。当然，这也并不是谁都能做到的。

三是把不能变成可能、把偶然变成必然。

小型商业投资很重要的一点是要调查消费者需求，然后设法满足他们的需求，这样就不愁没有生意做；但更重要的是创造需求，把不能变成可能、把偶然变成必然，从而远离价格断杀，获取丰厚利润。

把不能变成可能很难通过消费者需求调查得到发现，所以这里更重要的是要去研究消费者未来生活中哪些商品或服务会对他们有“更大的好处”。这就是他们未来的消费需求。即使现在还没有这种需求，但以后只要一看到这种商品或服务，就会因为对自己有利而立刻产生需求。这样做，最有助于领先于他人占领市场先机，即使将来不能独占市场，也能在该市场普及开来之前先赚个盆满钵满。

商业模式

商业投资行为源于原始社会的物物交换，所以它的盈利模式只能是“购—销—调—存—赚”，即通过商品（服务）的购进、销售、调拨、存贮，最终实现赚钱的目的。

不用说，只有当销售价格超过购进成本，并且在扣除了费用、税金后还有剩余，才可能产生盈利。否则，如果某种商业行为只是为了提供运营商业的基本资金，就只能称这种行为是非营利性的，如红十字会、各种基金会的运作等。

商业投资收益（商业利润）主要来源于以下几方面：

一是商业利润是产业利润的一种让渡。

按照马克思主义政治经济学的观点，商业利润属于生产领域创造的剩余价值的一部分。也就是说，商业领域是不会创造价值的（但会实现价值），从本质上看，商业利润只是产业利润的一种让渡。

不过近年来也有一种对此持怀疑态度的观点认为，商业领域中的员工同样要付出劳动，所以同样会创造价值和剩余价值。例如商业领域中的包装、保管、运输等劳动，就可以看作是生产领域在流通领域的一种继续，所以也能创造价值和剩余价值；而商品买卖、会计核算等劳动，则能实现价值和剩余价值。

从根本上看，马克思的剩余价值理论并没有过时。因为归根到底，商业利润的实质仍然是剩余价值的转化形式。换句话说，商业利润是商业资本和产业资本共同瓜分剩余价值的“协同”结果。在这里，总体上看，剩余价值是生产领域的产业工人创造的、是商业领域的员工加以实现的。

明白了这一点就知道，采购商品时的价格越低越好，而不要把希望寄托在抬高今后的销售价格上。进货价格越低，表明这种商品在生产领域让渡给你的剩余价值部分越多，你将来的盈利就可能越丰厚。

二是销售价格必须超过购买成本。

销售价格必须超过购买成本，才谈得上有商业利润。这时候，这种商业利润在数额上就等于销售价格减去购买价格、流通费用和税金。

三是商业利润是在商业领域实现的。

商业利润虽然是生产领域剩余价值的一种让渡，但归根到底还是要在商业领域才能得到实现。

这就是为什么同样的商业企业，以同样的进货价格采购、经营商品，最终仍然有赚有亏。因为它们中有的能把这部分商业利润转化过来，变成自己（本企业）的利润；而有的则无法进行这种转化（无法销售变现），最终只能造成损失。

明白了这个道理，就知道为什么要采购适销对路的商品、为什么要尽力减少库存了。原因很简单：销售是硬道理，只有销售才能变现。

四是商业利润在加速资本周转中得到提高。

例如，同样是100万元的流动资金，如果在A店能实现年销售额1000万元，在B店只能实现年销售额500万元。在其他条件相同的背景下，这就表明A店会比B店创造出高出一倍的商业利润来，虽然这时候它们的平均利润率、费用率、税率是一样的。

这里的主要区别在于，它们的资金周转速度相差一倍：A店的流动资金年周转速度是1000÷100＝10次，B店的流动资金年周转速度是500÷100＝5次，从而表现出毛利水平也正好相差一倍。而实际上呢，资金周转快的A店，利润率可能会更高、成本费用率可能会更低。这是因为企业中有许多成本和费用是固定的，与销售额无关。如果销售额大了，这时候的成本费用平均分摊的比例就小，从而有条件降低商品售价，这也是“薄利多销”的真正来历。

所以商业经营中有一条原则叫“勤进快销”，谁也不愿意压货。从普通投资者角度看，销售量大的商业企业价格可能会更低，而他们也更愿意去这种生意好的地方购物；不用说，这样的企业盈利会更多。

适合的是最好的

小型商业投资遍地都是，每个项目都有人投资。虽然这些项目最终结果有赚有赔，但投资者当初在投资时当然都是希望能赚钱的。之所以会造成后来的局面，很重要的一条是该投资项目其实并不适合他自己。所以，项目合适与否最重要。

总体来看，以下几条原则能帮助你找到比较合适的投资项目。

一是大型不如小型。

意思是说，大型商业投资不如小型商业投资赚钱快。大型商业投资的投入大、经营管理水平要求高，一旦投资成功获利非常丰厚，但这并不是普通投资者能够胜任的。所以，如果你没有雄厚的资金实力，又缺乏在大型商业企业中高层以上岗位上的管理经验，那么还是老老实实从小型商业投资做起更合适。

而小型商业投资的资金需求少，技术难度系数低（许多项目根本谈不上技术含量），但也正因如此更适合普通投资者进入，并且资金回收快、利润稳定。

二是重工业不如轻工业。

意思是说，投资重工业产品销售不如轻工业产品销售赚钱快。所谓重工业是指为国民经济各部门提供生产资料的产业，如采掘工业（煤矿等）、原材料工业（钢铁厂等）、加工工业（水泥厂等）；而所谓轻工业是指为国民经济各部门提供生活资料的产业，如以农产品为原料的轻工业（服装厂、饮料厂等）、以工业品为原料的轻工业（日用玻璃制品厂等）。

之所以说投资重工业不如轻工业，是因为重工业产业投资周期长、资金需求量大、资金回收慢，一般不是普通投资者甚至拥有巨资的个人投资者能够运作得起来的。无论是流通贸易还是生产加工，经营轻工业产品尤其是日用消费品，都要比前者的投资风险小、进入门槛低，并且在短期内更容易见效。

三是用品不如食品。

意思是说，销售日常生活用品不如销售食品尤其是精致进口食品见效快。日常生活用品是每个人都要用的，食品同样是每天必需的，但这两者之间还是有很大的区别，那就是“民以食为天”——每个人每天都必须吃，只不过是吃得好一点还是差一点、吃这些还是吃那些的区别罢了；而哪怕是最重要的日常生活用品，也并非就不能离开几日。

正因如此，食品销售虽然要受诸如管理部门的监管，但整个食品行业的需求量实在太大，并且政府对这个行业的经营规模、品种、布局、结构都没有其他限制性进入规定，投资额可大可小，经营品种也可以根据当地市场和特定消费对象任意组合，所以从投入资金、经营风险、投资回收期方面看要更胜一筹。

四是男人不如女人。

意思是说，以女人为主要销售对象的项目要比主要以男人为销售对象的投资见效快。古今中外的经验表明，日常生活消费品的采购权一般都掌握在女性手里。而市场调查数据也证实，整个社会购买力中70%以上是女性控制的。不但女性掌握着大部分家庭中的财政大权，并且每个家庭中的“消费大户”都是女人和孩子，家庭中的采购权和消费权基本上掌握在女主人手里。

明白了这一点，也就非常清楚这样一个简单的道理：以女人为主要销售对象比以男人为主要销售对象更容易取得投资成功。

五是大人不如孩子。

意思是说，以孩子为主要销售对象的投资项目要比主要以大人为销售对象的投资见效快。关于这一点，道理同上。尤其是在我国，普通三口之家中的孩子，一个人的生活消费总额往往就要超过父母消费总额之和。这不但因为国人的消费特点是“下倾”，宁愿大人舍不得吃和穿，也要千方百计满足孩子的要求。所以你能看到，我国儿童市场上的消费品应有尽有，而中老年人要买一件合适的衣服都很难如意。

此外，儿童消费的随意性及容易受广告、情绪、环境影响等特点，也会促使这块市场随意膨胀。这些都决定了儿童用品销售的看好。

六是多元化不如专业化。

意思是说,多元化经营的商业投资不如专业化经营见效快。许多投资者从事商业经营时喜欢搞多元化,以为品种搞得越丰富越好,这样可以兼顾面广量大的消费者。而其实呢,如果没有庞大的资金实力和营业面积,那么专业化经营可能会取得更好的效果。

关于这一点,从各种各样的专卖店、小商品专业市场的红火中就能看得一清二楚。有些专业市场中的商铺,只经营一两个品种,可是由于经营有特色、销售量又大,能够大大压低进货价格,反而能取得不菲的销售利润。而且,由于进销渠道固定,经营和管理两方面都落得很轻松。

七是做生不如做熟。

意思是说,从事陌生领域的商业投资不如熟悉领域的投资见效快。

陌生领域正因为陌生,所以其中充满许多不确定性。虽然这种不确定性同样意味着商机,但同时也意味着风险。相反,如果选择自己熟悉的行业,尤其是过去从事过的行业来投资,这本身就意味着你已经度过了“摸索期”和“实习期”,因为这个行业有前途才投入的,这样无疑就提高了投资的成功把握。“隔行如隔山”,说的就是这个道理。

画重点

小本经营,稳中求进

▼从表面上看,商业利润来源于贱买贵卖,但其实质是产业工人创造的剩余价值的一种让渡。明白这一点,会有助于投资者明确努力方向:降低采购成本比提高商品售价更重要,也更容易。

▲商业投资当然需要开拓创新,但如果从获利稳定性角度出发,还是提倡从小起步、从自己熟悉的有把握的投资项目做起,稳扎稳打。这一点对于小本经营、赢得起输不起的普通投资者来说尤其重要。

【小型农业投资】

国家统计局《统计上大中小微型企业划分办法(2017)》规定，小型农业、林业、牧业、渔业企业是指年销售收入在50万元以上500万元以下的企业；达不到该条件的为微型企业。

过去有人总以为农业投资是农村人、农民的事，今天看来此言谬矣。资本逐利既然不分国界，又怎么会在乎城乡之别呢？农业投资当然需要相应的农业知识，但绝非只有农民可为；只要有利可图、有助于快速致富，当然就会不分男女老少。

先说一位城里人投资农业致富的事。

2000年，江苏省苏州市的吴斌大学毕业后在一家单位做司机。三年后，他得知一家热带鱼养殖场要转型改制，便辞了职，和姐夫两人一起凑出100万元把渔场买了下来。由于一方面缺乏经验，另一方面也是因为热带鱼过冬加温成本太大，根本竞争不过广东人，所以这100万元很快就全部赔了进去。

就在走投无路之际，他听从一位水产朋友的建议养起了被称为“水中活宝石”的锦鲤鱼，从此便一发不可收，养锦鲤养出了名堂，并且成为千万富翁。

2017年，他的一条大正三色锦鲤送去日本参加比赛，这条黑白红三色分明的锦鲤长达96厘米，在比赛中很争气，为他获得了冠军。当时就有人出价270万元，他没舍得卖；后来，有人更是抬价到330万元，他还是没舍得出手。除了这条冠军鱼之外，他那里单价50万元以上的锦鲤有好几条，10万元起价的就更多了。

就这样，短短10年后的今天，在他的50亩鱼塘里就放养着几百万条不同年份的锦鲤，每条鱼身上的花纹都不一样。他靠养殖锦鲤的年收入已达

500 万元，资产超过 1000 万元。[①]

归纳起来，小型农业投资模式主要有以下几种：

一是自我发展型。

创业的一大动因便是追求自我发展，尤其是当你在看到自己具有许多适合自主创业的条件时，这种冲动会更强烈。这些条件主要有：资本投入（资金优势）；自己或家庭成员的一技之长（技术优势）；本地农业资源优势（资源优势）；自己或家人在外打工消息灵通（信息优势）；等等。

从实践看，具备上述优势的农民往往更善于创业，会更早地加入到创业队伍中去；并且，即使具备单一优势的农民，也会经过一定组合形成创业团体，优势互补，并在这个过程中发展壮大。

二是打工带动型。

现在的农村除了一些老年人在家种地，年轻人几乎全都在外打工。跳出狭小的地域范围，融入城市大环境中，人的思想观念、能力、技术、信息收集和分析、资金积累规模和速度都会发生翻天覆地的变化。

最常见的是，一方面，大多数农民创业初期都是以外出打工为主，来完成资本、技术、信息积累过程；另一方面，外出打工又会有助于他们积累资金、学习技术、适应环境、了解市场、更新观念、收集信息、发现市场空白，为下一步的填补市场（创业）打基础。其中有相当一部分人，不是回乡创业就是在城市扎下根来，甚至带动一大片家乡人共同走上经商、办厂、劳务中介的创业之路，脚步越走越远。

三是科技致富型。

都说科学技术是第一生产力。可以看到，农民创业的成功案例中就不乏科技型创业，一帮能工巧匠凭借自己的手工工艺，最先走出了一条条致富之路。

社会发展迫切需要调整农业生产结构，开发名、特、优、新产品，创立优

---

① 张景龙、洪福祥：《苏州小伙养锦鲤成千万富翁，最贵一条 270 万》，苏州广播电视台，2018 年 3 月 24 日。

质、高产、高效、特色、精致的现代农业，进行产、供、销一条龙技术服务。而在这一过程中，就处处需要用到先进的科技，传统的农业生产和技术不再适应了。谁有某方面的一技之长，然后被良好的创业契机所点燃，谁就容易取得成功。

四是城郊开发型。

农民创业的一个重要依托是土地资源，而土地资源具有不可移动性，所以，不同地段的土地其经济价值高低会相差很大，甚至相差成千上万倍。在这其中，地处城郊接合部的土地经济价值最高。所以，充分利用这样的土地资源用于自主创业，或者土地资源被征用后利用城市建设征用补偿费进行个人创业或集体创业，不失为水到渠成之举。

举例说，如果某自然村因为土地被征用可以得到 2 亿元补偿款，10 户人家平均每户可得 2000 万元。这时候如果把它全部分光，那就可能还不如创办一家集体企业，如招商城、饭店、宾馆、商场、建材店、蔬菜基地等，既解决了资金来源问题，又能避免一些农民资金到手后吃光、用光然后陷入窘境的尴尬局面。而这种机会在非城郊接合部就相对较少。

五是完全市场型。

就是说，这种农业投资几乎完全没有“三农”优势和特色，凡是具备条件的人都可以做，因时制宜、因人而异，该干什么干什么。上面所举吴斌养锦鲤的例子就属于这一类。

画重点

希望在田野上

▼小型农业投资的类型多种多样，有的“三农”特色明显，有的几乎完全看不出来。但这都不要紧，要紧的是如何更好地发挥自身优势才更容易取得成功。涉“农”不是目的，而只是一种选择。当“农”与“工”“商”不分时，就干脆不分好了。

▲小型农业投资与小打小闹并非同一概念。从过去看，围绕“三

农”创业的企业中有许多已经跻身于“世界500强企业”行列；从未来发展趋势看，涉农投资项目将会越来越多，回报也会越来越丰厚。

【小型服务业投资】

国家统计局《统计上大中小微型企业划分办法(2017)》规定，小型服务企业一般要同时满足以下两项条件：一是从业人员10人以上100人以下，二是年销售收入100万元以上2000万元以下；不能同时达到上述两项条件的为微型企业。

服务业的范围十分广泛，它具有非实物性、不可储存性、生产和消费同时性等特点。在我国，服务业属于第三产业，即指除第一产业农业、第二产业工业和建筑业之外的其他15个产业的所有部门。在这其中，又分为服务产业和服务事业两大类，前者是指服务产品的生产部门和企业集合，后者属于满足公共需要的政府行为。

从投资角度看，小型服务业投资应当首选投资少、见效快、回报率高、适合自身特点的项目。例如，2018年符合上述条件，适合在城市创办的项目有养老产业、清洁洗涤、留学中介等，适合在农村创办的项目则有特种野猪养殖、农村鱼塘开发、生态农业观光园等。

以清洁洗涤为例。这是我国国家保护产业之一，所以国际巨头很难进入，这就给大众创业提供了很好的机会。如果能创办一家企业，专门从事墙面地面清洗、门窗玻璃清洗、家庭用品清洗、衣物清洗等，其中就蕴藏着巨大的财富机会。据估计，我国每年的专业清洗需求在3000亿元以上，是全球最大的清洁市场。

再来看鱼塘开发。现在农村的鱼塘数量越来越少，所以鱼价也越来越高。如果能利用这一宏观背景，开发废弃山坑或荒废旱田，养殖食用鱼类和其他珍贵水产品，同时把休闲钓鱼、住宿餐饮、渔具鱼饲料经营、牧草种植等发展成配套产业，其前景可观。

接下来是特种野猪养殖。市场上野猪肉的价格是普通猪肉的2至3倍，一方面我国国内野猪养殖的数量极少，另一方面野猪养殖的成本并没有人们想象的那么高，所以其投资盈利反而有保障。测算表明，在人工养殖背景下，野猪日粮的青绿饲料比重高达百分之六七十，加上它抗病力强、成活率高，养野猪胜过养家猪。

另外就是生态农业观光园。在城郊接合部选一块交通方便（最好有公交车直达）、依山傍水、土壤肥沃的地方，向当地农民租几亩地，就成了一个小型农场。整个面积可以分成五大块：一是搭几个塑料大棚，种上各种时令蔬菜和鲜花等植物；二是挖一方鱼塘，套养一些鱼、虾、鳖、蟹之类；三是在鱼塘边上划一块地，种上葡萄、橘子、梨子等果树；四是搭几间低矮的简易草坯房，养殖猪、牛、羊、鸭、鹅、孔雀、鸽子、刺猬等食用和观赏动物；五是建一座休闲区，尤其是要有吃饭、喝茶的地方，以便迎接游客周末度假和农家乐活动。这样的场所现在越来越受欢迎，仅仅是亲朋好友周末度假，就能保证基本客源。以每个双休日旅游高峰为例，按每天接待50人、每人消费100元、全年接待100天计算，年营业额就可达到50万，净利可达40万元。

当然，最受人瞩目的服务业投资还是养老产业。国家民政部公布的《2017年社会服务发展统计公报》显示，截至2017年末，我国60岁及以上老年人口数量高达2.4亿，占总人口的17.3%，到2030年时老年人口比重将第一次超过少年儿童。也就是说，届时我国和社会关注的重点不再是青少年，所有行业和经济发展模式都要以老年服务为核心，就像今天的美国和日本。

从养老方式看，目前全国呈现出“9073”养老格局，即90%的老年人口是居家养老，7%是社区养老，3%在机构养老。而养老服务针对的主要是后者的7%和3%，合计10%，并且未来这一需求还会逐年增加；这部分人口因为居住地发生了改变，所以必然会导致居住产品有变化，并且要从市场上满足其需求。这就能看到，营利性养老机构在我国目前属于紧缺资源，这也是万科光熙长者养老公寓20平方米的单人间每月收费要高达1.2万至1.5万元的理由，因为市场有这种需求存在。

但现在的问题是，即使具备这种消费能力的高端人群，也不愿意掏钱享受这样的服务。消费价格指数年年在涨，养老机构的成本每年在提高，可是如果你要提高收费标准就会遭到顽强抵抗。所以，养老产业投资最关键的是要解绑消费能力、促进消费意愿，即非常了解消费者的真实想法，从而提供对应的产品和服务。[①]

谁能在这方面先行一步，谁就容易取得成功。

2005 年 9 月，罗晓君在南京去北京的高速公路上遭遇车祸，当时他的呼吸停止了 20 分钟、心脏停止跳动 40 多分钟。后来，做了两次开颅手术、在医院里躺了整整 3 年，其中一年半没有任何记忆，成了植物人。令人惊奇的是，他出院时居然完全康复，只是右半脑损伤严重，不得不嵌入钛板，被人戏称为“最强大脑”。

罗晓君说，在医院里躺着的这有知觉的一年半里，他难受极了，天天被人护理着，深刻体会到了人的尊严的重要性，这是常人所无法体会得到的。

由此，清华大学毕业的他就一直在琢磨，出院后一定要发明一款产品来为这些失能人员找回尊严、找回自信。出院前的七八个月，他每天都在琢磨这件事，出院后便去全国各地养老机构考察，充分掌握了大量的第一手数据和资料。

紧接着，他联合华中科技大学、长春光学所、浙江大学等高校，一起协同研发全功能护理床，完全从被护理人角度来设计每一项功能、每一个细节。

这种全自动护理床和市面上那些“能翻身的床”完全不同。后者只是用两根普通电动推杆推起来让人翻身，而这会给人以一种强迫感；他采用的方法是下沉式翻身，让人感觉非常自然、舒适，并且便于病人术后的伤口愈合。

他笑着说，这就是他当了 3 年“卧底病人”的好处。因为正常人绝对不可能有他这样的亲身体验，也就更谈不上发现其中的奥秘了。

为了达到理想效果，那时候的他每天都会对全自动护理床进行 1000 次以上的疲劳测试，以最大限度地改善被护理人体验。

---

① 张坤昱：《最重要的是了解消费能力和意愿》，财经网，2017 年 4 月 20 日。

表面上看，这一排排全自动护理床非常普通；可是，当本书作者采访时躺在这张床上亲自体验，自动操作了几秒钟后就发现了它的神奇之处：不但可以左右翻身30度（超过这个角度人会侧翻）、起背、抬腿等基础护理，而且在病人大小便时还会自动升起两边的扶手，既防止身体下滑或左右倾倒，又因为完全不用护理人员帮忙，为病人赢得了尊严。床下有个便盆装置，会在病人需要时自动抬高，根据男女大小便的不同特点，对相应部位进行冲洗，然后烘干，真空排泄。而所有这些都是自动操作，并且水温是恒定的（当然，病人可以随意调节水温）。

罗晓君认为，养老产品和护理服务的科技含量必不可少。现在，他的全自动护理床能够实现人机交互、远程操控，所以，实际上已经成为一台智能护理机器人。依托这一全自动护理床，病人可以随时一键呼叫护理人员，也可以与子女的手机捆绑在一起；能够自动报警，如提醒病人已经两天没有大小便了；还可以通过互联网与外界联系，有效提高生活质量。而病人亲属呢，则可以通过手机远程操控床体，让躺在床上的失能者自理生活（配有简便餐桌）。医生无论距离相隔多远，都可以通过视频对病人进行远程体检，了解病人的基本信息，如心电图、血压、血氧、血糖、血脂、体温、脉搏等生命数据，并打印出来，整个过程只需60秒；与此同时，还能对病人建立数据库（资料存储时间可达50年），医生坐在办公室里就能发现病床上的病人身体是否有异样，科技含量极高。从这里，或许你能看到我国未来远程医疗的曙光。

除了智能护理机器人，罗晓君和他的团队还发明了智能电动轮椅、老年代步车、智能拐杖等系列产品。

例如，这种智能电动轮椅除了代步功能，还可以照明、听广播、GPS定位、原地360度旋转等，方便在狭小空间内任意调头；靠背可以折叠，几乎所有部件都可以拆卸，方便携带外出；纯铝合金支架，轻便坚固。轮椅上方的PAD可以智能导航、电子预警、远程监控、记录行程、娱乐等。病人家属可以通过手机来控制该PAD的摄像头操作，随时了解病人实时状况；调节椅背，智能电动轮椅马上就能当担架使用，可谓方便极了。

如此这般以市场为导向、科技创新为手段，并且紧密结合“互联网＋”的理念，使得罗晓君的这条“医疗和民用养老护理产品、居家候鸟式养老服务”创业之路颇受市场欢迎。

2012年，他个人独资600万元创建了江苏慧明智能科技有限公司，在全国率先推出“居家候鸟式养老”模式，给那些不愿意入住养老院的老人把养老护理送到家中。截至2018年初，这种居家候鸟式养老基地在全国已经开办了28家。企业通过盘活寺庙、道场等闲置资产，租赁农民住宅，老人只要拥有一张“慧明卡”(每月仅收费用1900元)，便可以走遍全国，自主选择该公司在全国创建的每一个候鸟式养老中心。既可以深度旅游观光，又能足不出户就享受到上门服务，兼养生保健、静心娱乐、文化体育休闲为一体。老人在这里可以像在超市选购商品一样，方便地选购自己所需服务项目，极大地提高了幸福指数。

目前，江苏慧明智能科技已经开发完成“10＋1智能居家养老项目”——十大系列智能居家服务和护理产品、1个智能平台。以江苏慧明智能科技、江苏康尚医疗器械、海阳智慧养老等为代表的智慧养老、智能医疗、养老信息平台已在镇江崛起，并被新华网誉为智慧养老的“镇江模式”。[①]

画重点

市场定位和价格敏感

▼小型服务业投资前途光明、大有可为，但“钱景”如何不能一概而论，所以有必要详加考察。投资该行业最关键的因素有两条：一是市场定位和项目选址，二是要考虑到大多数国人包括有消费能力的人对提高服务价格所持抵触情绪。

▲商界名言：“站在风口上，猪都能飞起来。”尽管养老产业被普遍认为是下一个投资风口，这两年也有许多资本纷纷涉足养老产业，但这头猪目前依然还没飞起来。要想进入收获期，至少还需要5至10年。

---

① 徐艺玮：《提供更加完善的服务，智慧养老的“镇江模式”》，新华网，2017年4月17日。

【管理差异化战略】

常有人叹息“经营难”“管理难”，但既然“商场如战场”，战场上讲求“奇正之道”，那么投资也同样需要在实力的基础上，凭借战略战术的变化来取得时间和空间上的相对优势。具体地说，就是要通过差异化战略，最大限度地使自己立于不败之地。

所谓投资管理差异化战略，也叫多样化战略、特色优势战略、别具一格战略，是指根据投资对象的一种或多种特质赋予其独特地位，然后通过先发制人或后发制人，力求使得这种特质在行业内独树一帜，为此有时候需要不计时间和成本。

从管理差异化战略看，究竟应该怎么管理呢？不用说，企业投资和经营千差万别，有的侧重于产品，有的侧重于服务。但无论如何，首先要搞清楚顾客最关心的是什么？笼统地说，当然是价格、质量、服务，但不同的产品和服务又有各自不同的侧重点。

一般来说，价格是顾客关心的，但不一定是最关心的；更重要的是，顾客关心价格，并不意味着你的价格越低越好，因为每个人的诉求不同，购买力大不一样。相反，有相当部分顾客是愿意出高价购买优质产品的，更多的顾客对价格不敏感。当然，这主要是针对那些没有品牌、竞争性不强的非功能性产品。

明白了这一点就知道，实业投资的方向和重点应该放在差异化上，并且优先避开非功能性产品如钢铁、煤炭、石油等，因为这样的产品价格拉不起来。

从价格差异化战略看，价格要怎么拉呢？最主要的是要确保高额销售毛利率，例如80%。有了如此巨大的盈利空间，你才有能力去做许多事情。如果仅仅停留在10%、20%的毛利率上，那就离亏损不远了。

按照这样的毛利率，售价8元的产品实际成本只有2元左右。能不能做到这一点？当然是可以的。撇下顾客不关心或不重要的所有功能（因为每一项功能的背后都意味着成本），把这些没用或没什么大用的功能去掉，成本自然就降下来了。这么高的定价顾客会接受吗？当然。一方面，顾客并不清楚你的实际成本是多少，不但不了解你这个行业，更不了解你这个企业。除此以外，中国人还有一个很不好的习惯，那就是认为“好货不便宜，便宜没好货。”你把价格定得高，他才会对你刮目相看；如果一看你的价格这么低，反而会心生疑虑。另一方面，这么大毛利空间的背后由你这个品牌撑着，这就要求你注重品牌含金量了。

这么大的毛利空间是不是意味着一定就是暴利呢？也不一定。因为其中有相当一部分是要被你用来培育市场，如投放在品牌宣传、广告策略、回馈顾客方面的，这样才能形成“高毛利—高溢价—高品牌”的良性互动。

举例说，在这 6 元毛利中，必须要有 1 元用来作为广告和促销费用，制造新闻热点、保持市场热度，而不是直接把定价从 8 元降至 7 元，否则你这产品就会在市场上默默无闻而乏人问津。

关于这一点，麦当劳、肯德基等等都是成功的典型。每星期从周一到周日它们都有商品在促销，周一这个商品打八折，周二那个商品打八折等等。而即使是这样的八折促销，照样有巨大的盈利空间，它们是坚决不肯降价的。这样做的目的，就是轮番保持市场热点，一遍遍在顾客心目中重复品牌形象。

所以能看到，外资企业和内资企业在销售策略上是不一样的。前者虽然也注重市场拓展，但对价格体系和网点数量控制得很好，绝不会搞低价竞争；而要避免这种现象，就要控制网点数量，而绝不是越多越好。因为它们深深知道，经销商网点多了就必然会相互打价格战，最后互相挖坑，大家都没钱赚。

从质量差异化战略看，任何一种新品在上市之初质量一定是最好的。因为厂家要推出这种新产品，就必须具备过硬的说服力，来接受顾客挑剔的目光和评头品足，然后才能触发他们的购买欲望，并打开他们的荷包；否则，市场恐怕就永远打不开。为此，当然也少不了一番大张旗鼓地涂脂抹粉和宣传。

可是新品一旦打开市场，就会开始走上一条不断改良的道路，术语叫"毛利提升计划"(margin improvememt project，简称 MIP)。说穿了就是，要通过偷工减料、努力降低成本来提高毛利率，并且还要让顾客看不出来。这个过程的转折点，通常出现在新品上市后 6 个月左右。一方面，通过偷工减料、改进工艺来降低成本；另一方面，要辅之以调查市场反应和顾客意见，通俗地说就是了解这种偷工减料有没有被顾客看出来。不用说，这个过程相当缓慢而漫长，通常需要改良二三十次而不是一步到位，否则就会因为质量下降过多而彻底露馅。

不用说，其中只有很少一部分顾客能够察觉到"现在"的产品和刚上市时已经不完全一样了，其他绝大多数顾客是根本看不出来的，否则就是技术没过关。

在看出来的这些顾客中，可能只会有少量的市场流失，但这无碍大局。一般来说，这部分看出质量已不如从前并扭头就走、甚至会在顾客群中散布负面消息的比重只要不超过 1%，对厂家来说就是无关紧要的。而一旦被多数顾客看出来、名声太臭时，厂家便会出面进行危机公关，同时推出所谓的"新一代改良配方"；但实际上，这只是重新回到了上一次改良或前几次改良之前的状态而已。

举例说，如果某产品原来设定的返修率是 2‰，那么在新品刚刚上市、返修率只有 1‰时，厂家就会开动脑筋偷工减料了。因为这时候离 2‰的及格线还有一段距离，所以这种偷工减料省下的全都是利润。随着偷工减料程度越来越严重，返修率当然就会回升。而当返修率提高到 3‰时，用户中的不满情绪已十分高涨，该产品在市场上已经开始渐渐卖不动了，这时候厂家便会考虑推出价格更高的新产品，同时将老产品进行处理后退出市场。

这种管理差异化战略不但能从浑水摸鱼中获得较高利润，更能舒缓上下游压力。在市场上面对替代品威胁时，顾客对其忠诚度会比其他产品更高，因而值得一试。

顺便一提的是，并不是什么别出心裁都叫差异化战略，更不能确保都成功。

例如，成都一位火锅店老板原来是某企业高管，大学里学的是市场营销，心里一直梦想着要开一家属于自己的火锅店。可是火锅店开起来后的这半年里一直不温不火，还略有亏损。2018 年 6 月俄罗斯世界杯足球赛开始前他突发奇想，推出了“一张会员卡包吃 1 个月，仅收 120 元”的促销举措，想以此花钱买人气。

该项活动从 2018 年 6 月 1 日推出后一共办理了 1700 多张会员卡，收到会费 20 万元。可是虽然规定了会员卡仅限本人使用，但因为缺乏人脸识别系统，所以当同一张卡被家人和同事轮流着用或同一人一天多次来消费时，根本无力招架。一些顾客明知店面要早上 11 点才开门，但为了能确保有座位，硬是早上 8 点就来排队了。6 月 11 日晚火锅店不得不关门大吉，11 天亏损 50 万，怎么也撑不下去了！①

之所以会落得这样的结局，是貌似该店在打差异化战略时方案过于粗糙。除了人脸识别系统，在发卡数量、每张卡每天的使用次数、免费内容（如只限火锅菜品，不含酒水、饮料）上都应有限制，才能确保场面可控。

画重点

成也萧何，败也萧何

▼一家企业只能有一个战略。差异化战略的核心，是要给顾客提供某种独特的价值，让他成为你的忠粉。泛泛地说，所有竞争行为争的都是“差异”，而不是追求“第一”或“最好”。战略是方法，不是目标、行动、愿景或尝试。

▲差异化战略也是有风险的，主要体现在三点：一是如果采用成本领先战略，很可能失去部分市场；二是当市场越来越成熟或大量山寨品出现时，你的这种差异化可能会被忽视；三是过度差异化会导致弄巧成拙或自我设限。

---

① 戴佳佳：《办 120 元会员卡可吃一个月？11 天这火锅店就被吃得停业》，载《成都商报》，2018 年 6 月 14 日。

榜样

他用兴趣嫁接成功

1992 年，冷晓琨出生于山东潍坊。因为生活在农村，父母做生意又忙，所以他一直处在“散养”状态。父母对他的要求是，“只要不惹祸就好”。

也因此，与城里的孩子相比，冷晓琨的童年生活极其丰富多彩；与农村的孩子相比，因为家庭条件不错，所以玩具中有许多诸如电脑和游戏机等科技含量高的东西，并且随意拆装也不会有人呵斥，这就自然而然地培养起了他爱玩的性格。所不同的是，他的玩在当时的农村不仅“高大上”，而且会玩出名堂来。

冷晓琨 13 岁读初一时，第一次看到教育机器人，一下子就着了迷。那时候电脑刚开始流行，他自然就把电脑和机器人当作同样的玩具来看待，并通过电脑程序来控制机器人，让机器人实现他的想法，这样一来就越玩越有劲。第二年，他加入了学校的兴趣小组，并且还代表学校参加了潍坊市中小学机器人大赛。

值得一提的是，冷晓琨并没有因为爱玩而影响学习，相反成绩非常优秀，所以初中毕业时并没有参加中考就被保送进了高中。读高中时，又因为经常参加机器人大赛，所以和哈尔滨工业大学有了交集，并对这所老牌科技名校产生了浓厚的兴趣。尤其是在 2011 年全国机器人大赛中获得亚军后，更是被保送到哈尔滨工业大学，把研究机器人变成了自己的专业。

2012 年，还在读大一的他，就作为队长，带领学兄们组成的机器人舞蹈开发团队，出席了中央电视台的春节联欢晚会。此行使得他不仅增强了自信，还看到了今后的努力方向。因为当时国内缺少人形机器人，所以他们表演时所用的机器人是韩国生产的，他决心要做自己的人形机器人，这也为他日后的创业埋下了伏笔。

为了小试牛刀，他和几位合伙人一起做机器人教育培训和考研培训，赚到了第一桶金。而说到做人形机器人，其实他在这之前就已经开始摸索了，只是无法一下子投入大量的资金，又因为当时没有针对人形机器人的精密零部件，所以他们只能做做停停，历时两年之久才做出第一款人形机器人来。有意思的是，因为这是“头道汤”，所以当时就卖得很不错，居然还盈利了。

2015年本科毕业后，他又被保送硕博连读。同年10月，刚读研究生的他就与一位师兄、一位校友两位合伙人共同创办了哈尔滨乐聚智能科技有限公司。考虑到深圳的产业优势，2016年3月又在深圳组建了乐聚(深圳)机器人技术有限公司，同时在杭州、哈尔滨设立研发和生产基地。

令人欣慰的是，这些年轻的创业者不但肯吃苦，更能形成一个完整的团队；再加上兼具科学家和企业家头脑，所以创业的脚步每一步都踏踏实实。项目从一开始就是盈利的，虽然盈利并不多；技术上精益求精，每个细节都不轻易放过，常常会为了一个小小的零部件而研究很久，这就更奠定了该产品在市场上的技术领先地位。公司成立后短短2个月内，就获得1000万元人民币的天使投资。至此，这位24岁的小伙子居然有长达12年的时间在做机器人，从兴趣爱好上升到学术角度，再落地变成商业化运行，真是把机器人做到了极致。

2017年7月，他光荣入选当年《福布斯》杂志中国“30位30岁以下精英”榜名单，是其中年龄最小的一位，并作为代表人物成为《福布斯》杂志中文版封面人物之一。而就在这一年，公司获得了两轮、合计1亿元左右的战略投资。

最让广大读者记住并惊艳全球的是，2018年2月在韩国平昌举行的第23届冬季奥林匹克运动会闭幕式上“北京8分钟”中亮相的Aelos机器人，就是这位在读博士团队研发的。这是该公司的一款主打产品，既能通过wifi联网，快速回答五花八门的问题，还能通过手机遥控编排个性化舞蹈，更能侧翻和快速行走，而这两项都是国内同类机器人中绝无仅有的技能。

第四章　实业投资

实业投资是美丽的。当其他人还在苦苦求职甚至毕业就失业时，冷晓琨这位从来没有参加过升学考试、一路保送到博士毕业的学霸，早已通过工业智能制造和消费科技投资，直接跳过求职、就业环节，进入人生财富的一个新境界。

第五章　黄金和外汇投资

随着互联网金融市场的不断发展，有越来越多的投资者开始关注并加入到黄金投资和外汇投资行列中来。这两大投资项目确实有其自身特点和优势，但也存在着专业技能难以把控等困难。

【从乱世藏金看避险功能】

俗话说，“盛世置地，乱世藏金，末世修行。”

从投资角度看，乱世藏金恰好点明了黄金的避险功能。意思是说，当人类陷入战争、金融危机泥潭或经济衰退时，无论房地产、股票、原油、期货等大宗商品还是美元、英镑等货币，都会呈大幅度缩水或颓废态势；可是黄金却会例外，所以这时候投资黄金是一种较好的选择。

黄金为什么有避险功能

早在1万多年以前，黄金就已经被人类发现并利用了，比铜、铁、铝等常见金属要早几千年。这是由它特殊的物理性质所决定的：它的熔点高达1064.43℃（所以才有“真金不怕火炼”一说）；它在自然界里是可以单独存在的，不像其他金属那样通常只能以化合物形态存在。虽然黄金开采成本十分高昂（2008年全球黄金生产成本平均高达每盎司585美元），但由于其许多物理性能非常好，便于长期保存，所以得到人类的青睐，过去被当作货币在流通。

说到黄金的货币特点，与其说它是贵金属，还不如说是一种商品，一种金融产品。所以，我们从黄金的价格波动中看到的更多是货币和股票特性。甚至可以说，它本身就是一只全球通行的超级大盘股。

黄金投资为什么具有避险功能呢？主要原因有以下三点：

一是割不断的货币情结

意思是说，虽然现在的黄金已不再是货币，但历史上黄金作为货币的储藏手段、保值手段、避险手段那样的使命依然存在。每当遇到经济动荡和金融危机，人们在心理上首先会想到是不是有一种全球统一的货币来出面平息这种动荡呢？于是，黄金就以这样的使命出现在人们的心目中。

二是黄金作为实物货币，会与虚拟货币对冲

每当经济动荡或衰退时，各种虚拟财富便会大幅度缩水，这时候人们就会需要一种国际公认的资产来跨越地理限制、语言障碍、宗教信仰、教育背景、时空组合而充当价值稳定器，这就是实物黄金。黄金的避险功能体现在，无论社会如何变迁，一盎司黄金经过100年后依然会是一盎司黄金。

三是黄金本身的用途

与各种虚拟货币相比，黄金本身还是一种重要消费品，这是它与股票、债券、期货、基金等投资工具相比的一个非常重要的区别。股票、债券可能会一文不值，但黄金仍可以作为生产资料或消费品存在；而且，随着社会的发展，这种消费市场需求还很大。

避险原理

要了解黄金的避险功能，就必须了解黄金价格的走势特点。黄金价格走势主要取决于两点：一是美国经济运行的好坏，二是世界政局稳定性如何。

黄金的避险功能是由它长期供不应求的局面所决定的。

黄金是一种稀缺资源，至今全球存量也不到20万吨。在人类5000年文明历史中，没有任何一种物质能够像黄金一样与社会演化和经济有着如此密切的关系，兼具货币和商品双重属性。虽然今天的黄金开采技术已十分发达，但黄金依然供不应求，价格总体呈向上态势。具体数据是，2017年全球黄金产量为4398吨，实体消费需求4072吨（其中：消费用量3165吨，科技用量333吨，各国官方储备371吨，黄金交易所交易基金增持203吨），投资性需求1232吨，缺口906吨[①]。

黄金是以美元标价的[②]，其价格走势有一大特点，那就是与美元走势负相关、与原油价格正相关。虽然这几年情况有所不同，但总体来看美元走势和黄金走势背道而驰，即美元走强、黄金就走弱，反之亦然。

究其原因在于，黄金和美元是两种不同的投资工具，彼此之间具有替代关系。换句话说就是，在美元和黄金这两种投资工具中，美元价格坚挺，市场就会去追逐美元而放弃黄金，从而造成金价下跌；而当经济形势低迷、美元价格走低时，市场就会追逐黄金而放弃美元，从而造成金价上涨。

例如，从美国爆发“911”恐怖袭击事件的2001年9月11日起，至全球金融危机爆发的2008年12月31日，在这短短7年间，国际现货黄金价格就从每盎司271.3美元一路上涨到878.8美元，涨幅高达223.9%。相比之下，同期美国道琼斯指数却从2001年9月21日的8236点仅仅上涨到2008

---

① 金世通：《数据报告：2017年全球黄金市场都发生了哪些变化》，搜狐网，2018年3月12日。

② 请注意，是标价，不是定价。黄金价格走势与美元相关，却不是美元能够决定的。

年12月16日的8924点，7年间累计涨幅只有可怜的8.4%[①]。

最典型的是，处于金融危机风暴中的2008年4季度到2009年1季度的这6个月期间，美国道琼斯指数一度跌破7000点，为1997年5月1日以来的最低点；而国际现货黄金价格却从最低的每盎司681美元上涨到最高点的1005美元，半年内涨幅超过47%！

如何配置黄金投资

黄金属于一种典型的避险投资品。意思是说，当经济危机、动乱、灾难、战争风险越来越大时，黄金往往会成为资本追逐对象。即使是在经济不太景气时，价格也会涨得猛一些。对于普通中产阶级来说，到底该不该投资黄金呢？还是上面这句话，如果你觉得宏观经济形势不乐观，那就可以买一点黄金以待升值。

专家认为，对于普通家庭来说，黄金资产配备可以采取“3+1”模式，即投资传统黄金金条、黄金工艺品收藏品、黄金定制首饰、黄金增值股权产品各1/4，这样的搭配相对科学和合理。

为什么呢，这是因为黄金作为投资对象，与其他投资品种相比具有以下特点：

一是税负最低

黄金是全球税务负担最轻的投资项目。相比之下，其他投资品种都有或高或低的税收项目，有些税率还非常高，如遗产税（有些国家称之为“死亡税”）。

我国1940年代就开征过遗产税，中华人民共和国成立之初曾经多次设立遗产税，但一直没有实行得起来。2004年9月通过的《中华人民共和国

---

① 《国资入场金市，“中国大妈”迎救命稻草》，载《北京青年报》，2015年12月25日。

遗产税暂行条例(草案)》,预示着这项税种的开征已为期不远。从国外情况看,遗产税的最高税率可达50%,而不用说,把财产变成黄金留给子孙,然后让子孙再把这些黄金兑换成财产,就能有效规避遗产税了。

二是产权转移便利

关于这一点,上面已有提及。究其原因在于,转让黄金不需要任何登记手续;相反,像住宅、股票、基金等财产的转让都必须办理过户手续。

所以,你能经常在电影和小说中看到,过去有钱人家想把财产留给子孙,最先想到的就是购买黄金(及白银),然后用陶瓮把它深埋在地下。直到今天,把黄金留给子孙都是不用写遗嘱的,更不用缴纳遗产税。除非你有证据证明他是非法占有,否则黄金在谁的手里就是谁的。

就好比说,如果你要把自己的一套住宅过户给别人,哪怕是自己的儿女,手续都非常烦琐,有时候根本就办不下来。相反,如果你要把一根金条送给任何人都很方便,让他直接拿去就是。孰难孰易,立见分晓。

三是抵押方便

由于黄金是全球通行的货币财富,所以无论在什么地方、什么时候想把它用作抵押,都非常方便,并且抵押率极高。

例如,如果你急需用钱,就可以把黄金抵押给银行、典当行,一般能得到黄金价值90%以上的现金。而如果你要用住房作抵押,即使得到了银行、典当行的同意,抵押到的现金最高也不会超过房产评估值的70%,有的地方甚至规定最高不能超过50%,并且来钱还慢。

四是黄金与其他投资品的关联度低

投资股票的人都知道,股市波动受宏观经济影响很大。当经济形势向好时,以股票、基金为代表的金融资产价格会普遍上升,可是黄金却不一定必然上升;而当经济形势不好时,股票、基金的价格一定会下跌,可是黄金的价格却不一定会随之下降,这在全球都是如此。而实际上,这就是黄金保值功能的体现。

黄金的价格为什么会如此“稳重”呢？原因主要有两条：一是全球黄金需求量在提高，直接阻止了价格下跌的通道。二是主要发达国家的中央银行都有一条售金协议，规定每年对外出售的黄金不能超过500吨，这样也就直接限制了进入黄金市场的交易数量。也就是说，虽然全球的黄金存量越来越多，但并不是所有黄金都能进行交易的，这有点像股票的“总市值”和“流通市值”的区别。

更主要的是，全球过去15年来黄金储备已经枯竭、开采难度越来越大（南非的黄金开采已经深入到地下4公里处），预期全球未来的黄金产量会加速减少。

2017年，全球黄金供应量出现了2008年金融危机以来最大的年跌幅。以我国为例，我国作为全球最大的黄金开采国，2017年的黄金产量比2016年下降9个百分点，仅有453吨；全球最大的黄金产地南非兰德威特沃特斯盆地1970年代每年的黄金开采量都超过1000吨，可是2017年只剩下167.1吨。据世界黄金协会估计，如果按照目前的开采速度，全球黄金储备可开采年限还只剩下不到10年。由于我国开采的黄金不出口，所以“中国大妈”们的黄金需求就只能从国外得到满足，这也间接拉动了全球金价的上扬。①

画重点

保值事小，保命事大

▼大经济学家凯恩斯认为：“黄金在我们的制度中具有重要作用，它作为最后的卫兵和紧急需要时的储备金，还没有任何其他东西可以取代它。”意思是说，在遇到货币贬值、经济危机和战争时，黄金具有特殊的避险作用。

▲黄金交易虽然只有短短几十年时间，可是它却已经被当作一种长期

① 《外媒：全球黄金储备已经枯竭，供不应求的时代即将到来》，凤凰国际，2018年3月16日。

投资品种来运用。尤其是如果波段掌握得好，其投资回报率也是相当可观的；但同时又要指出，黄金投资中的“二八定律”依然十分明显。

【黄金市场无庄家炒作】

投资股票的人都知道，股票市场是有庄家的，这些庄家数量不少、规模不一，但都有一个共同特征，那就是喜欢在股市中兴风作浪。庄家的存在，是股票市场被人操纵的根本原因。

为什么没有庄家

黄金市场没有庄家，是就现实而言的。之所以没有庄家，是因为这是一个全球性金融市场，每天的交易额无比庞大，没有谁能操纵得了。不要说个人和机构，就连任何一个国家都没有能力来操纵这个市场、来做这样的庄家。

但从历史上看，又不能说黄金市场完全没有庄家，这一点也是要强调的。

无论古代还是现代，也无论东方或西方，黄金都被人们看作是价值和财富的象征。直到第二次世界大战后，美国成为战胜国，集聚了全球约 3/4 的黄金，这时候它为了尽快恢复经济增长、平息各国之间的恶性竞争，凭借自己雄厚的黄金储备和军事力量，在 1944 年 7 月与其他 43 个国家一起达成了鼎鼎有名的布雷顿森林协议。

通俗地说就是，美国要求各国必须用美元来换取黄金。这样一来，美元就成为各国货币和黄金之间的中介，即美元与黄金挂钩，其他货币与美元挂钩、实行可调整的固定汇率。美元成了世界货币，各国外汇储备要么是黄金，要么是美元。

美国为什么要这样做呢？客观上是要结束混乱的国际金融秩序；主观上当然也是想沾一沾黄金的光，让美元在人们的心目中成为黄金那样的财富象征。

容易看出，这时候的美元虽然只是黄金的“秘书”，却拥有了借“老板”（黄金）的口对“下属”（其他各国货币）发号施令的权力。

后来，美国由于不断发动战争，开支不断加大，导致财政赤字严重、黄金储备下降、通货膨胀加剧，便连累到与黄金挂钩的美元也不断贬值。就在美元危机一触即发之际，美国于 1971 年宣布美元不再与黄金挂钩，美元汇率实行自由浮动。

自从美元与黄金脱钩后，黄金价格至今出现了两牛两熊的走势。

以伦敦金为例。在布雷顿森林体系结束后的整个 1970 年代，因为美国经济严重滞胀，新的货币体系尚未形成，于是人们纷纷追捧黄金，促使黄金价格出现了一波大行情；接下来是 1980 年至 2000 年间，随着美国经济出现强劲增长，黄金价格一路下跌，最高跌幅近 7 成；1999 年左右互联网泡沫开始破灭，于是在 2000 年至 2011 年之间黄金价格又重新出现了一波大牛市，再次进入投资者视线，并于 2011 年 10 月达到最高点每盎司 1921 美元后，总体上呈逐步下行态势。[①]

所以，从长期趋势看，黄金市场虽然没有庄家，背后却是有规律可循的。总的结论是：对全球黄金价格而言，美国经济及美元不是庄家胜似庄家。

没有庄家的影响

黄金市场没有庄家，所以便造成以下两大现状：

一是价格波动小，有助于获得可靠保障

没有庄家操纵的市场相对公平，流动性好，并且透明度高。尤其是黄金市场走势受国际方面的影响，而各国经济、政策的国家数据都是由各国政府官方统一公布的，所以不存在信息不对称。

---

① 《中美贸易战将无比惨烈，盲目买它避险的人一定会后悔》，陆金所微服务，2018 年 3 月 29 日。

黄金市场的价格是实际成交价，也就是说不会出现没有买家或卖家承接招致损失的情况。换句话说，不会有卖不出去的时候，也不会有买不到的时候。

黄金价格波动较小，而投资者如果想扩大收益也是可以的，那就采用杠杆手段。例如，可用1万美元的保证金放大100倍进行100万美元的交易。

并且，黄金投资是双向交易，既可以做多也可以做空，做多和做空都可以获利；交易规则是T+0，每天可以做很多次。这样一来，也就不存在牛市熊市之别，关键是看你的判断和水平如何。

二是对黄金价格升值期望不能过高，并且黄金价格不可能暴涨暴跌

归根到底，黄金市场没有庄家，所以价格涨跌完全要靠市场律动，不会出现强力炒作，短时间内也不可能大起大落。

价格涨跌不大怎么做差价呢？下面我们来看看投资大师艾维拉德是怎么做的。

艾维拉德是美国第一老鹰投资管理公司元老级人物。他在过去股市低迷时开始投资黄金，重仓持有金条。结果在短短10年间，从黄金价格每盎司300美元一直捂到1100美元，狠狠地大赚了一笔。他的投资方式和巴菲特有些类似，那就是既不预测通货膨胀率，也不猜测GDP增长幅度，并且对美国联邦储备委员会的下一步动作根本不闻不问，就单单只看黄金买入和卖出时的价格。

他的体会是，即使在美国经济状况极不稳定的背景下，黄金投资也是一种保持财富的手段，任何价值投资者都不应该忽视这一点。在他担任高级顾问的第一老鹰公司，六只共同基金中除了一只完全投资的是黄金，其他每只基金的含金量都在5%至10%之间。他说，如果黄金投资比例在5%以下，所起的作用会微乎其微；而一旦超过12%，它所发挥的作用就不仅仅是保险功能了。

从具体数据看，2008年全球金融危机爆发时，摩根士丹利资本国际公司的欧澳远东指数下跌了43%，可是第一老鹰全球基金只下跌了22%、第一老鹰全球基金鹰美国价值基金只下跌了23%，抗跌性很强；可是到了2009年形势稍有好转时，这两只基金的涨幅却立刻高达22%至24%，与市场相接近。[①]

专家指出，能够像艾维拉德这样做长线的投资者极少，所以绝大多数人还是有必要注重消息面的。在这里，主要关心以下五点：一是关注国际时事，如美联储加息；二是选择最佳时机，一般节日前后都会涨；三是分批买入，这尤其要成为新手的纪律；四是预先设定止损止盈点，并坚决执行。五是从纸黄金投资开始练手。

画重点

不是货币，赛过货币

▼黄金既是一种商品，也是一种资深前货币。在影响黄金投资诸因素中，最关键的是对黄金价位走势的正确分析和判断。如果要兼顾收藏或馈赠亲友两大因素，应该首选金饰品；如果仅仅是为短期获利，购买纸黄金更简单也更方便。

▲黄金与外汇投资是未来发展方向，其最大特点是流动性强、交易量大，可以自由选择，但对个人投资眼光有较高要求。由于实行T+0和杠杆交易，所以可以随时进出并放大盈利成果；但如果投资不当，蚀光老本的速度也快。

【黄金投资比例不宜过大】

从投资比例看，个人或家庭投资黄金的比例一般不建议超过家庭总资产的10%，因为归根到底，它主要是作为最后一道防线来使用的。也就是

① 《黄金投资赚钱法则：没有趋势投资，没有太多换手》，凤凰财经，2012年8月14日。

说，投资黄金的目的主要是平衡风险，其次才是保值(并且从长期看，实物黄金也未必就谈不上能够保值，这一点下面会谈到)。

一方面，黄金投资的回报率并不像有些人说的那样低。只是从历史长河看，它肯定不会是所有时期的最佳投资品，只是在某些特定时期可能会是较好的选择。

以纸币中最坚挺的美元为例。1970 年 1 月的黄金价格是每盎司 35 美元，2017 年 12 月是 1291 美元[①]，这就意味着，在这 48 年间黄金的价格上涨了 35.89 倍；如果当时你把该黄金换成 35 美元存在银行里，即使是年复利率高达 5%，到 48 年后的 2017 年年末也只会变成 364 美元(上涨 9.40 倍)，这表明黄金投资的回报率要比后者高出约 26.5 倍。

另一方面，也应当承认黄金投资的回报率显然跟不上通货膨胀，也就是说是不可能保值的。按照每年的广义货币供应量 M2 计算，1980 年时 1 美元的购买力相当于 2011 年的 5100 美元[②]。这就意味着，如果你要确保购买力不下降，在这 30 年里你每年的投资回报率要高达 33%才能做到，但这显然是无法达成的。当然，不要说黄金投资做不到了，其他几乎没有一种投资方式(如股票等)能做到。

从投资形式看，一般建议要购买实物黄金，放在自己家里。购买实物黄金后放在家庭保险柜里以后是准备要传给子孙的；而不是购买金首饰或纸黄金，或者买了实物黄金后存放在银行里，这样做都可能会遭遇政策变化带来的巨大风险。

说到这里，就有必要看看黄金投资都有哪些类别。一般来说，适合个人和家庭投资的黄金品种主要有以下 9 种：

一是标金投资

所谓标金，全称叫标准条金，即按照规定的形状、规格、成色、重量等要

① 数据均来自世界黄金协会官网。

② 梁永慧：《驳“黄金长期不保值论”(上)》，中国黄金网，2018 年 4 月 9 日。

求，精炼加工而成的条状黄金。

标金的主要作用在于黄金买卖交易行为标准化。所以，标金投资具有交易行为规范化、计价结算国际化、清算交收标准化的特点。

二是金币投资

所谓金币，全称叫黄金铸币。从广义角度看，包括在商品流通中作为货币使用的所有黄金铸件，如金锭、金元宝等；从狭义角度看，它只是指已经经过国家证明，以黄金作为货币基材、按照规定成色和重量浇铸成一定规格和形状、标明其货币面值的铸金币。

用于投资的金币应该是投资性金币，具体地是指从银行购买的纯金币（包括金块、金条，下同），不含从银行购买的纪念性金币。两者的主要区别是：投资性金币发行量没有限制，质量很普通，图案可以多年不变，并且没有明确主题，发行价格是在实物黄金价格基础上增加一点点溢价；而纪念性金币的发行量有限制，并且具有明确的纪念主题和精美图案，发行价格高，所以往往会成为投机性资金的炒作对象，投资收益高了，但投资风险也大了（主要是变现性不强）。

三是金饰投资

所谓金饰，全称叫黄金饰品，民间俗称金饰品。从广义角度看，它包括所有含有黄金成分的装饰品，不论其黄金成色多少，如金杯、奖牌等纪念品或工艺品等都算；从狭义角度看，它仅仅是指成色不低于58（即不低于14K）的黄金材料加工而成的装饰物。

纪念性金币虽然属于金饰品范畴，但它的价值主要体现的是其收藏性，而不是黄金特有的抵御通货膨胀功能，如北京奥运纪念金币、2010上海世界博览会彩色纪念金条、2018狗年纪念币等。其升值空间大小主要看三点：一是发行数量，数量越少升值空间越大；二是铸造年代，年代越久升值空间越大；三是品相好坏，品相越好升值空间越大。

黄金投资的一大特点是“认量不认型”，通俗地说就是“颜值”不值钱、分量才值钱，所以千万不要以为精致的黄金饰品会更值钱；事实恰恰相反，黄金饰品具备的主要是欣赏价值。

装饰性金币虽然也属于金饰品范畴，但它的价值主要体现的是其装饰性。与金块、金条等实物黄金相比，项链、摆件之类的金首饰因为经过了工艺加工，再加上店铺成本和人员工资，单价要比实物黄金贵许多，要想保值就只能是痴人说梦。举例说，你刚刚从柜台上买来的金首饰，转身立刻卖给它，立刻就会掉价许多。

四是黄金账户存折

所谓黄金账户存折，是指先在商业银行开设黄金交易账户，然后指定黄金交易资金账户，两者建立对应关系，再利用这个账户存折在网络上进行黄金投资。

黄金账户存折属于无纸账户，所以它必须挂在银行信用卡或理财金账务卡上，投资者可以通过网上银行来申请。

五是纸黄金

所谓纸黄金，也叫黄金凭证。意思是说，投资者双方买卖的只是一张标明黄金所有权的凭证，而不是实物黄金，不用进行实物交割。

纸黄金投资实际上属于一种权证交易，由于要通过银行平台进行交易，所以价格可以随行就市，稳定性好、资金变现快，并且可以 24 小时全天候交易，交易费用也低，另外就是适合短期投资。只不过它不是双边交易，所以不能做空；并且不是保证金交易，所以并不适合于那些激进型投资者。

六是黄金股票

所谓黄金股票，也叫金矿公司股票。意思是说，这种黄金投资对象实际上是黄金开采企业发行的股票，这种股票可以是公开上市发行的，也可以是非上市公司发行的。

投资黄金股票要通过上海或深圳证券交易所平台，所以稳定性高，并且交易费用低、资金变现快，但不适合于大额资金进出。更主要的是股价有可能被庄家操纵，所以这种方式比较适合于激进型投资者。

七是黄金基金

所谓黄金基金，是指那些主要瞄准黄金、黄金类衍生品种进行投资，从中获取投资收益的共同基金。这种共同基金可以是封闭式基金，也可以是开放式基金。

八是黄金理财账户

所谓黄金理财账户，也叫黄金管理账户。投资者通过在商业银行开设的黄金理财账户，把买入的实物黄金存放在该银行金库里，委托商业银行全权管理；然后按照约定的投资收益期间，享受盈利分配。

九是黄金保证金交易

所谓黄金保证金交易，是指按照黄金交易全额的一定比例支付保证金，作为交换的履约保证。这是目前全球黄金交易中最普遍的方法，包括黄金期货保证金交易、黄金现货保证金交易两大类。

从上面九类黄金投资方式容易看出，国内个人投资者采用最多的黄金投资有四类，分别是标金、金币、纸黄金和黄金现货保证金交易。其中，标金和投资性金币属于实物黄金范畴。投资实物黄金的主要目的，与其说是保值，还不如说是用于保命。

例如，从银行买来的纯金金条、金块、金币等，只要货真价实，随时随地都可以去银行或典当行换成现金，或用于经营周转时的抵押。尤其适合战乱年代的应急之用，因为无论你在哪个国家都可以用黄金换回该国货币。相反，如果是纸黄金，说穿了就是“空手套白狼”，“套”得好全身而退还有得赚，“套”得不好（遇到战争或金融危机）就可能会真的变成一张废纸。

但实物黄金也有缺点，那就是难以保管和存放，一旦露了馅甚至连自己的性命都保不住。另外就是，实物黄金要想从私人手里兑换成现金很难，因为这既无法鉴别成色，又很难精确称重，对方也不一定就能拿得出这么多现金来，毕竟一根金条就要值几万元人民币——金条的分量虽然没有统一规定，但在黄金交易所或市场上流通的标准金条重量一般都为 10 克、30 克、50 克、100 克、300 克、500 克、1000 克，黄金成色为 99.99%，交易价格按当天黄金价格来换算。常见的金条克数都在 50 克以上，假如每克 275 元，那 50 克的金条就值 13750 元。

画重点

首选投资标金

▼黄金投资多种多样，适合不同类型的投资者。你可以根据自己的投资偏好、家庭计划、资金实力、工作特点等因素通盘考虑，选择最适合自己的方式。投资品种不必多，选择一两样做好就行，但投资首选应该是标金。

▲黄金投资和外汇投资的主要区别在于投资对象不同。与黄金投资相比，外汇投资的价格波动更小，但选择种类多、杠杆系数比黄金大，也即意味着外汇投资的风险比黄金更大一些，适合不同投资者根据自己的情况进行选择。

【外汇投资的品种选择】

所谓外汇投资，是指在不同货币之间进行兑换以获取投资收益的行为。

所谓外汇，就是指外国货币，或者以外国货币表示的能够用于国际结算的支付手段即国际汇兑。

外汇有动态和静态两种含义。动态含义是指把一国货币兑换成另一国货币的经营行为，静态含义是指外国货币或以外国货币表示的资产。根据我国《外汇管理条例》解释，外汇的概念包括：①外国货币，包括纸币、铸币。②外币支付凭证，包括票据、银行存款凭证、邮政储蓄凭证等。③外币有价证券，包括政府债券、公司债券、股票等。④特别提款权、欧洲货币单位。⑤其他外汇资产。

外汇投资是通过外汇市场来进行的。所谓外汇市场，是由银行等金融机构、自营交易商、大型跨国企业通过各种中介机构和通信系统连接起来的，以各种货币为买卖对象的交易场所。外汇市场既有有形的，如外汇交易所；也有无形的，如通过通信系统连接起来的银行之间的外汇交易等。由于外汇投资面对的是全球性大盘，所以投资者对其公平性非常认可。

目前全球主要外汇市场有 30 多个，分布在世界各地，但主要集中在亚洲的东京、新加坡、香港，欧洲的伦敦、法兰克福、苏黎世、巴黎，北美洲的纽约、洛杉矶等。它们既有共性，又有各自特点，并且在各自周围国家和地区产生着影响力。

外汇投资品种主要有以下七种：

美元

美元的英文是 UNITED STATES DOLLAR，是美国联邦储备银行发行的货币，货币符号为 USD，俗称绿背。

美元是外汇交易中的基础货币和主要货币，面额有1美元、2美元、5美元、10美元、20美元、50美元、100美元7种，辅币有1美分、5美分、10美分、25美分、50美分等，1美元＝100美分。以前也曾发行过500美元和1000美元面额的，但现在已经不流通了。

影响美元价格走势的主要因素有：美国经济的整体表现（包括经常账户、失业率、企业获利、生产力成长性等）、美元利率走势、美国股市表现以及世界其他主要货币（如欧元）的相对强弱程度。

美元指数期货和美元是两个不同的概念。美元指数期货是由纽约棉花交易所（全球最重要的棉花期货与期权交易所）发布的。

英镑

英镑的英文是POUND STERLING，是英国中央银行英格兰银行发行的货币，货币符号为GBP。

英镑的面额有5英镑、10英镑、20英镑、50英镑，1英镑＝100便士。英镑过去在国际外汇市场结算中占据着相当重要的地位，近几十年来虽然英国的经济地位在不断下降，但它依然是国际外汇计价结算中使用最广泛的货币。

影响英镑价格走势的主要因素有：英国中央银行（它有权根据通货膨胀率来独立制定货币政策）、货币政策委员会（负责制定利率水平）、银行利率（主要是最低贷款利率，每月初发布一次）、国债利率（英国政府债券被称之为金边债券）、三个月欧洲英镑存款（存放在非英国银行的英镑存款）、财政部、三个月欧洲英镑存款期货（短期英镑）、各种经济数据、英国金融时报100指数（英国的主要股票指数）、交叉汇率等。

欧元

欧元的英文是EURO，是欧洲中央银行发行的货币，货币符号为EUR。

欧元的面额有5欧元、10欧元、20欧元、50欧元、100欧元、200欧元、500欧元，铸币有1欧分、2欧分、5欧分、10欧分、20欧分、50欧分、1欧元、2欧元，1欧元=100欧分。

影响欧元价格走势的主要因素有：欧元区国家及欧洲中央银行的货币政策、利率、三个月欧洲欧元存款（存放在欧元区以外银行中的欧元存款）利率、10年期政府债券（通常以德国10年期政府债券为基准）、各种经济数据（如GDP、通货膨胀率、失业率、财政赤字等，以来自德国的经济数据为主要参考）、交叉汇率、3个月欧洲欧元期货合约、政治因素（因为欧元区是许多国家组成的，所以这一点格外突出）等。

瑞士法郎

瑞士法郎的英文是SWISS FRANC，是瑞士国家银行发行的货币，货币符号为CHF，简称瑞郎。

瑞士法郎的面额有10法郎、20法郎、50法郎、100法郎、500法郎、1000法郎，铸币有1法郎、2法郎、5法郎，1瑞士法郎=100生丁。由于瑞士奉行中立、不结盟政策，所以瑞士法郎被认为是稳健型投资者最欢迎的外汇交易货币之一。

影响瑞士法郎价格走势的主要因素有：瑞士国家银行的货币流动性政策、利率、三个月欧洲瑞士法郎存款（存放在非瑞士银行的瑞士法郎存款）利率、各种经济数据（主要是货币供应量、消费物价指数、失业率、GDP）、交叉汇率、三个月欧洲瑞士法郎存款期货合约、欧元汇率的变动方向等。

日元

日元的英文是JAPANESE YEN，是日本银行发行的货币，货币符号为JPY。

日元的面额有500日元、1000日元、5000日元、10000日元，铸币有1

元、5 日元、10 日元、50 日元、100 日元等。

影响日元价格走势的主要因素有：财政部（财政和货币政策的制定部门）的货币政策、中央银行独立制定的货币政策、物价水平、经济景气指数、中央银行的货币政策、贸易顺逆差、隔夜拆借利率、日本政府债券利率、经济和财政政策署的政策、国际贸易和工业部的竞争力政策、各种经济数据、日经 255 指数（日本主要股票市场指数）、交叉汇率等。

澳大利亚元

澳大利亚元的英文是 AUSTRALIAN DOLLAR，是澳大利亚储备银行发行的货币，货币符号为 AUD，简称澳元。

澳大利亚元的面额有 5 元、10 元、20 元、50 元、100 元，1 澳元＝100 分。

影响澳大利亚元价格走势的主要因素有：商品价格指数（澳大利亚元的汇率与金、铜、镍、煤炭、羊毛等商品价格存在着密切关系，这些商品占澳大利亚总出口额的 2/3）、日元和欧元走势（澳大利亚与日本、欧洲的经济联系密切）、储备银行委员会的货币政策、隔夜货币市场利率（现金利率）、财政大臣（负责任命银行行长、副行长）等等。

加拿大元

加拿大元的英文是 CANADA DOLLAR，是加拿大银行发行的货币，货币符号为 CAD，简称加元。

加拿大元的面额有 2 元、5 元、10 元、20 元、50 元、100 元、1000 元，1 加元＝100 分。由于加拿大居民主要是英国、法国移民后裔，所以票面上有英语、法语两种文字。

影响加拿大元价格走势的主要因素有：商品价格指数（主要是非能源商品，它占出口额的 1/2）、加拿大银行的货币政策、隔夜货币市场利率（现金利率）等。

画重点

用日元、澳元先练手

▼不同的国家虽然有不同的货币制度，但它基本上要受该国中央银行的货币政策、外汇出口、通货膨胀、利率水平等因素影响，从而形成一国与另一国之间的汇率。这是外汇投资必须参考的重要因素。

▲对于新手来说，可以先选择波动不大的币种如日元、澳元等来练练手，着重锻炼自己的操作思路。做外汇最重要的是心态，其次是仓位，最后才是技术。至少要经过一年半载，才会找到感觉，发现自己是否适合投资外汇。

【外汇投资的盈亏分析】

外汇投资是通过在外汇市场上投资来获取收益的。

外汇市场及汇率

外汇市场具有以下特点：

一是有市无场

在西方工业国家，外汇交易不像股票交易那样有集中、统一的证券交易所，基本上是通过通信系统来完成清算和转移。

二是循环作业

各国外汇市场所处时区不同，营业时间上此起彼伏，这样就在全球形成了一个一体化、全天候、统一的国际外汇市场。只有在各国遇到重大节日和星期六、星期天时才会关闭，所以是可以全天候交易的。

三是零和游戏

汇率的变动意味着一种货币价值的增加和另一种货币价值的减少，体现的是财富转移。而股市的普遍上涨或普遍下跌，则会意味着股市总市值的上涨或下跌，两者之间是完全不同的。

外汇交易是通过汇率来表示价格的。所谓汇率，是指一国货币用另一国货币来表示的价格，也叫汇价，就是两个国家货币之间的比价。

需要指出的是，外汇汇率和外汇牌价并不是同一概念。汇率是指两种货币之间的交换比率，外汇牌价则是指人民币与外币之间的交换比率。由于各国货币的供求关系时刻在发生变化，所以汇率也是在经常变动的，银行会根据汇率变动不断调整各种外汇的买入价和卖出价。

在外汇市场上，汇率是由5位数字来显示的，如0.9706、119.65等，其最小变动单位是一个点，即这5位数字中最后一个数字发生变动，如前者在0.9706的基础上增加或减少0.0001、后者在119.65的基础上增加或减少0.01。按照国际惯例，通常会用三个英文字母来代表货币名称，如用USD表示美元、GBP表示英镑、JPY表示日元等。

外汇投资收益率的计算

由于外汇投资涉及多种外币，而这些外币的汇率又每天不一样，所以要想计算外汇投资收益，就必须首先统一到把某种货币作为基准货币上来。至于采用哪种货币作为基准货币，虽然没有统一规定，但国际惯例通常是以本国货币作为基准货币。

例如，如果国内投资者要从事外汇宝个人外汇交易业务，就可以用人民币作为基准货币来进行计算。不过，现在的问题是，在上述外汇交易中人民币并没有真正参与其中，如果一定要用人民币作为基准货币来计算，就有一些远兜远转了，这又怎么办呢？为简便起见，一般采用手中的原始货币或美元来作为基准货币。

至此，简单的外汇交易就很容易计算出收益率来，但比较复杂的投资交易又会冒出另一个问题。例如，如果现在英镑兑美元的汇率是1.4278，这样你卖出1000美元，可以得到700.38英镑；接下来，你如果要把它转成一年期定期储蓄，而一年后的英镑兑美元的汇率如果变成了1.4866，那么这时候你卖出这700.38×(1+0.10%①)=701.08英镑，能够得到1042.23美元。

在这里容易看出，投资和计算外汇收益最关键的是要考虑汇率变动因素。具体方法有两种：

一是基本面分析

基本面分析主要侧重于全球及所在国金融、经济形势、政治因素的发展变化，以便判断这种货币的供需影响因素。其中宏观经济指标有经济增长率、国内生产总值、利息率、通货膨胀率、失业率、货币供应量、外汇储备增减、生产力要素、股票市场、债券市场、房地产市场、国际收支模式等。

二是技术分析

技术分析主要侧重于这种货币的价格变动和交易量数据，以此来判断未来走势。在这个过程中，主要是采取量化分析和图表分析两种手段，对货币超买、超卖限度以及影响汇率变动的各种因素作出预测。

凡此种种，依据的理论基础主要是古老的道·琼斯理论、用于判断价格与潜在趋势之间的反弹和回调幅度大小的斐波纳契反驰现象、以固定波状模式对价格走向进行分类的埃利奥特氏波理论等等。这些都比较复杂，这里不作展开。

紧接着前面所举的例子，在这种情况下，如果你以美元作为计价基准货币，这时候的投资回报率是1042.23÷[1000×(1+0.80%②)]=103.40%，即年收益率是3.4%。

---

① 假如英镑存款的年利率为0.10%。

② 假如美元存款的年利率为0.80%。

由此可见，你在投资外汇时，既要考虑未来的汇率变动，又要考虑不同币种的储蓄收益率，如果选择投资平台不当、选择基准货币不当，就会影响收益率。与此同时，除了基准货币，还要考虑基准时间问题。意思是说，如果两种外汇投资收益率的时间跨度不一，就没法进行直接比较。

例如，有的金融机构推出的外汇理财产品，宣称其预期收益率为9%，却故意隐瞒了这是“18个月”的到期预期收益率。可是，如果把它换算成年收益率，实际上便只有6%。

除此以外，还有一点要注意，那就是所谓的预期收益率都是偏高的。因为这种预期结果的背景是各种外部状况都比较理想，而事实上并不一定会这么理想。

上面已经提到，每种外汇的价格走势要受很多因素影响，每一种影响因素都可能会导致这种外汇价格走低，从而最终影响投资收益率。

综上所述，在购买或计算外汇投资收益率时，首先要看它采用的是哪一种基准货币，然后要看基准时间，最后看这种收益率是“预期”的还是“最低”的，或者是“固定”的，据此判断投资风险。

做到了这些，接下来就要考虑这种外汇投资产品的流动性如何了。如果投资期限较长，就需要考虑能否提前终止或赎回交易，并且这样做需要交纳多少手续费、能否提供质押。这一方面是计算收益率所要考虑的因素，另一方面也是衡量投资风险时必不可少的时间因素。

另外，对于普通投资者来说，外汇投资的收益率与银行储蓄相比实际上是比较高的。这并不是把外汇储蓄的年收益率与人民币储蓄相比，而是指外汇投资中的外汇保证金是具有杠杆效应的，能够把中低收入家庭中较少的投资资金通过杠杆比率放大若干倍，从而起到以小博大的效果。

不用说，这时候对风险控制的要求就更高了。因为这种杠杆效应是一把双刃剑，它既可以为投资者创造更多收入，也可能会加速造成亏损。唯有运用得好，才会使得外汇投资收益成倍提高。当然，不同银行推出的外汇理财产品其收益率也是不同的，投资时应当货比三家。

影响外汇投资收益的因素

一是保证金交易利大风险也大

外汇投资分为实盘交易和保证金交易两种。

实盘交易很好理解，就是用真金白银的货币去兑换，目的是从中赚取汇率差价。因为汇率波动看的是小数点之后最后一位，所以如果本金过少，交割之后去掉银行手续费和货币点差之后，很可能每一次都会亏钱。

保证金交易也叫信用交易、垫头交易，是指只要交付一定的保证金或外汇，就可以由外汇市场提供融资或外汇交易。由于外汇交易没有涨跌停板，所以如果平台选择不当，是很容易因为保证金交易的巨大杠杆效应导致血本无归的。

二是预测不等于承诺

投资者在购买银行的外汇理财产品时会发现，它们标榜的预期收益都非常诱人。而实际上，其中隐藏着许多风险。简单地说就是，这只是一种“预测”而不是承诺，并且，这种承诺是建立在许多理想状态基础之上的。更何况，我国的外汇理财产品都是与美元利率挂钩的，根本无法摆脱美元利率经常变动的影响。

三是单打独斗有风险

有的投资者会说，鉴于上述风险，我的资金又很少，自己独立进行外汇投资不就可以了吗？确实如此，但这样做又会带来另一种风险，那就是无论心理状态、技术还是资金方面都难以达到要求。

在这种情况下从事外汇投资可以说凶多吉少，赚一两次有可能，要想长期盈利几乎不可能。从国外看，外汇投资大多是购买大型专业投资基金，或者购买从这些大型基金出来的基金经理个人开设的“管理账户”。这并不是说外国人“不自信”或具有更强的“集体意识”，实在是为避免外汇投资风险的一种本能而已。

四是低于人民币升值幅度就是变相亏损

外汇投资固然能获得投资收益，可是请不要忘了外汇投资的一大背景是汇率变动。说得更明白一点就是，如果这种外汇投资所得到的收益率居然还赶不上人民币汇率的升值幅度，这种外汇投资实际上就是亏损的。

究其原因在于，人民币升值是大势所趋，只不过程度不知有多大罢了。

画重点

赚钱总是不易的

▼要想提高外汇投资收益率，很重要的一点是要弄清楚各币种的走向、强弱趋势问题。如果手中外汇数量较多，可以买入走势较强的外汇品种或黄金，卖出走势较弱的外汇品种；否则，这种币种转换就不合适，并且还会多付手续费。

▲外汇投资风险主要表现在，投资者对影响某种外汇走势的诸多复杂因素不了解，再加上保证金交易的获利大风险更大，而人民币升值趋势又不可改变，这些都对提高外汇投资收益率提出了更高的要求。

【外汇投资的具体操作】

在具体进行外汇投资时，主要关注以下内容：

外汇投资的交易方式

外汇投资的交易方式主要有两种，其优缺点如下：

一是去银行开设实盘交易账户

实盘交易的优点是资金的安全性有可靠保证。缺点是：外汇价格波动不大，而实盘交易又不能利用杠杆比例，所以盈利能力差（当然，反过来的优点则是造成亏损的可能性小）；在银行进行交易的点差比外汇公司要高出很多，这就意味着交易成本高；银行炒汇软件可能达不到要求。

二是选择一家外汇公司进行炒汇

在外汇公司进行炒汇的主要理由是这些公司之间有竞争，从而会给投资者带来许多好处，例如：点差小，交易成本低；交易软件先进而实用；会提供讲座和服务；可以利用杠杆比例，以小博大。缺点是：资金要汇到国外去交易，随之而来必然存在着风险；如果遇到信誉不好的公司和黑平台，就难免会上当受骗。

外汇实盘交易

投资者可以通过国内商业银行，把自己手中持有的、可以自由兑换的外汇（或外币，下同）A，兑换成另一种可以自由兑换的外汇 B。兑换的理由是，投资者认为 B 未来的升值空间比 A 要大，所以这种兑换是有利可图的。由于这是实打实的外汇兑换，所以称之为实盘交易。

如果你换进换出的外汇中有一种是美元，这种交易习惯上称为直盘交易，否则就称为叉盘交易。其中涉及美元的汇率报价方式又有两种：一是以美元为基本货币的报价方式，称之为直接报价，例如 USD/JPY 就表示美元是基本货币、日元是目标货币；二是以美元为目标货币的报价方式，称之为间接报价，例如 EUR/USD 就表示欧元是基本货币、美元是目标货币。

外汇实盘交易采取的是 T+0 清算方式，完成一笔交易后电脑系统会马上进行资金交割。如果有必要，接下来你就可以继续买进卖出。

外汇实盘交易的成本体现在银行设置的买卖点差上，许多人搞不清哪个是银行的买价和卖价，很简单的辨别方法是，银行总是低买高卖的，所以低的价格就是它的买入价、高的价格就是它的卖出价。

国内外汇制度规定，外币分为现汇和现钞两种，其中现汇主要是指支票、汇款、托收等国际结算方式取得并形成的银行存款，现钞是指外币的钞票和硬币存入银行形成的银行存款。由于外币现钞只能在国外才能作为支付手段，所以外汇实盘交易中有这样一条原则："汇变汇""钞变钞"。实际交易时，可以进行市价交易和委托交易，其价格是不同的。

外汇公司炒汇（外汇保证金交易）

选择去一家外汇公司进行炒汇，也叫外汇保证金交易。具体地是指投资者只要付出一定比例（通常是0.5％至20％）的保证金（按金），就可以进行100％额度的外汇交易。这种以小博大的交易方式，能够大大增强投资获利，但投资风险也陡然增加。

外汇保证金交易没有具体的、固定的交易场所，所有交易都是与金融机构发生的，交易品种包括全球所有的可兑换货币。投资者可以根据自己的意愿无限期持有头寸、全天候交易，没有交割日、交割月的概念，也没有到期日，但需要清算隔夜息差。

外汇保证金交易涉及许多概念，如汇率显示、汇率变化、报价、点差、交易合约、交易说明、盈利和亏损、自动转仓、杠杆等。限于篇幅，这里不能展开，读者可以参考其他有关资料。

特别需要说明的是，由于星期四外汇头寸的延展要考虑到周末因素，所以当天的加减利息价差会比平时大3倍以上。

外汇投资开户流程

不同的外汇投资方式，其开户流程各有不同。这里以在业界具有崇高威望、价格刷新和订单执行速度达到国际尖端标准的FXDD为例：

首先是填写开户文件，一共有6张表格，包括免税表、电子邮箱地址（这是你和国外交易商的沟通渠道，尤其是交易账单要通过它来发送，所以很重要）。

然后是提供相关开户证件，主要是身份证和银行卡。

接下来是，对方把真实的交易账号和密码通过电子邮箱发给你。即使你不汇款，这时候也可以通过登录平台查看账户内容了。

最后，当你支付款项后，就可以登录真实的服务器开展外汇交易了。

如何确定杠杆倍数

外汇投资中杠杆倍数的确定非常重要，也非常有学问，既不是越大越好也不是越小越好。道理很简单，这种杠杆倍数是一把双刃剑。一般认为，用实盘获利能力的年收益率/获利能力来确定杠杆比例比较科学。

举例：如果投资者过去已经进行过实盘交易，那么这时候就可以用实盘交易的业绩（年收益率），来放大两三倍加以确定；如果没有这样的经历，就不妨先练练手，等有了这样的业绩参考后再做决定。

例如，你在过去的一个月中实盘交易的回报率为2.5%，那么就可以据此推算出年收益率为2.5%×12=30%。比较保守的心态是扩大2倍，把杠杆比例放大到60%；比较积极的心态是扩大3倍（最多不要超过3倍），即把杠杆比例放大到90%。这样，如果实际净收益率打个6折，年收益率也会在36%至54%之间，这就很理想了。

网上外汇交易

网上外汇交易是外汇交易的主要方式，不是可用不可用的问题，而是一定要用。

这里的关键是，首先要选择一个质量好、服务优的交易平台。

选择依据主要是：程序运行要稳定、适应性强；报价迅速、没有错价、遇到行情波动时要稳定有效；成交迅速，可以查到历史成交记录；操作方便，一学就会；具有在线咨询、图表、账户报告、保证金实时监察、新闻提供、下单实时运行等多种服务。

不用说，其前提首先是平台要正规、合法。对此进行检验的方法是：亲自登录外汇交易监管网站，去查询该平台有没有监管机构，监管机构是谁。如果没有监管机构，或者虽然标有监管机构却没有监管号，或者干脆就查询不到，就表明这是一家不合规交易商，一定要敬而远之。否则，最终很可能导致你无法出金。因为它没人监管，所以你投诉也没用；即使你在这上面“盈利”了也是白高兴一场。

其次，是要掌握外汇投资的诸多交易技巧。这里仅举一例。

日本每年的财政结算日期是 3 月末，半年结算日期是 9 月末。为此，一些总部在本土、分公司在国外的大型跨国企业，如三菱、东芝、松下等，就都会在接近这个时间点时，将所在国货币兑换成日元汇给日本总公司，而这样一来就必然会导致日元汇率波动加大。具体地说，在每年的 2 至 4 月、8 至 10 月期间，都会因为这种财政结算关系导致日元需求大增，造成日元相对强势；而与此同时，日本政府便会出台各种措施干预汇率波动，这就会给外汇投资创造机会。一些著名基金机构利用这种波动在一夜之间净赚或净亏 10 亿美元的例子都曾经发生过。

画重点

止盈止损是铁的纪律

▼要想实现外汇资产最优增长，就必须熟悉具体交易过程、熟练掌握各种交易技巧，通过切实制定投资方案、科学选择交易品种、合理组织交易方式，尤其是要确定好符合你风险承受能力的杠杆比例，来实现这一目的。

▲外汇交易一个最基本的前提条件是要选择合法、正规的交易平台，否则不要说投资获利了，就连你的本金安全都无法得到保障，一切都将无

从谈起。可别小看了这一点，对于投资新手来说，识别合规交易平台是必修课。

榜样

他靠外汇投资成为富豪

美国人兰迪·麦克大学二年级时迷上了打桥牌，并且是白天黑夜地连轴玩，结果导致有6门功课不及格，后来不得不辍学从军。在这之后，他被送往越南战场，1970年回国后继续求学，同时在芝加哥交易所打工，这让他有机会接触到了期货交易。

兰迪·麦克是学心理学的，毕业前正好赶上芝加哥交易所一家门店新开张。为了吸引投资者，交易所把当时价值10万美元的外汇交易席位降到1万美元，同时还免费赠送给每个老会员一个席位。就这样，兰迪·麦克的哥哥得到了免费席位后转送给了他，并且还借给他5000美元做本钱。

兰迪·麦克当时对外汇投资了解很少，所以他把这5000美元中的3000美元存入银行做生活费，只拿2000美元出来做外汇期货投资。因为什么也不懂，所以他是看到别人买什么就也买什么，剩下的时间就是整天玩桥牌。有意思的是，第一年他居然赚到7万美元，回报率高达34倍。

1976年，英国政府担心英镑上涨过快会导致进口增多，于是在英镑价值1.6美元时，宣布要将英镑价格控制在1.72美元。消息传出后，引发英镑直接冲击1.72美元。但随后受政策影响，价格下跌，然后又继续冲击1.72美元。如此多次反复，兰迪·麦克觉得这说明英镑具有强劲内在需求，未来一定会冲破这一警戒线。于是他将原来每次最多只做三四十张单子一下子提高到200张。这种孤注一掷，让他在三个月后英镑涨到1.90美元时悉数抛出，净赚130万美元。

1978年末，他在投机英镑时一下子就亏损了150万美元，几乎把过去的获利输了个精光。痛定思痛，进入1980年代后，兰迪·麦克在基本分析基础上成了一名地地道道的技术派，认为要想赚钱就得跟势，但开头阶段抄底和结尾阶段找顶的难度都很大，所以他只做中间段。在他看来，自己在过去的操作中判断要占90%、执行只占10%，而现在判断只能占25%、执行却要占到75%。

正是建立在这样的思想基础上，1980年代初他先后历时五年从0.85美元到0.67美元一路抛空加拿大元，累计盈利数百万美元，成为他一生中的得意之作。只不过1980年代末投资加拿大元这一仗打得有些冤枉。那时候加拿大元一路上扬，他一路追势进单，最终却因为加拿大总统选举出人意料，所以连累他的投资业绩也从盈利200万美元变成亏损700万美元。

他的投资经验是：每一位投资者都要根据自己的性格来决定投资策略，这种扬长避短才能确保制胜。例如，他哥哥的性格就比较沉稳，不愿意冒险，所以多年来只做套期交易，成绩也不错；而他则是属于胆大心细的那一类，所以喜欢大手笔进单，但同时风险意识也很强，一旦发觉形势不利就会果断离场，不管损失有多大。

总的来看，兰迪·麦克一连20多年基本上可以说是常胜将军。最早从2000美元起家第一年就赚了7万，以后的每一年获利都要超过前一年，1980年代年平均收益在100万美元以上。他除了自己做外汇投资，还帮助家人、朋友代炒，1982年的两个代理账户最早时合计只有1万美元，可是10年后就已经积累到100万美元。

他对投资者的忠告是，要确保自己即使连错二三十次也不会赔光本钱。事实上，他进单一次承担的风险一般只是5%至10%，如果输了下一次便控制在4%，又输了便会进一步压缩到2%。根据这一纪律，他在做单不顺时甚至会把3000张单递减压缩到10张，然后到手顺时再恢复做单量。

就这样，他成为美国华尔街上著名的外汇投资大师。

第六章 收藏和艺术品投资

世上最富有的不是银行家，而是收藏家。收藏对鉴赏力要求极高，所以虽然收藏投资与股票投资、房产投资并列为三大投资领域，我国也正在掀起历史上第四次收藏热潮，但依然非常低调。

【幸运只给有鉴赏力的头脑】

有人说，这世上最富有的不是银行家，而是收藏家。这一说法并不夸张。

收藏和艺术品投资与股票投资、房产投资并列为三大投资领域，并且我国目前正处在历史上第四次收藏热潮中，只是因为收藏投资对鉴赏力要求极高，绝大多数人都因此被排斥在外，所以这一领域并不像股票投资、房产投资那么广为人知。

收藏投资的回报率究竟有多高呢？这大抵上可以从一个例子上看出来。2007年中国民生银行率先发行了一只1号艺术品基金，主要面向银行高端客户，当时的投资门槛是100万元，预期收益率为17%。可是到2009

年该基金到期时，对外公布的收益率却高达25%！[①] 而不用说，实际盈利率远远不止这一点。

显而易见，收藏投资是尽快从中产步入富豪阶层的一条捷径。但俗话说得好，“没有金刚钻，不揽瓷器活”，这条捷径只有极少数鉴赏力高的人才能走得通。

所谓鉴赏力，是指对藏品和艺术品的鉴别与欣赏能力。鉴赏力具有综合性，包括知觉能力、想象能力、领悟能力和回味能力等。

一般来说，提高鉴赏力的途径主要有两条：一是多看多听，二是求教名家。总之一句话，就是要去多经历，并且有悟性。

多经历很好理解，就是要见多识广，经常跑各种展览会，而不是从书本到书本；有悟性是指收藏投资中的许多东西很难用文字来进行描述，即使言传身教也只能学到点皮毛，唯有悟性高的人才能在高人指点下一点就通。

即使如此，低调和谦虚依然是收藏投资的必备品格。因为这一行中实在是山外有山、人外有人，哪怕再高的高手也不敢保证说自己从来就没有走眼的时候。

由于收藏门类多种多样，所以鉴赏力也是各有侧重。以藏画为例，只有当你一眼就能看出面前的这幅画大概属于什么档次、好在哪里差在哪儿，才具备收藏投资的基础条件。如果自己不懂，听别人说好说坏，那就基本上只有上当的份。相反，如果你具备足够的鉴赏力，就不但可能会捡到漏，而且可能会成千上万倍地提高你的投资收益。

例如，1980年代一位来自英国伦敦的女士在闲逛时，在街边小摊贩手里看到一枚钻石戒指，内行的她一看就知道这块钻石出自19世纪，价值不菲，于是仅用10英镑的价格就买到了手。由于这块钻石还没有被切割，所以很少有人能真正认识其价值。2017年夏天，她在英国苏富比拍卖会上以65.7万英镑（约合人民币582万元）的价格售出这颗26克拉的白色钻石，投资回报率超过6.5万倍。

---

① 《齐白石，从2000万到4.2亿的拍卖传奇》，载《新京报》，2011年5月26日。

另一位来自英国的古董爱好者，同样是花10英镑在网上买到了一只带有“两只鹌鹑”图案的中国花瓶。而实际上，这只其貌不扬的花瓶是18世纪北京皇家御用品。很快地，他便用6.1万英镑的价格把它卖了出去，投资回报率6099倍。[①]

对于收藏投资来说，捡漏是最值得夸耀或暗自窃喜的一件事。但显而易见，这样的好事可遇而不可求。

更不用说，真正的漏都是给鉴赏力高的人准备的。因为你的鉴赏力高，至少高于原物主和别的其他买家，并且愿意承担失手的风险，这宝贝才会被你收入囊中。尤其是在开始收藏的时候，能用正常价格买到合适的产品、不上当就很不错了，不要对捡漏抱有太大希望。

也就是说，收藏投资不要怕买错东西，没有哪个藏家从头到尾从来没有买错过东西的。更重要的是买错了要承认，将错就错只能是自欺欺人。每当买错一件东西，要像学生时代的错题库那样去反复研究它，确保同类错误以后不再发生，这才会一步步长进，而这样一来说不定这“学费”就付得值了。

与此同时，收藏投资还要学会自我归零，不要把自己在现实生活中的性格带入进来。一方面，这样做会让自己更加客观、公正；另一方面，这样的态度也更容易拜师求艺，专家学者才愿意教你。

最有价值的收藏投资，应尽量避开当红大师名家，选择非高端及本土潜力藏品，这种藏品的性价比最高，升值潜力也最大。说到底，收藏投资鉴赏力中有许多是眼学，既不是物理，也不是化学，甚至不可言传、只可意会；只有多看、多学、多听、多经历、多比较，才能学到真谛。上手越多，长进也越快。

---

① 《30年前地摊上不到百元买的戒指，如今卖了582万》，腾讯网，2018年2月24日。

画重点

收藏考验的是眼光

▼自古以来就有“隔行如隔山，内行欺外行”一说，收藏投资和艺术品投资尤其如此。要想在这一行里混，首先必须具有扎实的基本功，然后才有可能成功地捡到漏；否则只有当冤大头挨宰的份，这是普通投资者要特别注意的。

▲要想提高鉴赏力，从一开始就要多看真品，多去博物馆、多去拍卖会，而不是一头扎到市场上去看那些鱼龙混杂的东西，以免先入为主。好的藏品和艺术品是一定会通过拍卖会流通的，这在今后相当长的一个时期内依然会是主流。

【收藏投资的进货渠道】

对于想从事收藏投资的人来说，遇到的第一个问题就是去哪里进货。其实，这个问题不同的人有不同的回答，因为每个人的经济收入、收藏目的、收藏兴趣爱好各不相同，鉴赏力更是悬殊，这时候并没有标准答案。

归纳起来，收藏投资的进货渠道主要有以下几种：

拍卖会

从类型看，拍卖会主要有三种形式：大型拍卖会、小型拍卖会、通讯拍卖会。

我国的大型拍卖会每年都会有两次，分别是春季拍卖会和秋季拍卖会。每场持续一个星期左右，按品类分天进行。拍卖会开始之前会有三天左右的免费预展，供投资者观摩、学习、发现价值，而这时候绝对是提高鉴赏力的好机会。大型拍卖会上拍卖的藏品可信度高、档次高，能够满足企业和有实力的个人收藏。

小型拍卖会每个月都有，分别称之为月末拍卖会、季度拍卖会等。小型拍卖会拍卖的藏品价格较低，但假货比例高，主要是为满足个人投资甚至家庭消费需要。至于能不能拍到有价值的藏品，就要看投资者的眼力了，合适的藏品可谓收藏、投资两相宜。

古玩商店

从古玩商店购买藏品，最关键的同样是要看你的眼力和能耐。古今中外都是“内行欺外行”，这里不存在商业信誉和消费欺诈问题。

古玩商店出售的藏品，主要是档次较高的社会流散文物。所以，如果你具有这方面的知识和经验，在这里淘宝是一条捷径；相反，如果你不具备这方面的鉴赏能力和收藏气度，那就必输无疑。

旧货市场

旧货市场上出售的藏品，一般都是那些不具备文物监管资格、禁止买卖的文物，这其中既有专业的旧物旧货市场，也有工艺品市场。如果是后者，一般和旅游部门有关，尤其是旅游定点单位的价格那就更是高得离奇，主要是骗外国人。

如果你的眼力和收藏知识高过摊主，也不排除能在旧货市场淘到真宝贝；如果你在这方面不如摊主，那你就很难从这里捡到便宜货。

单项交易会

单项交易会如“古玩交易会”“票证交易会”“连环画交易会”等，它们的特点是价位低、地域广，所以特别受非主流收藏家好评，为那些不怎么进行公开交易、没有明确价格体系的藏品提供了良好的交易机会。由于其影响力大、参与对象固定，单项收藏者对此也非常青睐。

通过书画展览、笔会、艺术画廊，或者从代理人那里购买书画、紫砂茶壶、雕塑等藏品，基本上也可以归入这种类型。

直接购买

直接购买也是一种可取方式，尤其是像书画、紫砂茶壶、雕塑等现代藏品，完全可以直接向作者购买或索取。

这种交易方式的主要优点是可以寻求一个最合适的价格，但前提条件是你要识货，并且不受各种蒙蔽因素的干扰和影响（例如并不会因为作者是某某“著名”书画家就去买他的作品，而会看其真功夫）；缺点是许多人受不了前述诱惑，从而头脑一发热也去哄抬价格、盲目投资。

例如，在北京的收藏圈子里就流传着这样一种说法，叫“山东人敢买假画，广东人（包括港澳投资者）敢花大钱。”这实际上就是说这些财大气粗的投资者用高价买回的藏品，因为买入成本过高，今后获利难度陡然增加。

民间淘宝

民间淘宝也是一条有效的进货渠道，这里的关键仍然是你要识货。如果你具备这方面的经验，完全可以把它作为最有利可图的收藏渠道来对待。

例如在我国海南，常见收藏者雇用农民工走街串巷，收购已经倒闭多年的原广东省琼山县日用制品厂生产的红城牌算盘，原因就是生产这种算盘的材料是现在禁止砍伐的国家一级保护树种花梨木。每把旧算盘从民间收上来的价格是 150 元，收藏者从中挑选部分精品进行收藏，其余大部分通过网络出售，售价在 1800 元到 18000 元之间。有一次，国内收藏家就从当地居民拆房现场发现一根长 4 米、直径 40 厘米的花梨木，收购价开口就是 20 万元。

网络交易

网络交易是指通过互联网进行在线交易，如“嘉德在线”“中国文物网”“人民美术网”“中华古玩网”“华夏收藏网”“盛世收藏网”“环球收藏网”“中艺网”“美术同盟”“中国书画家”等，都是收藏爱好者不可忽视的信息渠道。

网络交易的最大缺点是不能亲眼看见藏品，所以在真伪鉴别上难度大。除非你与这些网站的关系特别好，能够得知该藏品的真实情况，否则基本上都会倾向于从中获取相关信息，发生实质性交易的情形很少。

平面媒体

平面媒体是指报纸、杂志等刊登收藏投资信息，从而引导投资者进行这方面的交易。其中最著名的是台湾的《典藏》、北京的《中国收藏》《收藏》、西安的《收藏界》杂志，以及《中国文物报》《中国商报》《中国美术报》《珠宝首饰报》等相关专版。

从平面媒体上得到交易信息后，有的可以和卖家直接洽谈交易，有的则需要通过该媒体进行交易(实际上这是卖家没有支付广告费，所以只能委托媒体进行销售)，其中以后者相对安全、可靠。

所要指出的是，无论从哪一种渠道获得藏品，都要考虑其投资价值、风险指数和流通性。详情请参考表6-1。

表 6-1 十大收藏投资门类一览表[①]

收藏品种	投资指数	风险指数	流通指数
中国书画	★★★★★	★★★★	★★★★★
瓷器	★★★★	★★★★★	★★★★
钱币	★★★★	★★★★★	★★★★
邮票	★★★★	★★★	★★★★
文玩杂项	★★★★	★★★	★★★
古籍善本	★★★★★	★★★	★★★★
翡翠玉石	★★★	★★★	★★★
红木家具	★★★★★	★★★	★★★★
奢侈私享	★★★★	★★★★	★★★★
红色收藏	★★	★★★	★★

画重点

预先确定好拍价底线

▼如果是在拍卖现场竞拍藏品，一定要在预展时就看好自己想要的拍品，并确定底线(最高价格)。否则，你在拍卖现场时根本就没时间去整理头绪，很容易在一轮轮加价中不断跟价，以至于最终以过高价格买到拍品，抬高投资成本。

▲为了避免上当受骗，进货时必须具有独立的思维和鉴别能力。既不要人云亦云地附和，被人当傻子骗；又要学会听话听音，能够分辨得出哪句是真哪句是假。在把握这种平衡中提高鉴赏力，确保收藏投资的高回报率及稳妥性。

① 《盘点收藏投资十大门类：书画瓷器升值潜力巨大》，载《南方日报》，2012 年 2 月 6 日。

【收藏投资如何获利】

收藏投资的收益主要来自两方面：一是藏品价值的自然升值；二是藏品买卖交易中所得到的差价收益。

具体地说，收藏投资收益来源于以下各环节：

藏品价值的自然升值

收藏题材本身就意味着升值

收藏投资都有不同的题材，这些题材本身就意味着升值空间。在这其中，“物以稀为贵、多则烂”规律十分明显，这是投资者所要注意的。

以金银纪念币收藏为例。自从1984年10月1日建国35周年拉开我国普通纪念币发行序幕以来，截至2017年末，一共发行了110枚普通金属纪念币，涵盖生肖贺岁、重大历史事件、人物、世界遗产、珍稀动物等方面，但其升值命运迥然不同。

总体来看，以2015年为界。2015年之前，由于普通纪念币发行数量少、发行透明度低，再加上银行内部截留严重，所以社会上一直存在着“一币难求”现象，纪念币收藏升值速度快。2015年出台“阳光发行”政策后，普通纪念币发行数量成倍增长。以生肖纪念币为例，第一轮发行时最初都是1000万枚，后来陆续增加到3000万枚、8000万枚、1亿枚，第二轮发行时门槛就是8000万枚，后来干脆达到5亿枚。在这种情况下，生肖纪念币不但升值空间小，而且已遭市场冷落。

收藏投资本身具有时间价值

在许多人眼里，藏品尤其是当代艺术作品并不一定就能成为投资品，但这种藏品一旦成为投资品，其投资价值会随时间推移不断呈现出来。

经常有这样的怪现象，买家在拍卖会上拍下作品后，虽然也会去付款，却根本不提货，就把藏品存放在拍卖公司库房里，然后在下一次拍卖会上摇身一变成为卖家，几轮下来居然也会赚个盆满钵满。这就是藏品的时间价值在起作用，虽然这里的时间并不长。

而国外收藏投资者的做法也如出一辙：通常是首先买断某个或某几个艺术家在某段时间里的所有作品，然后把它们全部捐赠给（实际上是存放在）某家艺术基金会或博物馆，等过去一段时间（通常是半年）后再让它们出现在某家国际拍卖公司的图录中。

但专家指出，收藏投资要想获得好的时间价值，一般不低于5年。究其原因在于，目前我国内地的收藏投资基本上处于“第一代收藏”阶段，换句话说，大家都需要不断买进才能实现原始积累，所以重要的拍卖品都比较容易顺利成交，这与宏观经济环境好坏基本无关。

除了这种方式的时间价值外，许多藏品还会因突发事件身价倍增。

例如，2018年3月22日中国人民银行发布公告称，自2018年5月1日起，停止第四套人民币100元、50元、10元、5元、2元、1元、2角纸币、1角硬币在市场上的流通。消息发布的当天，相关纸币价格就普遍上涨30%至50%，部分品种当天就上涨100%。

藏品买卖中的差价收益

“古玩千分利”

收藏行业中有句俗话叫：“粮油是一分利，百货是十分利，珠宝是百分利，古玩是千分利。”无论是真是假，实际上都表明收藏投资中“一本万利”的神话故事并不少见，如一幅三尺见方的山水画可以卖到1000万元人民币、一件半米高的青铜器可以卖到900万元人民币等。

但应注意的是，要想创造这样的神话，你必须具有好眼力、真功夫，能够辨别真假、觅得宝货，然后再假以时日、等待价值被发现。

收藏热容易抬高收藏投资价值

由于我国个人投资渠道尤其是金融投资渠道相对缺乏，所以有相当一部分富余资金流入了收藏领域，转化为收藏投资，同时也抬高了收藏交易差价。

究其原因在于，目前我国个人和家庭除了房产、股票、储蓄、保险这几个领域外，在解决了房子和车子之后，收藏投资看起来仿佛是“最能驾驭”的投资方式，这从正在掀起的历史上第四次收藏热中可见端倪。

拍卖成交方式容易获得丰厚获利

藏品的拍卖价格是一种统称，包括以下一系列概念：估价（也叫参考价）、底价（也叫保留价，即具有法律效力的最低成交价，一般是对外保密的）、起拍价（也叫起叫价，可以高于底价也可以低于底价）、落槌价（竞价结束时的确认价格）、成交价（购买者应该支付的价格，要在落槌价基础上加上佣金和其他费用）。

从实践中看，藏品拍卖的最终成交价落在预先估价范围内的比例不到20%，也就是说，绝大多数和估价无关。了解到了这一点，你就不必对拍卖估价关心过多，不必受这些拍卖估价因为是各种专家推断出来的而有心理压力。归根到底，藏品拍卖价格最终受随机性影响非常大。无论你是参与拍买还是拍卖，都有可能从中获取丰厚的获利回报。

捡漏有可能一本万利

收藏界一直有“捡漏”一说，意思是说，用很便宜的价格买到了很有价值的藏品，可是对方却居然被蒙在鼓里。为什么会发生这样的怪事呢？关键就是因为对方不懂它的真实价值（投资价值）。

捡漏是所有收藏投资者孜孜以求的事，也有许多人不相信会发生这样的事，但这却又是真真切切发生过的，虽然这样的案例并不多见。

问题的关键是，你必须首先读懂它。如果做到了这一点，甚至可以说收藏投资的过程本身就是一种捡漏过程，那种乐趣和价值的发现是非常令人激动的。不用说，一旦你遇到这种捡漏的好机会，会大大提高投资回报率，完全有可能一本万利。而这样幸运的事，在其他成熟的商品交易中就几乎不可能发生。

例如，我国当代著名文物鉴定家史树青，他的一生中就出现过多次捡到漏的意外惊喜。15 岁时，当时的他还是北京师范大学附中的一名学生，就用 2 角钱“捡”到了爱国人士丘逢甲的画作真迹，这幅画现在是国家一级文物，存放在中国国家博物馆库里。

画重点

长短期结合，以藏养藏

▼除非你有非常强大的经济实力，一般投资者要想从收藏投资中获得丰厚回报，就必须处理好短线投资和长期收藏之间的关系，通过短线投资来培育长期收藏，这就是业界所说的“以藏养藏”“以空间换时间”。

▲总体来看，收藏投资的长期回报率不会低于投资世界 500 强企业的股票。只不过其容易受经济大环境影响，在遇到经济低迷时不是不得不低价出售，就是卖不出去。所以对于初入者来说，开始时的短期投资一定要遵循“小额”原则。

【收藏投资风险何在】

收藏投资对象（藏品）的艺术价值、收藏投资方式的低效率（长时间搁置）、潜在买家群体的狭窄、交易价格的不确定性等因素，都注定了收藏投资回报的不确定性和缺乏透明度。为此，收藏作为一种投资方式的风险是显而易见的。

归纳起来，收藏投资的风险主要表现在以下几方面：

最大的风险是赝品

收藏投资最大的风险是用真钱买到假货，即赝品。

赝品的真正概念有两个：一是指伪托原作的书画、伪造的文物，二是指不符合质量标准的作品。这两种情形古已有之。例如，南京一位农民从路边买到“太平天国圣宝”后，以为真的能在国外卖1万美元以上，没想到这是红铜铸造的赝品，最后不得不身背外债去打工。

相对而言，买到伪造藏品的原因多半是你眼力不够，买到不符合质量标准的藏品更多的是上当受骗，而且这种上当受骗防不胜防。

举例说，有些有实力的收藏机构会专门去找有一定知名度、画作市场价格在8万元左右的画家签订一个三年期合同，然后与画廊、拍卖公司等机构联手包装该画家，要求该画家每年提供50幅画，这样三年下来就是150张，每张收购价在40万至50万元。这些画放上两三年后就开始出现在国际书画拍卖会上，但标价已上涨到500万到1000万元。这样高的价格很少有真正的买家，所以卖主便自己做托，让许多人参与其中拍买。可是，如果拍卖成功是要按照10%的标准给拍卖公司支付佣金的，这样卖主不就很亏了吗？所以，这时候卖主就和拍卖公司签订一项秘密约定，不管成交价是多少，卖掉一幅给多少固定的佣金。一般来说，第一年会以这样的价格卖出三分之一，这就意味着它原来的成本已经收回来了。剩下的作品在以后慢慢地推出，每年多多少少总能卖掉一部分，这就完全是它们的暴利了。

这种小猫钓鱼游戏，会不时吸引到一两个不了解行情的收藏家“一激动”就把它买回去。回家后一想不对，于是只好再想办法把这烫手山芋转卖给别人，别人再卖给下一个别人，不断地找人给自己垫背，卖不出去就砸在自己手里。

当然，赝品也并非一无是处，有许多收藏家就是故意知假买假的，究其原因在于：一是真品数量太少，不可能买到；二是经济实力有限，真品不可能买得起；三是想用赝品冒充真品，将来卖个好价钱；四是购买精美的复制品，目的纯粹是把玩把玩、自娱自乐或作行贿之用。

从历史上看，有相当多的赝品是“名家仿名家”“高手仿高手”，同样具有高超的技艺、深刻的思想内涵、完美的表现形式，同样是具有投资价值的，只不过不能和真品相提并论罢了；但有一点很重要，那就是当原来的真品灭失后，这些赝品也就成了价值连城的文物啦。

疯狂恶炒看不清真实价值

收藏投资界过去还算平静，随着有越来越多的人加入，尤其是在期货、股票市场上转过来的这些收藏家看来，收藏市场就是另一个股市，所以他们更习惯于采用期市、股市中的操作手法，动不动就掀起一阵铺天盖地、令人心跳加速的恶炒，从而遮蔽了真正的收藏价值。

容易受别人“讲故事”诱惑

收藏投资界充满着各种“传奇”和“故事”，心理定力差的人就会受此迷惑，影响判断力，从而陷入别人预先设下的圈套。

尤其要警惕的是，拍卖行预展作品时，现场会有许多人把目光紧盯在那些看拍品的藏家身上，并且主动搭讪，说些有关这件藏品的来历等无法考证的事，这往往就是套。这也是为什么有的精品一辈子都卖不出去，而有的一般作品却因为“故事”精彩能频频卖出好价钱。在这里，“故事”会干扰收藏投资行为。

这类“故事”对老年人的干扰更大。心理学家认为，老年人心理具有以下三大特点：一是接收信息时往往会缺乏批判精神，容易轻信别人；二是信息处理能力弱，尤其是在突然获取到大量的新信息时，辨别能力差；三是身上有了一点钱，就特别希望能用花钱投资来证明自己的能力、获取别人赞赏。这些特点一旦被善于察言观色、花言巧语的人所掌握，便一骗一个准。

一位中年女性在北京现代城经过时，被“导购”带到某藏品公司。对方告诉她说，从长期投资角度看，和田玉玺肯定有升值空间；但公司有规定，不能向客人承诺具体获利数额、以免有诱导之嫌。在这样的忽悠下，她花19800元买了块和田玉玺，虽然没有合同也没有发票，但因为有“收藏证书”和“防伪证书”，她便信以为真。当对方听说她以前从来没有做过投资时，便着力宣传公司的理念不是帮她卖产品，而是谋求双方利益最大化，所以双方都要“有诚意”，产品“不要急着出手”，而要致力于“长期投资”。没过几天，导购又打电话通知她来，说是有新产品要介绍给她，于是她又高高兴兴地去了。

她相当自信地说，自己现在还没赚到钱，等赚到了钱再和家里人说。中国收藏家协会工作人员提醒说，当收藏品附有各种证书时，至少应该打个电话咨询一下证书颁发部门，了解一下情况，然后再决定是否投资，而不仅仅是听一面之词。①

拍卖会上卖方的圈套

藏品来源的主渠道是拍买，而拍卖会上常常会出现卖方设计的圈套，让你往里面钻。

拍卖活动的当事人主要有三方：委托人（卖主）、拍卖人（拍卖公司）、竞买人（你和你们）。从利益博弈角度看，作为买方的你除了“做托”（假买）以外别无好处，所以不可能去设什么圈套；拍卖公司处在中间环节，得罪了哪一头都无法达成交易，从而拿不到佣金，所以一般也不愿意去设圈套；而只有卖方，它既可以以假乱真忽悠专家、拍卖公司、买家，又有利益驱动，所以在拍卖会上雇人哄抬价格的积极性最高，会令你防不胜防。

宁夏某拍卖服务公司便是如此。该公司 2016 年末成立后，专门从淘宝和其他购物平台上去买来所谓古董、字画、钱币、瓷器，然后随机拨打电话邀

---

① 《媒体调查收藏品公司如何引诱投资：逼单磨单砸单榨干老年人》，载《北京青年报》，2017 年 8 月 20 日。

请投资者前来参观考察，以上万元甚至十来万元的价格拍出。在短短一年多时间里，共骗取50多名受害者的800多万元资金，其中大都是中老年人。其中最夸张的是，一只瓶身上写着"东方古韵"的白瓷，网上购买价只有几千元，但该公司拍出时的成交价高达数十万元。经鉴定，这些藏品虽然都有"国家级检验中心认定"的、盖有某某协会公章的"鉴定证书"，但全都是赝品。[①]

潜在买家群体狭窄

藏品虽然也是商品，可是它的潜在买家群体非常狭窄，既不是人人有这种购买欲望，更不是人人有这种购买实力，所以它的变现速度不一定能如愿以偿。这也是许多受人欢迎的藏品拍卖之前总要被雪藏一段时间的原因，因为它需要借此来逗引收藏者的关注和购买兴趣。

与此同时，藏品虽然也是一种资产，可是如果你一直捂在手里，就无法享受到它的利息和分红。并且它的价值是随时波动的，具体是多少连你自己也不知道，所以很难把它纳入到你的个人、家庭投资计划或理财规划中去。

不过，藏品又是客观存在的。比如你过去花2万元买了一幅1960年的油画，现在估计这幅油画价值至少在500万元以上（由于它还没有变成现金，所以只能是估计），但你依然可以把它保守地估作400万元现金来进行安排"使用"。并不能说它没有变成现金，就什么都不是。

画重点

最大的风险是买到赝品

▼目前我国的藏品市场鱼龙混杂，投机者多于投资者，"古董商"多于收藏家，"做局""下套"的不计其数，再加上一些藏家功力不深，又难免急功近利，面对这种种情况，这其中的投资风险是不言而喻的。

---

① 申东：《拍卖行售赝品诈骗50名收藏爱好者800万》，载《法制日报》，2018年3月28日。

▲即使是通过拍卖会取得的藏品，拍卖公司也是不会确保拍品真伪和品质的，最关键的依然需要依靠你的鉴赏力。尤其是在经济低迷背景下，有大量的热钱涌向收藏市场、天价拍卖频频出现时，收藏投资风险也就孕育在其中了。

【普通中产如何操作】

普通中产阶级如何进行收藏投资呢？最关键的一条是首先提高鉴赏力。

不过呢，谁都不是生下来就成为“专家”的；在你成为专家之前，就可以开始这项投资了。只要掌握以下几处最关键的地方，至少也能做到避免因小失大。

打好应有的知识功底

任何收藏投资都需要有相应的鉴赏力，为此必须首先打好知识功底。

例如，许多人没有从小就去逛美术馆、博物馆的经历，甚至根本就没去过这两个地方，根本没见过货真价实的藏品，鉴赏力怎能得到提高呢？

所以常常看到，这些人在购买藏品时，更多的是看价格，什么东西贵或什么东西便宜就买什么；看流行，市场上流行什么就买什么。而这恰恰是国内收藏市场混乱的原因之一。购买者的艺术鉴赏力太低、素质不高，收藏市场就不可能回到正常状态，这样的收藏风险太大了。

低价原创

低价原创是普通投资者收藏投资的一条基本原则。

究其原因在于，那些具有巨大价值的藏品已经被人尤其是超级富豪们收藏了。他们不缺钱,所以他们既买得起又不打算出售,你不但这辈子都休想得到,甚至连看一眼的机会也没有。既然这样,那就不妨把目光转向从低端入手、收藏那些投资风险相对较小的藏品,这会更加稳妥和可靠。

这没什么难为情的。专家指出,普通投资者一开始应该选择那些价格在1万元以下的藏品,养眼、养性、养见识,以后等到条件具备了再逐步升级。

这样做还有一好处,那就是这个价位上的好货实际上并不少,关键是你要有眼力去挖掘。真正财大气粗的人反而看不上这一块,这对你来说是好事。这种藏品的艺术价值并不差,往往是作者缺乏名气,所以相对而言更具有投资价值。

从简单开始,越买越精

开始进行收藏投资时,应该从最简单的藏品开始,越买越精,这就叫循序渐进。例如,那些不太复杂,又不需要进行年代鉴定的藏品,如鼻烟壶、田黄等就是。不要一开始就急于涉及陶瓷、书画等对鉴赏力要求高的藏品。

道理很简单:一方面这是考虑刚开始时你的经验不足,收藏投资有一个经验积累的过程。例如,陶瓷藏品的真伪就比较难以鉴定,并且即使是真品也有一个年代断定的过程,考虑的层面比较多。另一方面,当你经历了一段收藏过程后,眼光自然而然就会越来越高,从而导致你的收藏档次也越来越高。

最不明智的是把这个过程倒过来:即当你的藏品已经达到一个较高层次后,接下来却莫名其妙地回过头去增添一些档次较低的仿古品,这种降低自己收藏品位的做法会令人不可思议。

不要贪小便宜

有些投资者会贪小便宜,投资藏品不是看价值而是看价格,尤其是挑价格便宜的买，这种做法就很有问题。如果藏品的价格低于市场平均价格，很可能会表明它的质量有问题：不是大量倾销，就是有瑕疵，更大的可能则是赝品。

特别需要指出的是：收藏时首先要看真假，当然是要买真的，假的东西再便宜也不要买；然后是看质量，当然是要买质量（品相）好的，宁缺毋滥。不过话又说回来，并不是价格高的东西就是质量好的真品，这里又涉及鉴赏力问题。但有一点很明显，那就是如果是假货尤其是假文物，是毫无收藏价值可言的。

不要选择太冷门、太热门的藏品

任何藏品都有一个冷门不冷门的问题。对于普通投资者来说，藏品过于热门不好，过于冷门也不好。

过于冷门的藏品如古陶器、大型铜器等，除非你自己特别喜欢、将来不考虑卖出，否则不要轻易收藏。道理很简单，越是冷门的藏品将来越难脱手，并且升值速度也慢。

这样说起来，热门藏品的变现能力强，是不是就该作为首选对象呢？也不是。像昌化鸡血石、高古瓷器等，既然它们是热门藏品、大家都在追求，那么价格自然而然就上去了，并且短时间内不会轻易下跌。但即使这样，也不一定收藏得到。

除此以外，过于冷门和热门的藏品对于普通收藏投资者来说，个人的知识储备和经验，以及资金实力、资金搁置时间长短方面也不一定能达到要求。

寻找合适的投资渠道

对于真正的专家来说，98%的藏品真伪判断可以在瞬间完成；可是对于非专业人士尤其是刚入门的人来说，判断真伪是比登天还难的事。并且，许多赝品、仿古品看上去比真的还“真”，上当受骗的概率极高。

有鉴于此，对于普通收藏者来说，挑选可靠的购买渠道比鉴定作品更重要。如果无法判定真伪，那就先从正规购买渠道购进做起，以此来减少投资风险。

控制在经济承受能力范围内

收藏投资虽然很迷人，可是也很费钱，所以绝不要因为深深迷恋于某物而超出自己的经济承受能力，否则这种投资是很危险的。轻则会影响你的个人或家庭理财规划，重则有可能因为藏品无法及时变现而陷入困境，或者因为买入的是赝品导致倾家荡产、家破人亡。

画重点

夯实基础，量力而行

▼什么时候开始收藏投资都不晚，而不是像有些人所说的那样“好东西都被别人收藏完了”。只买不卖的收藏投资毕竟很少，绝大多数藏品依然是要通过拍卖市场进行流通的，并且会在全球范围内流通。

▲普通投资者完全可以用不太多的钱去收藏一些低价、原创作品。要知道，藏品的价值不是从头衔、职称、评奖那里得来的，而是市场上拼出来的。低价、原创作品更加走俏市场，投资回报率会更高。

【战乱年代的最佳投资品】

和其他投资方式相比，收藏投资除了适合和平年代，更适合战乱年代。

和平年代

在和平年代，收藏和艺术品投资比其他所有投资都要可靠。藏品本身不但是商品,准确地说是特殊商品,兼具商品性和艺术性。虽然藏品价值难以准确估算(只有专家级人物才有资格确定其价格高低),并且缺乏有效市场(流动性小),从而很难被纳入到个人和家庭的正常投资组合中去。但实际上,收藏投资历来是整个投资领域中升值速度最快、回报率最高的项目之一。

放在历史长河中看,我国目前正在掀起继北宋末年的第一次收藏热、康乾时代的第二次收藏热、清末民初的第三次收藏热之后的第四次收藏热潮①,有越来越多的投资者正在像规划家庭财富一样规划收藏投资。也难怪,藏品本身就是一项金融性资产。

一方面,收藏投资的一大特点是藏品的真正价值难以确定。究其原因在于,藏品的真正价值应当参考它在实际生活中的角色以及最初的收藏原因,也就是说,这会影响整个投资结构。另一方面,大多数人当初在购买藏品时,不一定就会想到将来必须卖出,许多人是把它当作传家宝来看待的。但毫无疑问,藏品是一件金融性资产,一旦需要,确实可以被卖出,所以你必须知道它的确切价值。

有鉴于此,在从事收藏投资时要关注以下五大策略:

一是重实力,轻名气。知名度高低确实是衡量藏品价值的因素之一,但也不必陷入"知名度陷阱"而头脑发热。凡是依靠媒体炒作、上层接见、继承名号,或者江郎才尽、自吹自擂获得的知名度,水分都太大,很难确保名副其实。

二是重个体,轻群体。以收藏书画为例,绝不要以为"书法家""画家"们的作品就有收藏价值,现在自称拥有这些头衔的在我国至少有 30 万人,这还不包括别人给封的。要知道,艺术创作是一种个体劳动,任何标签都不能保证其作品质量,关键要靠你自己去发现。

三是重质量,轻数量。收藏应"宁缺毋滥",不捡艺术垃圾。只要真正有

---

① 这四次收藏热具有以下共同特点:一是从达官贵人到平民百姓均以收藏为乐;二是各种伪作(艺术品、工艺品)趁此鱼目混珠,以假乱真;三是文玩市场上古玩、书画交易频繁;四是研究成果不断推出,鉴赏水平不断提高。

质量,将来就一定会随着时间的推移越来越升值;如果没有质量,必将遭到时间的无情淘汰。

四是重长线,轻短利。最好的投资模式应当是,挑选那些因为研究的人不多而知名度不高,却有真正价值的藏品,这样一来其收藏成本就不会高。只要假以时日,等待价值被发现,获利一定会颇丰。

五是重功力,轻地域。由于地域文化的限制、审美观念的差异、交通条件的制约、活动空间范围所限,收藏投资具有地域性差别,常常会因为同样功力的不同藏品在不同地区价格悬殊,而实际上,这正是收藏投资的盈利商机。

战争年代

在战争年代,兵荒马乱时期,一件小小的收藏品和艺术品不但有可能价值连城,更会因为其私密性强、价值不为常人所识而成为最佳投资品。

举例说,有时候明明是一件古董或宝物放在面前,绝大多数人就是不识,并且还容易携带;只要能熬过战乱,碰到经济恢复时,价值发现马上就会呈现出来。

与之相比,黄金虽然价值昂贵,可是人人都知道它值钱,所以一旦你的藏金地被人发现,或许就会性命难保;而股票、证券、房产等资产则最容易被公开追查,动不动就可能有被没收、充公的危险。

以第二次世界大战期间的法国为例。研究表明,当时美术品的投资回报率要明显高于黄金、证券、地产、珠宝和国债。

画重点

私密性强,便于携带

▼战乱时期往往缺乏理想投资渠道,所以在物价飞涨背景下,将多余的钱购买藏品尤其是小型藏品,既可以隐藏财富,又能避税,还可以买到

好价钱，更便于携带和转移。将来一旦战乱过去、经济恢复，回报率会成倍增长。

▲藏品之所以会成为战乱时期最容易被忽略的投资品，突出体现在它的私密性强，谁都不知道这东西在谁手里，还有多少存世。除了圈内识货的人知道它的大抵价值，外人根本不了解，所以这种东西在圈内其实是很容易转手的。

榜样

他的藏品价值不可估量

刘益谦1963年出生于上海。读初二时，他就帮着舅舅做皮具生意，生意红火时还包给别人做，每天赚100元不在话下，这在当时可是绝对的高收入。

尝到甜头后，他初中毕业后就自己创业，先后从事过许多行业，开过家庭作坊，做过出租车司机，也开过百货商店，直到1991年掘得第一桶金。

那是1990年，“豫园商场”(今“豫园股份”，股票代码600655)股票上市，因为他拥有豫园商场城隍庙市场的铺面，所以对该公司有信心，以每股100元的价格购买了100股。由于当时上海股市只有8只股票(俗称“老八股”)，所以惜售气氛浓郁。而豫园商场因为当初在资产评估中没有把地处城隍庙黄金地段的土地价格计算在内，导致价值被严重低估，这样一来，1991年初消息传出后股价便几乎天天涨停，一直上涨到1992年5月的每股1万元(面值100元)。这时候他在最高点悉数抛出，获利99倍，净赚99万元。在当时“万元户”就是富豪的背景下，他可谓是“超级富豪”了。

2000年，刘益谦成立了上海新理益投资公司，注册资本8000万元，专门从事法人股投资。赚到巨额利润后，便开始从事一系列令人眼花缭乱的收藏投资。

2010年11月，他用3.08亿元的价格拍得王羲之的草书《平安帖》。2013年9月，在美国纽约富比士拍卖行以800万美元(约合人民币5037万元)的价格，拍得苏轼的《功甫帖》。2013年12月，他以1.69亿元的价格拍得明代画家吴彬的《十八应真图卷》。2014年4月，以2.81亿港元(约合人民币2.25亿元)刷新了中国瓷器的世界拍卖纪录。2014年11月，在香港拍得出价4500万美元(约合人民币2.76亿元)、已有600年历史的明代永乐御制红阎摩敌刺绣唐卡。2015年3月，他以1402.6万美元(约合人民币8690万元)的价格，拍下一件已有600多年历史的明代佛经。2015年4月，以1.14亿港元(约合人民币9103万元)拍得南宋时期的一只花瓶。2015年6月，以8050万元拍得清宫旧藏《宋人摹郭忠恕四猎骑图》。2015年11月，以1.7亿美元(约合人民币10.84亿元)的价格拍得莫迪利安尼的《侧卧的裸女》，从而使它成为世界第二高价艺术品。2016年4月，又以2.4亿港元买下张大千晚年的巨作《桃源图》。

就这样，刘益谦成了中国最著名的收藏家，其藏品价值无法估价。

面对他如此在国内外拍卖市场上的"土豪式"竞买方式，业界有人认为他更多地应归类于职业收藏而不是专业投资。并且，他的这些投资经验也并没能形成一套成熟的、值得被其他同行借鉴的艺术品收藏标准，所以无法进入投资教学案例；甚至有人认为他"有钱任性""只买贵的"。但这又从反面证明了他的投资理念，因为他资金实力雄厚，所以有条件购买拍卖图册封面精品(能上封面的拍品大体上总是最好的，就算没有专业知识也不会买错)；相反，其他收藏者却可能会因为资金所限，所以不得不更需要重视专业知识的积累。

回顾过去传奇的一生，刘益谦一共有过两次严重的投资失败：一是1990年代他在上海和新疆大肆收购股票认购证时，遇到认购证一夜之间变成废纸的事；二是在认购山东一家企业发行的内部职工股时，因为老板和财务总监发生矛盾，财务总监一气之下做假账报给证券监督管理委员会，从而导致他的投资也打了个水漂。[①]

有了这两次教训后，他在此后的投资和收藏中异常谨慎和理性，即使这笔新的投资完全失败，也无碍大局。也就是说，他总是在用投资的心态去把握投机机会。

针对一些企业家纷纷热衷于收藏投资的行为，他规劝说，如果你没有经济实力就不要去考虑这些不切实际的想法，一切都要脚踏实地。事实上，媒体上过去都只有他买进藏品的报道，罕有他卖出或转让的消息。唯一的一次是2011年的那次不情愿的拍卖，一出手便净赚3.5亿元。

话说1946年齐白石创作了“人生长寿，天下太平”这一最大尺幅的齐氏绘画及书法作品《松柏高立图·篆书四言联》，被美国私人藏家所藏。2005年，该藏家将《松柏高立图》投向国内市场，刘益谦立刻投入500万元买到手中。他知道，该画还有与之配套的《篆书四言联》，但不知是原藏家不清楚能卖钱呢还是不愿意割让，一直没有放出来，所以他就只能一直在那里静静地等待。2010年机会终于来了，《篆书四言联》一上拍就被刘益谦花费近1500万元入手。至此，他在齐白石的这一合璧作品上合计投入近2000万元。2011年5月，在嘉德拍卖公司再三要求下，他忍痛割爱，最终以4.255亿元的价格拍出，不仅刷新了中国近现代书画的最高交易记录，而且还使得这项收藏投资在短短一年间的回报率就超过20倍！[②]

由于刘益谦的收藏属于“只进不出”，所以很难分析和考证其资金使用成本和效率，但这也从一个侧面证明了他拥有充沛的现金流，无须急着变现。其他所有做不到这一点的投资者，当然就只好先注重学习专业知识、专心追求性价比了。

在2017年10月出台的“2017年胡润百富榜”上，刘益谦家族以430亿元的财富排名第43位。

---

① 冯善书:《刘益谦是职业收藏而不是专业投资?》，载《南方日报》，2015年11月16日。

② 《齐白石，从2000万到4.2亿的拍卖传奇》，载《新京报》，2011年5月26日。

第七章 “互联网+”

> **互联网与文字并列为人类有史以来最重要的两大发明，从根本上改变了人们的生活和生产方式。人类思维一旦插上互联网的翅膀，将会蜕变出无限种可能，层出不穷地推出新的创富方式。**

【网络为你创造无限可能】

互联网是无比神奇的东西，被誉为人类与文字同等重要的第二大发明。在互联网出现之前，商品买卖主要停留在肩挑手提阶段；可是在互联网出现后，网上购物开始风靡全球，足不出户便可以完成“购、销、运、赚”全过程。

毫不夸张地说，互联网几乎能给人类创造出无限可能，其中当然包括为普通中产阶级通向富豪之路打通了无数的“断头路”。

直接投资追求高收益

众所皆知，网上 P2P 投资的收益和风险要低于股票与基金这种波动收益型产品，却又要高于银行理财类产品。所以，如果你有闲钱存银行，那还不如直接投资 P2P 平台回报率高，一般可达前者的三五倍。虽然这不能确保你的实际购买力不下降，但在抵御通货膨胀方面的效果还是非常明显的。

所要注意的是，这些年来有关网上投资平台失信、关闭、跑路等负面新闻层出不穷，所以保持一份应有的警惕是必需的，但同时也不必因噎废食。选择平台时最主要的是要考察其平台是否正规、项目是否真实、操作是否合法，以及过去的承诺及信用如何。在这其中，最容易了解的是过去的承诺和信用状况。

在此基础上，要坚持“三要三不要”原则。

“三要”是指：一要投向大平台，尤其是项目到期兑付风险由保险公司承保的那些平台，在全国排名前三、前五位的。投资这样的平台，风险相对较小。二要投向主要做个人、小微企业借贷的平台。个人、小微企业的单笔借贷规模虽然并不大，但信誉相对更好；尤其是因为借贷规模小，所以他们的还贷能力更有保障。因此，这种平台到期无法兑付的可能性较小，你的投资相对安全。三要投向主要做小额、分散消费的信贷平台。因为小额消费、分散消费受宏观经济环境影响较小，甚至可以说经济越萧条、情绪越悲伤，越能刺激消费动力，与吃喝玩乐有关的行业生意会更好，这类平台的发展前景看好。

“三不要”是：一不要投给那些主要给大中型企业融资，动不动就发千万元级别大额项目的平台，尤其是投向造纸、钢铁、光伏产业等夕阳行业以及共享单车等过于新潮行业的那种平台。这些行业贷款回收的不确定性大，容易引起大规模逾期或跑路，从而给你造成损失。二不要投给涉及艺术品、收藏品、珠宝、虚拟货币等泡沫资产的平台。从历史经验看，一旦经济向下，这种泡沫很快就会破灭。三不要投给那些做股票配资的平台。这些平台用投资人的资金去做股票配资业务，并且杠杆很高，一旦爆仓，将会几何级放大资金风险，给投资者造成损失。

据中国互联网信息中心发布的第41次《中国互联网络发展状况统计报告》显示，截至2017年12月，我国购买互联网理财产品的网民规模已经高达1.29亿人，同比增长30.2%。这表明，我国在线理财用户资金正在从银行、基金等传统金融机构向互联网理财平台加速分流。尤其是移动支付用户规模高达5.31亿人，使用率达到68.8%(其中手机支付用户规模达到5.27亿人，使用比例高达70%)[①]，已经充分证明在互联网上直接投资已成广大中产阶级的普遍选择。

一技之长让你衣食无忧

可以说，绝大多数中产阶级都有一技之长或多技多长。这些零星、小众化或乏善可陈的技能乍一看微不足道，可是如果能借助互联网把碎片拼成整体，就会将许多不可能变成现实。

举例说，我有一位邻居，夫妻俩都是普通工人，拿的是社会平均工资，代表了广大吃不饱也饿不死的工薪阶层。但这丈夫有一手烧菜的拿手好戏，平时就喜欢钻研，尤其是糖醋鳜鱼、红烧猪爪、酸菜鱼头汤、黑鱼汤等等，那味道是烧得一个人人叫绝。于是，两人便开始在各自的朋友圈里发布提供外卖的消息。

生意突然就一下子来了。今天有人订购几份，明天烧好后就按时送上门去。并且，两人是真正把这当作一项事业来做，规规矩矩，认认真真。由于菜的味道好，分量足，价格也公道；尤其是食材新鲜，用的全都是家庭菜功夫，所以影响越来越大，不得不适当提高些价格。可是这样还是不行，顾客依然络绎不绝，所以他们只好回绝掉部分生意；可是这样一来更不行，这种在别人眼里的饥饿营销吊足了顾客胃口。于是他们将原来的送货上门，改成上门自取，好在都是住得不远的街坊邻居，可是这样又出现了排队索取长龙，在周围邻居中印象不好。见此情形，夫妻俩干脆双双辞职，把自己的生意加入网上外卖，一心一意做大起来。

他们原来在兼职时，每天的净利润就有上千元，已经大大超过工资收入。而现在领了个执照、专门请了几名帮工后，去掉各种开销费用，两人的年收入有近百万元之巨。不但是原来上班收入的10倍，而且在不知不觉间

① 《购买互联网理财网民达1.29亿》，载《金融投资报》，2018年2月24日。

就进入了“邻居家的百万富翁”行列。

烧家常菜这样的厨艺看起来并没有什么了不起，但一旦和互联网挂钩，生意就会呈爆炸式增长。这项就业对他们来说既没有文凭要求，也没有年龄限制，更没有身高、长相方面的规定，唯一的要求便是厨艺、质量和信誉。只要价格公道，食材考究，清洁卫生，味道讨人喜欢，市场容量可以说无限之大。

走投无路时不妨转战网上试试

过去没有互联网时，工薪阶层最怕的是企业不景气或下岗失业，因为这将意味着生活水平的降低，甚至完全揭不开锅。而现在好了，有了互联网，这便有可能让你坏事变好事，从半死不活的工薪阶层一步跨入富豪阶层也说不定。

2012 年末，澳大利亚人克雷格·埃利斯(Craig Ellis)和艾琳·迪尔岭(Erin Deering)这对情侣在香港从事设计工作失败后，处于破产状态，不得不搬到了非洲国家摩洛哥。

走投无路之际，他们尝试着走上了一条“互联网＋”创业之路。他们向朋友借了 2 万美元，结合自己服装设计的特长，开辟了一条泳装产品线，专门生产零售价 100 美元以下的比基尼，并由此创立了直销品牌 Triangl。

他们的产品全部采用潜水布料 Neoprene 制作。这种材料细腻且富有弹性，并且不易变形，设计感爆棚，荧光色也会让时尚潮人们愿意穿着它去海边玩耍。

这些产品定价全都为 79 或 89 美元。这主要是基于他们过去的经验，认为大家在这个价位上很难买到自己喜欢的产品，所以想填补这个市场空白。

为了商业模式简单化，他们的产品仅限于在其官网销售，不但没有实体店，也不搞批发，甚至至今依然是这样的想法。而正是这种“互联网＋”模式，让他们的生意得到快速发展，生产周期被限制在 7 天以内，所以能够常出常新。

该平台目前拥有260万名粉丝，其中不乏澳大利亚健身女神Kayla Itsines这样的大牌模特和明星。2014年，该品牌销售额高达2500万美元，2015年的目标更是直指6000万美元、100万件。

现在，他们两人已经订婚了。虽然Triangl的品牌名气似乎还不够大，但是却已经成为当今全球最大的互联网泳衣品牌。这怎么说也算是一种成功了，不仅是财富的成功，更是事业的成功，而这是两三年前连他们自己都不敢想的事。[①]

画重点

插上互联网翅膀

▼互联网给每个人创造了无限种可能。在互联网面前，你不用抱怨没有合适的机会，更应该掂量的是自己有没有一技之长尤其是独特的创造力。只要你具有互联网思维，那么就会从中找到许多“乌鸡变凤凰”的机会。

▲利用互联网摆脱平庸的命运，关键是要从自身特点出发，敏锐地发现周边还有哪些不如人意的地方，从中找到突破口。把自己的长处和市场的短处无缝拼接起来，插上创意创新的翅膀，就可能会闪出财富亮点。

【网上没有难做的生意】

马云当年在创建阿里巴巴时提出了“让天下没有难做的生意”的经营理念，事实上，自从有了互联网，许多生意确实变得容易多了。

---

① 蒋晶津：《借款2万美元创业，破产情侣两年打造全球最大互联网泳装品牌》，载《华丽志》，2015年7月21日。

哪些人适合网上开店

之所以说网上没有难做的生意，是因为几乎所有人都适合网上开店，可以是专职的，也可以是业余的。但显而易见，要想提高成功率，以下三种对象更适合：

一是白手起家的创业者，如在校学生、失业人员、自由职业者、自产自销者等。他们拥有足够多的时间可供支配，资金实力可能不强，但恰好网上开店并不需要太多的资金就可以启动，两者可谓一拍即合。

二是小有成就的人，如少数在职人员、企业老板等。他们拥有自己的工作和事业，网上开店只是当作一份兴趣、爱好在做，所以这既是经营行为，也是业余生活。在职人员主要是为了锻炼经商头脑和才干，密切与社会接触；企业老板主要是为了扩大企业知名度、拓宽销售渠道，增加企业的对外宣传窗口。

三是有个性、有独特想法的人，如收藏爱好者、眼光独到者、有特殊进货渠道的人。这些人更适合利用网络来牵线搭桥、沟通信息，同时又因为他们的产品和想法独特，所以在丰富网上销售的同时，有助于创造奇高的销售利润率。

网上开店卖什么

网上开店以经营商品为主，提供某种特定服务为辅。具体到经营商品的种类是大有讲究的，品种选择得好，顾客会纷至沓来；选择得不好，则会门可罗雀。在这方面，主要是从以下七个方面入手：

一是热销商品。如珠宝类中的新宠水晶、个性化翡翠吊坠、银器、玉器等，礼品类中的象征身份和个性突出的 Zippo、实用类床上用品等，电子类中的新颖数码产品、二手笔记本电脑等，手机类中的能够展现个性、具有最新功能的新颖手机等，成人用品类(主要优势在于避免去实体店购买的尴尬），服饰类中的牛仔裤等，收藏类中的个性化强、符合眼下收藏热点的商品，运动类中的健身球、瑜伽垫等，房产类中的房屋中介商铺等。这些热销商品本身就代表着眼下的市场潮流，可以为你网上开店提供导向参考。

二是稀缺性商品。网上开店不可能求多求全，否则很难形成特色和优势。既然如此，就要从稀缺性出发，尤其是可以挑选一些地域性强的商品，特别是新产品，这样会更容易形成优势。从别人的实体店中挑选部分精品、畅销品、稀缺品放到网上去卖，开成“专卖店”和“精品店”，效果也很好。

三是从自己的兴趣和能力出发。因为这表明你对这方面比较熟悉和擅长，这本身就是一种优势，更容易取得成功。你千万不要小看网上有些商品实体店中也有得买，好像不稀奇，但如果这是店主的个人兴趣和特长所在，就会比别人做得更好。

四是从目标顾客的需求出发。不同的商品和服务有不同的目标顾客，给你的目标顾客选择合适的商品、提供需要的服务，就做到了有的放矢。

五是从商品的自然属性出发。网上开店必然需要考虑到将来的商品运输问题，例如价值大、体积大的商品快递费用也高，如果这费用由你来承担就可能会无钱可赚，如果要转嫁给顾客则会降低他们的购买欲望，这些都是你要考虑的。

六是从网络上的“第三产业”入手。这是指网上开店主要不是卖商品，而是提供某种个性化服务，如物流服务中介信息、为开网店的人提供网站设计、为物流运输提供配载信息服务等。

七是从自己的工作时间安排出发。许多人上班无所事事，又不能离开办公室，除了玩玩电脑游戏外，空闲得很。而这时候就可以用来网上开店，确切地说是网上兼职。例如，喜欢玩游戏的可以玩游戏，其实也不用玩啦，只要挂在网上修炼就能得到不少分，最终可以换取人民币；不喜欢玩游戏的可以动动鼠标、挂挂广告条或者看看广告邮件用来赚钱；还有许多网站，只要你介绍会员入会就能赚钱。许多人由此兼职得到的收入比自己的工资收入还高，等于是自己给自己涨了一倍工资呢！

网上开店从哪里进货

网上开店的进货渠道多种多样，但不同的进货渠道直接关系到商品的品牌、质量、价格、服务和回报率高低。这方面主要注意以下七点：

一是寻找适合网上销售的商品，主要是那些体积小、附加值高、具有独特性和时尚性、传统实体店没有或很少、适合网站浏览激发购买欲、价格合理的商品。

二是寻找能够获得批发商支持的商品，包括价格、数量方面的优惠以及品种方面的支持。第一次进货数量要多(一般每样有五件才能周转得过来)，既让对方觉得你有实力，同时也能享受最低价格折扣；以后补货次数要多，但每次的补货量可以少一点，这样会让对方觉得你周转很快，并会主动降低补货价格。更重要的是，他会把你当作重要客户，以后有什么新品上市或政策调整什么的会主动通知你。

三是寻找你擅长并熟悉的商品。例如，如果你热爱手工制作和手绘刺绣，就可以开一家 DIY 店铺，这种特色店铺在网上很受欢迎；再加上你态度热情、善于解答各种问题，慢慢地就会吸引到一批忠实顾客。

四是寻找进货成本低的商品。这些商品主要出现在以下环节，如生产厂家、大型批发市场、大批发商、刚刚起步的批发商、外贸公司和贴牌产品、库存积压和清仓处理产品。尤其是外贸贴牌和清仓处理，只要你有好的谈判技巧，价格可至最低。

五是寻找独家销售的产品。这不但因为物以稀为贵，而且事实上会形成垄断局面，别人要的东西其他地方找不到，价格基本上就是你说了算，从中也容易看出网上经营差异化竞争策略的重要性来。

六是寻找地域性强的产品。也就是说，这种商品只有你这个地方有，其他地方没有。这样，巨大的地区差在付出一笔不大的快递费用后，盈利会十分可观。更重要的是，具有地理标志的产品会让人信赖，有助于你打开市场。

七是寻找有顾客主动向你打听的产品。实际上，这种打听就表明该商品拥有现实需求，如果恰好符合你的经营理念，就可以少量地进货或代销，等条件成熟时再提高进货量。

网上开店风险在哪里

任何投资都有风险，网上开店也不例外。在这里，主要注意以下六个方面：

一是寻找货源时容易遇到骗子。虽然实体店进货也会受骗，但在网上进货时由于主要依靠网络信息，所以这种受骗的可能性更大。所以，当出现以下情况时你就要特别警惕了，甚至考虑是不是要放弃进货：对方没有经营资质，或在工商局网站上查不到；没有留下固定地址、固定电话，或查证不实；没有明确的约束机制；有不良信用记录；价格低得不敢相信；最近一段时间没有成交记录或发货记录；不愿意提供货到付款服务；拒绝当地朋友上门取货；不敢告诉你怎样鉴别商品真假；货款只能汇给个人账户；等等。

二是网店流量太小。也就是说，虽然你在网上开了店，可是却没什么顾客光临。纠正办法有：增加在线时间（服务时间）；坚持每天写淘宝日记，每天发帖、回帖，吸引顾客逗留；每天都有到期商品，以便你的商品能排在搜索页最前面而引人关注；坚持申请推荐位；在每天上网人数最多的时候上货，如中午 12 至 13 点，晚上 8 至 10 点；多与同行交流、学习、探讨；在各种网页、论坛、邮件、聊天软件中提供网店链接；经常通过电子邮件向顾客发送商品信息。

三是没能抓住目标顾客群。这主要是指你的商品信息缺乏特色，或没能提供最完整的照片信息，所以导致目标顾客不集中或不能再次光顾，

四是定价不当。主要体现在不是定价太高、无人光顾，就是定价太低、无钱可赚，经常改变价格并降价，或者不同档次的商品没有拉开应有的价格距离。

五是没有经营魄力。主要体现在靠天吃饭、不敢做宣传，总是幼稚地以

为仅仅把商品目录登录到网站上就行，结果导致门可罗雀。

六是快递费用过高。虽然快递费用是顾客承担的，但顾客是会货比三家的。如果你不能为顾客节省快递费用，就可能会导致顾客因此放弃在你这里购物。

画重点

别出心裁更容易成功

▼虽说网上没有难做的生意，但在全国上千万网上开店者中既有成功者的喜悦，也有失败者的酸楚，值得你研究和总结。“二八定律”在这里同样存在，也就是说，并不是所有人都适合网上开店，更不是谁都能从中取得成功。

▲日本有家网店销售的鸡蛋价格奇高，可生意照样很红火。网店用探头直播养鸡场，顾客可以看着鸡下蛋而下订单。清洁的环境、营养丰富的一日三餐、眼睛看着母鸡下蛋更新鲜，自然就会觉得这是一枚优质鸡蛋，价格高一点也能接受。

【就地取材，扬长避短】

前面提到，网上销售要想做出特色、做出优势来，最好是就地取材，这样更能扬长避短。因为每个人所处环境不同，所以这方面大有文章可做。

城里套路深，我就回农村

1978 年，王志强出生在山西省临县农村。因为他平时热心助人，常常为人提供一些“小小的帮助”，所以人称“王小帮”。

1999 年他结婚成家，第二年就和媳妇带着 3000 元钱去北京打工了。

在北京的6年里，两人什么活都干过，吃了不少苦，终于明白“自己不适合在城里混”，于是在2006年春节又一起回到了老家。

回家时，他带去了一台4900元买的电脑，这在乡下可是个新鲜事。偶然的一次，他看到一本旧书上在介绍网上开店，他在城里时也听说过电子商务如何便利，于是安装了宽带，并在2007年11月用“王小帮”的称呼注册了淘宝店铺。

网上开店，他原本只是想把自己以前看过的旧书在网上转让出去，可是卖着卖着就发现，当地有许多土特产其实也是可以通过这个途径卖出去的。过去的经历告诉他，城里人吃东西讲究安全和品质，而当地有的就是无公害食品。于是，他把这些农副土特产全都搬上了网，并且还成了平遥冠云牛肉的网络代销户。

2008年8月，他的淘宝店正式开业。2009年2月，他参加了淘宝网举办的网络创业先锋大赛，发了一篇“电脑、相机、铁驴子、山货，一根网线串起来，我就是网商”的帖子，图文并茂地介绍自己的打拼经历和心路历程。出人意料的是，该作品被登在了网站首页上，迅速传遍各大论坛，不知不觉间他便成了网络红人。尤其是2014年9月19日，他和其他7位阿里巴巴客户一起在纽约证券交易所敲响阿里巴巴在美国上市的钟声，这样一来店铺生意更比过去好了不少。

现在，他的店铺除了他们夫妻两人之外还聘请了7名员工，其中有5人是专门负责打包发快递的，可想而知生意有多好！[①]

网络村官，合作刷墙做广告

1999年，胡伟在大学毕业后通过创办IT公司捞到了第一桶金。接下来，他想：“我能用这第一桶金干什么呢？”当时的农村，互联网市场还几乎是

---

① 李涓：《阿里巴巴上市，山西农民电商王小帮火了》，载《三晋都市报》，2014年9月22日。

空白，但他坚信互联网趋势迟早会从城市席卷农村，只要抢先一步，就会从中分到一杯羹。

他从高校《校友通讯录》中得到启发，认为如果能在网上以村为单位也搞一个“乡村版”“校友录”，让农民们能够针对本村的大小事项进行交流，便能从这种闲聊中获取信息、找到商机。

可是，当他把这些想法带回农村后，农民们对此不屑一顾，认为这种网上聊天还不如在田间地头交流来得方便。也难怪，他们中的绝大部分人根本就不知道什么是网络，还要开电脑，还要有网络，还要学会打字，麻烦多多。

吸取这一教训后，他把目标瞄准熟悉网络的大学生和外出务工人员，很快地就建起了一个国内最大的农村门户网站“村村乐”，注册用户超过 800 万人，分布在全国 60 多万个村庄。

有了这样的群众基础，胡伟开始打造“网络村官”管理模式：每个村确定一个人来管理该村的上网用户，同时承接“村村乐”提供的刷墙、拉横幅等任务；考虑到口碑和组织能力，这些网络村官会优先从村主任和大学生中选拔。说穿了，这样做就是要让农民们利用对同村人的信任来消除网络上的隔阂。

很快地，“村村乐”就覆盖到全国 80％的村庄，网络村官人数扩大到 20 万。

接下来，他根据农村特点，大规模地开展“刷墙”活动——帮助企业将口号、标语等刷在农村户外墙面上来提升企业形象。这在农村是最简单、最直接的宣传方式，与电商巨头亲自下乡操作相比成本要低得多，更避免了村民们的阻拦和反对。

例如，苏宁电器希望能在全国 1000 多家苏宁易购服务站辐射到的周边村庄看到自己的广告，于是胡伟便以“村村乐”平台数据为依托，从中找出这些村庄和网络村官，按照每平方米 25 元的报酬进行合作，结果便出现了一种“三方共赢”的局面——对于苏宁电器来说，可以瞬间将品牌下沉到全国 3 万多个农村市场；对于村民来说，平白无故地就能从中获得一笔钱；而对于“村村乐”来说，则能获得一笔不菲的佣金。所以，很快地京东商城、阿里巴巴等也加入进来成了胡伟的客户。

就这样，“村村乐”的年收益居然高达几千万元；而在风险投资眼里，其品牌价值已经超过10亿元。[①]

文凭不高，网上创业天地宽

现在的城里，稍微像样一点的岗位招聘都要本科以上学历，而这就给文凭稍低的大中专毕业生就业造成了种种阻碍。幸亏，网上创业没有这样的门槛，只要你脑筋动得快，就完全不用仰仗别人鼻息，而且可以活得有滋有味。

1989年，耿巍出生于江苏省沭阳县。2009年，他中专毕业后投入500元在淘宝网上开了家服装店。因为离县城较远，每次发货都要骑车送去县城，所以两个月后他向哥哥借了5000元在县城租了间房，把网店开到了县城里。

为了扩大销售，他专门招聘20多名员工，自己则腾出精力来负责进货和发货。这样，仅仅3个月过去后，他的团队就将网店冲到了5星级皇冠，每天都有四五万元销售额，并且业务非常稳定。

正好这时候，天猫商城上线了。他果断决定放弃淘宝网上已经成熟的服装生意，改在天猫商城卖袜子。这一决定遭到所有员工反对，可是耿巍的想法是，作为第一批在天猫商城入驻的“创业元老”，极有可能喝到味道鲜美的头道汤。

为了稳定大家的情绪，他承诺给他3个月时间，在此期间无论经营业绩怎么样，大家的工资奖金一分不少。于是，其他人便将信将疑地跟着他继续干下去。

当时是2009年11月，他在网上恰好看到一条消息，说美尔挺企业破产

---

① 吴嘉雯：《村村乐，有几把刷子》，载《商界》，2015年6月11日。

了。于是他立刻飞到广州，用60万元把该品牌买了下来。然后，又到浙江找到一家质量过硬的袜厂，让这家厂给他代工生产美尔挺品牌的瘦腿袜、美腿袜。

就这样，美尔挺品牌在耿巍的手中起死回生并日渐壮大，每天的销售量从一开始的几千到几万，几个星期过去后日销售额就超过他过去的服装销售额。数据表明，2013年他在天猫商城一家旗舰店的美尔挺瘦腿袜销售额就近5000万元；加上其他网店，当年他的瘦腿袜生意居然做到1.5亿元，在天猫商城排名第一。

而他的这一招，也救活了浙江的那家袜厂。现在，该厂全年的袜子总产量中有2/3是通过他网店销售出去的；而他则拥有该袜厂30％的股份。[①]

画重点

十步之内必有芳草

▼思路一变天地宽。王小帮的创业成功完全没有依靠创业环境，而耿巍的成功则与他所处良好的创业环境分不开。这充分表明一点：十步之内必有芳草，关键是事在人为。只要你从自己做起，从身边做起，扬长避短，就会奠定成功基础。

▲“互联网＋”行动计划的概念自从2015年3月出现在《政府工作报告》中之后，便热得发烫。“互联网＋”与“＋互联网”不同，前者强调的是要融入互联网思维，即融合、分享、改造和提升，而不仅仅是把互联网当作一种工具来对待。

【最重要的是用户体验】

互联网上隔着冷冰冰的电脑和无声的网络，每个人都渴望热情的呼唤

① 杨亦文：《苗木生意火爆，沭阳流行开网店》，载《现代快报》，2015年5月25日。

和交流。所以,"互联网+"创业,无论你"+"什么,最重要的都是用户体验,用户体验优于盈利。通俗地说就是,你把用户"侍候舒服"了,就不愁没生意,不愁没钱赚。

做到极致必有钱赚

2005年,22岁的姚宗场大学毕业后创办贝恩广告公司,赚了200万元;2009年,他成立了专门针对学生的P2P借贷平台"哈哈贷",却把这200万元全都赔了进去。第三次创业时已是2012年,他决心要弥补过去的弱点、更加注重用户体验,于是建立了在线洗衣网站"泰笛洗涤",并一举成功。

在决定做泰笛洗涤时,他实际上已身无分文。因为找不到人来做网站,所以只好自己对着视频边学边干,3个月下来搞出了网站的最早版本,遇到下单人数多的时候系统会自动崩溃,但即使如此,他还是咬紧牙关硬撑着坚持到了2014年。

2014年7月,泰笛洗涤从风险投资那里拿到1000万元人民币的A轮融资。有了钱,他马上用来增加仓库、研发APP,然后从上海去北京、南京等地铺渠道,其间还有不少小插曲,这里就按下不表了。2014年11月,泰笛洗涤再次获得红杉资本领投的千万美元级B轮融资。

姚宗场的体会是,"互联网+"最关键的是两点:一是做到极致,二是动作快。前者是因为大公司规模大,不可能在每个领域都做到最好,而这就会给小企业留下机会。例如在洗涤领域,只有他们能做到上门取单,其他公司就做不到,这就是优势。后者是因为,高效率才能赢得客户敬佩。他在当初设计永和豆浆的logo时,4个人一个晚上就做了十几遍创意稿,才最终拿下这个项目。为此,他还在夏天把公司员工派出去参加军训,目的就是要锻炼刻苦耐劳精神。[①]

泰笛洗涤所做的,主要是靠近用户端的上门取衣、送衣一环,并且采用

---

① 《泰笛洗涤创始人:三次创业的得与失》,动点科技网,2014年11月10日。

24小时服务、五星级酒店洗涤标准，洗好后付款。配送员接到订单后便会上门取衣，送到仓库；然后由干线配送员统一将衣物送到洗涤工厂。后方的洗涤等环节一律交给供应商做，他们只负责制定标准和提出要求。

为了进一步降低客户服务成本、让下单更简单，泰笛洗涤2014年10月起还砍掉了APP之外的所有下单渠道，如400电话、PC网页和微信等。[①]

泰笛洗涤经营两年后，便在上海拥有60人的配送团队和25个中转仓库，每日订单约2000单，人均每天配送约40单。接下来，他们便进入北京和南京市场。按照姚宗场的设想，以后配送团队将会扩展到送餐、维修等领域，但依然不会考虑建立自己的洗涤工厂。

创造，卖掉，再创造

美国人查德·赫利从小迷恋艺术设计，上高中时又迷上了电脑和电子媒体。1999年宾夕法尼亚大学毕业后，进入硅谷著名的电子支付公司PayPal负责logo设计。

当时，PayPal才成立不久，他在那里遇到了两位年纪相仿且志同道合的同事陈士骏和贾德·卡林姆。于是，3人一起创办了后来全球规模最大的免费视频网站YouTube，赫利任首席执行官。他们最初的设想是，希望能建立一家网站，让人们非常容易地观看、分享和评论视频，为此就必须从顾客角度出发，来考虑有怎样的网站品牌、布局、播放键、分享键，以及如何与视频产生互动。

经过一系列准备工作后，YouTube于2005年2月正式上线，它以前所未有的方式改变了人们的休闲生活习惯。2006年11月，它以16.5亿美元的价格卖给谷歌公司，成为其旗下子公司；同月，被美国《时代》杂志评为当年“年度最佳发明冠军”。

---

① 吴倩男：《泰笛洗涤：两年只做上海一个市场，4个月获两轮融资》，凤凰网，2014年12月30日。

2012 年该网站全年净收入高达 24 亿美元，2015 年 6 月时每天在线观看视频的用户超过 10 亿人次，占全球上网人数的 1/3。2015 年 2 月，它还直播了中国中央电视台的春节联播晚会。2017 年 6 月，该网站在《2017 年 BrandZ 最具价值全球品牌 100 强》排行榜中名列第 65 位。

YouTube 的巨大成功，离不开以下几招撒手锏：一是它找到了当时全球市场的一个空白点，即能够简单分享视频的网站；二是创始团队目标十分明确，他们原来在 PayPal 时就有过用户至上的产品设计经验，所以在创办 YouTube 时只要采用拿来主义就行，通过网络支付将会变得很简单；三是找到了正确的技术，可以让视频无缝链接到网页，这可是一项重大的技术进步；四是一切为用户着想，并没有硬性规定用户必须下载自己的播放软件，这一点颇受人欢迎；五是开发出了一种能够自动检测版权的工具，所以不用再受知识产权问题的困扰。[①]

半年后，赫利的弟弟布伦特在获得大学金融和哲学双学位后毕业了，于是赫利聘请他为公司第一位全职雇员，担任财务兼运营总监。他为公司找到了第一笔天使投资，即来自红杉资本的 350 万美元。

于是，几位创始人便有条件从地下室搬到地面上来办公了。短短几年过去后，公司就迅速发展成为全球性的一家免费视频图书馆。从此以后，几位创始人也分别过上了新的生活。布伦特去哈佛大学读 MBA 了；卡林姆于 2008 年成立了一家投资公司，专门帮助大学生创业；赫利和陈士骏 2011 年一起成立了 Avos 创业孵化器公司，算是依然在这个行业内。

Avos 成立后，赫利一直专注于开发社交视频 MixBit 应用软件；而陈士骏则对其他项目更感兴趣，于是两人发生了分歧，这对在一起工作了 15 年的好伙伴终于在 2013 年夏天因项目未来定位不同而分道扬镳，但友谊尚存。

两人分开后，赫利果然把 Avos 变成了 MixBit。为什么呢？因为在他

---

① 宋元元：《YouTube 创始人查德 · 赫利："互联网创业就是创造、卖掉、再创造"》，载《环球人物》，2015 年 5 月 19 日。

看来，当时的用户手机里有很多照片和视频，但只能自己看；如果能开发一种具有自动剪辑功能的产品，可以自行剪辑，就能把这些照片和视频处理后上传，不但可以发挥个人的聪明才智，而且不会有版权纠纷。

这就是赫利的初衷，他也正是这样一路走过来的。虽然目前 MixBit 还没有盈利，可是赫利充满自信。在他看来，产品只要能赢得用户喜欢，并且每天都有使用它的习惯，盈利只是迟早的事。

“互联网+”的思路就应该这样，把它做好以后卖给风险投资公司，自己再去创造其他新的产品。

画重点

用户体验优于盈利

▼“互联网+”要想取得成功，前期一定要有必需的知识储备。这就好比你要下海游泳一样，必须先懂得基本水性，并且要会游泳。

▲赫利用自己的成功经历告诉创业者，“互联网+”不用担心盈利前景，最关键的是用户体验要好。只要用户体验足够好，并且你又能专注于创造这样的好产品、好体验，将来你就总有一天可以卖掉它，把它变成钱。

【语不惊人死不休】

互联网是个大世界，要在这芸芸众生中脱颖而出、引人瞩目很不容易，但这又是必需的。为此，就需要在网页设计、宣传、文字表达上别出心裁。

一鸣惊人“叫个鸭子”

“鸭子”在汉语中具有某种特定含义，所以，一般人都会竭力避免这一称呼，更不敢用它来作为产品或公司字号。也正因如此，如果有谁这样做，就必定会因为引人瞩目而打响品牌。

2014年3月，“80后”曲博在和小伙伴们一起利用互联网做烤鸭生意时，为了能尽快打开市场，就采取了两步走方针：一是给公司取了个毫无节操的名字叫“叫个鸭子”，这样，所有人一听便能记住；二是免费品尝，广为传播。他们做了100份产品送给互联网、媒体圈的朋友，通过他们的手和口，影响一下子就扩大开来。

当年5月份试运行，到7月份时公司估值就已经高达5000万元。8月12日，公司微信上的个人用户好友超过5000人，回单率高达60%，每天的订单量超过100人。因为当时的外卖送餐还未成气候，所以这种做法一推出便深受欢迎。如果按照单飞套145元、双飞套288元计算，每天的营业收入约有2万元。

值得一提的是，“叫个鸭子”在公司刚刚成立4个月时，就获得了五位创业大佬个人投入的600万元天使投资，这是一件非常值得骄傲的事；而殊不知，这却是他们在众多天使投资中故意选择的数额最少的投资。

因为在他们看来，一方面是，选择投资人时要注重投资团队会给平台带来多大的收益，而不是具体金额多少；另一方面，这600万元已经够他们一年半的运营费用了，太多了也没用。他们很清楚，天使投资之所以把钱投给他们，绝不可能是因为他们的鸭子味道好，更重要的是在于他们的品牌运营创新和活力，以及互联网思维的自传播性。

在互联网上运营了半年之后的2014年10月，叫个鸭子第一家自提门店便在北京开业。然后按照计划，2015年内在北京开设四五家这样的门店，每家门店下面会有三四个配送点；同时，积极研发各种鸭零件并准备塑封包装的售卖。[①]

一开始取名“叫个鸭子”，是为了尽快打响品牌；可是等到规模发展壮大

① Astoday：《昔日百度社区运营经验，今朝用来“叫个鸭子”》，虎嗅网，2014年10月26日。

后，就要着力撇清与“鸭子”有关的风险和负面印象了。

经过艰苦努力，他们在2017年末拿到了原国家工商行政管理总局的注册商标，在申请的43类商标中特地去除了旅馆及酒吧行业，只保留餐饮项目；同时，把公司的品牌口号也从过去的“生活就该有点幻想”改成了“让你的餐桌多道菜”。

网红本身就是话题

自称“9岁起博览群书，20岁达到顶峰，智商前300年、后300年无人能及”的罗玉凤，因言论大胆和敢作敢为在网上走红，人称“凤姐”。

2015年4月，在美国打工的她发微博说，希望能够通过正在掀起的“互联网+”热潮，融资千万元，进入美容行业，呼吁有人能帮她一把。她的原文是这样的：“总理鼓励全民创业。我觉得他说得有道理，只要努力你就是老板！我有一个美容创业项目，目标融资1000万，希望大家有兴趣。”

据她透露，这一美容创业项目运作分两步走：先是建立美妆网站，在网上展示美容教学视频；接下来，就是提供线下美容服务预约和美妆，通过O2O模式，为消费者就近提供美容服务。这样，消费者足不出户就可以学到国外最先进的时尚潮流，同时又能在家中坐享上门美容服务。

应该说，这样的美容模式十分有新意。但显而易见，如果这一设想由其他普通人提出来很可能会石沉大海；可是凤姐不一样，因为她是网红，一言一行随时都有人关注。所以，消息传出后立刻成为一条爆炸性新闻。许多人先是一怔，然后便是习惯性思维，讥笑她这是又一次炒作。有人认为，她别说融资1000万了，能融到100万就很了不起；有人正话反说，认为“当初看长相错过了马云，现在不能再错过了凤姐，‘必须’投资”。更有甚者认为，即使凤姐能够融资到千万元，也必定会打水漂：就冲凤姐这模样、这身段，又有哪个美容院能接受呢![1]

但显而易见,“互联网+”创业几乎没有门槛,别人可以,凤姐当然也可以。更何况“人不可貌相”,用有色眼镜看人,古今中外的教训还少吗!凤姐这几年在美国一直在一家普通小店做美甲师,你既可以认为这是她没有一技之长在混饭吃,同样也可以解读为是在亲自考察美容行业,有谁能说得准呢!所以,凤姐创业不但同样可能取得成功,甚至会比别人更成功;因为好歹她也是一位“在全球有一定知名度”的人物,微博粉丝超过400万,这本身就是一种许多人望尘莫及的优势。

更不用说,单看凤姐对投资人的要求,说实话,还真的不低:她要求投资人要像“男朋友”一样,不仅“有钱”(资金充裕)、有人脉,还要“体贴”“性格好”,能够耐心地、全身心地一步步指导她如何创业。

果不其然,消息传出后,短短两三天内就有20多家机构和个人表达了投资意向,可谓应者甚众。[2] 这样的融资效应,连一些大企业都自愧不如。

老掉牙的套路会引人反感

这方面最典型的是,这些年来为了能在网上引起关注,许多促销常常会打产品滞销的“悲情牌”,尤其是各种农产品。无论是卖苹果、茶叶、菠萝、柠檬、笋,还是其他,都会大力宣传当地该产品是如何大量滞销、交通是如何闭塞、果农是如何“心急如焚”“欲哭无泪”等等。甚至还会搬出家人“突发重病”“急需用钱”等理由。更有意思的是,不管销售什么产品,都会用同一个人的照片作肖像宣传,以至于该人也被人称为“滞销大爷”。

不管这种故事是真是假(事实上很难核实真假),一两次还让人觉得新鲜、有意思,会吸引顾客主动掏钱包;但看到的次数多了之后,就会让人突然有一种上当受骗了的感觉,以至于“宁可信其无,也不肯信其有”。在这其

① 《凤姐融资千万创业打水漂,背后捣乱者曝光是她最亲的人?》,人民网重庆视窗,2015年4月24日。

② 《凤姐创业美容O2O,融资千万找“男友”》,搜狐财经,2015年5月25日。

中，虽然有被冤枉的主，但怪只怪前面那些以“摆拍”方式以及其他不正当手段，骗取乡镇政府盖章的非法行为，来博取同情，是“一粒老鼠屎，坏了一锅粥”。[①]

拓展市场当然需要有点噱头，可是仅仅靠噱头是长久不了的。归根到底，还是要看质量、价格和服务，这才是消费者愿意掏钱的基础，这同样也是“互联网+”创业真正需要下功夫的地方。

画重点

成功的道路都是相似的

▼公司和产品能不能迅速打开市场，与品牌名称有关。“叫个鸭子”五位天使投资人中的华谊总裁王中磊就说：“每天有很多人鼓动我投资，我听了后都觉得特无趣，直到有一天听到‘叫个鸭子’，我就在那哈哈大笑……”，原因就在这里。

▲凤姐准备涉足“互联网+美容”的消息一经传出便应者甚众，这当然有红人效应。但同时也要承认，她很清楚如何才能发挥自身优势。她去美国后一直在纽约的一家小店做美甲师，便可以理解为她在为自己今后创业经历一种必要的历练。

【把生意做到全球去】

把生意做到全球去，这在我国早已不是一件难事；可是在互联网上，这就更加轻而易举了。你只要成为跨境电子商务（简称“跨境电商”）的一员，就能面向全球各国进行零售。

我国的跨境电商是随着1999年阿里巴巴成立开始起步的。最早是

① 郭琳琳、张曜麟：《揭网售滞销水果悲情牌套路：“滞销大爷”被滥用》，载《北京青年报》，2018年5月9日。

2000年左右一些零星的外贸企业在eBay和Amazon等国外平台上从事跨境电商业务，但影响力并不大；2004年在敦煌网上进行交易，就比过去前进了一大步。2009年阿里巴巴全球速卖通成立后，主打B2C、C2C业务，新一轮跨境电商在我国正式兴起。尤其是2011年全球速卖通全面由跨境小额批发转向跨境零售，更让跨境电商迅速以B2C零售这种方式成为热门话题，让那些错过淘宝时代的商家和个人为之疯狂。

跨境电商中隐藏着巨大的财富机会。从数据看，1978年我国的贸易总额仅为206亿美元，位居全球第32位；2017年已达4.105万亿美元，位居全球第一。在这40年间，年平均增长速度高达14.15%。从贸易方式看，传统贸易年增长速度不到10%，跨境电商从1999年出现以来的年均增长速度超过30%。我国2017年跨境电商交易额为8.1万亿元，2018年预计超过9万亿元，占全球交易总额比例超过40%。

准备卖

在从事跨境电商交易时，首先要了解以下四个方面：

一是跨境电商有哪些特点。在我国，跨境电商概念中并不包含进口，只是指跨境电子商务零售出口，也就是通过邮寄、快递等方式出口给境外消费者的行为。

跨境电商具有以下四大特点：直接交易，即境内外双方直接发生交易；小批量，销售门槛很低（最典型的有海淘、海外代购）；交易频率高；盈利率高，一般可达30%至40%，是传统外贸的好几倍。

二是从业者必备素质。在了解你所投放的买家市场具有哪些特点的基础上，首先要熟悉跨境电商的整个交易流程，涵盖寻找买家、签订合同、备货、报关运输、收款结汇五个方面；其次要认真把控物流环节，主要体现在选择邮政大小包、商业快递、合作快递等三种物流方式上；最后是最好要会基本的外语交流。

三是跨境电商交易规则。与国内电子商务相比，跨境电商在贸易方式、客户主体、适用规则方面有诸多不同。例如，仅仅是交易规则方面，就必须了解不同国家都有哪些商品是禁限售的、如果出现商品信息质量违规如何处理，不正当竞争、成交不卖、虚假发货、货不对版和违背承诺、不法获利等的处理规范。

四是卖家保护政策。主要是了解卖家在物流和其他方面会有哪些不可控因素、线上发货物流遇到妥投时间有误时如何申诉保护、物流退回件退费如何约定、如何在平台上进行投诉等。

哪里卖

在选择跨境电商交易平台时，不但要了解和比较各平台的优势何在，还要关注并遵守其不同的交易规则。

目前我国可供选作跨境电商交易的平台有几十家，但最常用的有以下四种：一是阿里巴巴旗下的全球速卖通，俗称“国际版淘宝”，目前是我国国内跨境电商首选平台，也是全球第三大英文在线购物平台；它免费注册、免费发布商品信息，但卖家需按经营大类交纳年费，订单成交后需按销售额的5%支付佣金，在通过国际支付宝取现时还要支付一笔手续费。二是覆盖面最广的eBay，它对卖家的要求十分严格，所售商品必须价廉物美。网上拍卖是它区别于其他平台的一大特色，另外就是二手货交易要占到相当大的比重。三是美国最大的电子商务平台亚马逊，它最早是以网上书店闻名的，但1997年起转型成了综合网络零售商，并且在同行中是全球范围内对卖家要求最高的，必须货真、价实、有品牌。四是北美最大的手机购物平台Wish，它最适合随意浏览，用户基本上来自美国、加拿大及其他欧洲国家，上传任何商品都免费，只是在交易成功后需要按照总成交额的一定比例支付佣金。

跨境电商平台的交易规则通常包括四部分：一是注册账号及实名认证、开店考试。二是产品管理，包括经营范围、交纳年费、商品状态、商品查找、橱窗推荐、图片库、产品分组、回收站等。三是模块管理，包括产品信息模块、运费模块、服务模板、尺码模板等。四是订单通知管理。

怎么卖

跨境电商在具体销售和促销、物流、货款回收时主要有以下技巧：

一是搜索排序。要在了解搜索排序规则的基础上，注重爆款引流，通过提高流量质量来提高转化率，同时要了解哪些属于搜索作弊行为及其处理规则。

二是跨境选品。要在了解产品生命周期的基础上，精心选择所从事的行业、类目和产品；同时，充分发挥直通车选品工具和关键词工具、不同语种，来进行直通车选品、国家站选品以及站外选品，同时要剔除禁限售品。

三是视觉美工。要充分利用主图展示法、侧边栏设置技巧等来实现视觉规范化，通过平台数据去了解哪些商品的浏览量最大、访问度最深、跳失率却最低，并探究其原因，然后通过旺铺装修，从图片和文案两方面尽量延长买家逗留时间。

四是产品促销。要从沟通技巧、促销条件、设置详情页、准确填写商品属性等方面掌握一般促销规则，并在此基础上通过限时限量折扣、店铺满立减、店铺优惠券、全店铺打折、直通车、平台活动、大促销等方式提高促销效果。

五是商品定价及商品发布。要了解影响商品价格高低的因素即销售策略和折扣率，然后采用合适的定价方法即精准定价法和竞争定价法，通过手动和自动两种方式发布商品，通过店铺优化及推广来提高展示效果。

六是跨境物流。要了解国际物流的网上交易规则，不同国家分别采用哪些物流方式，然后通过设置物流运费模板、线上发货限时达来解决跨境物流问题，并学会如何处理常见物流纠纷。如有必要，可设置海外仓，缩短物流时间、降低物流费用。

七是跨境结算。这主要是指通过设置国际收款账户，确定买家可以选用哪些线上支付方式，如银行转账、信用卡支付、借记卡支付、第三方支付等；当然，卖家收款是要根据平台规定来支付手续费的，而买家则不用。

卖完后

跨境电商销售交易达成后，就只剩下放款和提现以及售后服务的问题了；与此同时，当然还有一个客户评价。

放款是指平台将货款划到卖家账户的行为，对你来说就是收到了实实在在的货款。放款包括一般放款和特殊放款两大类。前者的前提条件是买家确认收到了货物、物流也已妥投，缺一不可。后者是指如果没有物流妥投记录，那么该订单的款项将会从买家付款成功那天开始被冻结一段时间（例如 180 天）；在此期间，你只有争取让平台知道把这货款发放给你没有任何风险，才有可能提前获得货款。正常情况下，平台会依据卖家的好评率、拒付率、退款率等综合因素来确定放款时间长短的，一般是发货后 3 至 5 天。付款到达卖家账户，就可以分别提取美元现金或人民币现金了，但需要支付一定的提现手续费。

网上交易必不可少的一个环节是售后服务和客户评价，这会直接涉及卖家的信誉高低、客户服务、市场拓展等问题，所以千万马虎不得。

画重点

未来国际贸易新趋势

▼跨境电商作为电子商务的重要分支，正在成为继 PC 电商、移动电商之后的新蓝海。目前我国已经拥有全球规模最大的电子商务市场，并且事实上正在或已经制定全球跨境电商交易新规则。跨境电商正在逐步推向纵深，成为致富新手段。

▲跨境电商实际上是国内网上交易平台的国际版，只不过拥有更多国际元素罢了，但其本质大同小异，都要注重从产品导向转为客户导向。在这其中，尤其要重视发挥大数据在促进销售、开拓市场中的独特优势。

榜样

“饿了么”喂饱了彼此

2008年的一天，上海交通大学硕士生张旭豪在宿舍里和同学聊天时突然感到肚子饿了，于是便打电话给餐馆叫外卖。结果呢，不是不肯送，就是电话打不通。他不但没有抱怨，相反却从中看到了市场缺口。

他想，这些人为什么有生意不做呢？外卖订餐业务具有无穷的市场潜力，如果能把这块业务搞起来，将会拥有无限美好的发展前景。由于外卖送餐半径通常在两三公里之内，送餐时间不能超过40分钟，所以，这里的关键是要在某个特定区域内集中优势打歼灭战，要么不做，要做就要做到最好，具有某种垄断性，这样才会具有规模效应。

而从现实中看，当时这方面做得最好的是团购网。但团购网的缺点是缺乏黏性、经常搞恶性竞争，于是张旭豪便以此为鉴加以改进。倔强的他不等毕业，就开始了休学创业，与康嘉等另外三位同学一起搞起了送外卖。

别以为送外卖没什么技术含量，他们既然要做，就会与别人不一样。

首先，他们详尽搜集了上海交通大学闵行校区附近的餐馆，印成一本小册子在学院里进行分发；然后，就在宿舍里接听订餐电话；最后，当然就是凭订单到餐馆去取快餐送给顾客了。

容易看出，这做的完全是一种体力活，所以不可能实行规模扩张，唯一的好处是现金流十分充沛。原来，他们和顾客结算时是现结的，而和餐馆结算却是每周结一次，每单提取15%的提成。

完成了这第一步原始积累，张旭豪便开始向“互联网＋”发展，以争取规模效应。

2009年4月，他们正式成立了上海拉扎斯信息科技有限公司，并从当时肚子饿了的切身感受，把创建的网站起名为“饿了么”，专注于网上外卖订餐，彻底摒弃原有的配送服务。

为了提高服务体验，他们假设“宅男”们坐在写字楼里，就连外面的天空也看不到，所以在网站背景图上推出了“实时天气”变化；为了能弥补几个人合点一份汤、无法有效分吃的缺憾，他们推出了“篮子”功能，用户可以添加多个篮子，将不同菜品放入不同的篮子里后一起下单；针对用户担心点了外卖后迟迟不来的忧虑，他们作出了“超时赔付”的承诺。

他们取消了呼叫中心，把城市切成一块块两三平方公里的小区进行精耕细作，并且电话可以直接打到餐馆里去。这种便捷性再加上线下强大的执行能力，使得订餐需求得到极大的满足，仅仅是到2012年，网站交易额就达到6亿元，网站收入近1000万元，平均每单20元左右。

开业后没多久，他们就发现了一家竞争对手的存在。这也是一家网上外卖订餐网站，开业比他们早，同样是上海交通大学校友创办的企业，注册资金100多万元。对方不但已经运营了一段时间，而且各方面条件都比自己好。例如，同样是送餐，对方开的是小轿车，他们骑的是电动车；与餐馆结账同样是按交易额收取佣金，但对方经常贴钱与餐馆合作，向订餐用户免费赠送可乐或雪碧等。

为了超越对方，饿了么采取了两条措施：一是把过去按比例抽取佣金的方式改为固定收费，这样既能降低餐馆经济负担，也便于双方结账，再也不用上门催讨了；二是花费半年时间开发了一套网络管理系统，这样餐馆在高峰订餐时段就不用手抄订单，而是可以直接电脑打印，不但大大提高了订餐效率，而且可以实行竞价排名。

如此一来，饿了么就不但彻底压住了竞争对手，而且还改变了网站盈利方式，完成了从中间商向平台商的华丽转身。

从2008年开始，可以说它们整天忙的就是两件事，一是搬家，二是融资。前期融资主要是通过参加各种大学生创业竞赛，一共获得45万元创业奖金；后期主要是2011年和2012年的两轮风险投资，仅仅E轮融资就高达3.5亿美元。

在此基础上，饿了么业务一路向外拓展，从上海到北京、杭州、广州的大学城和写字楼，张旭豪顺势推出了App和Android客户端，公司员工人数也从2011年的80人扩充到200人。[①]

截至2015年6月，饿了么就已经成为国内最大的O2O餐饮平台。但它并没有把自己当成一家纯互联网企业来看待，甚至也没有看作是一家外卖公司，它的目标是要建立类似阿里巴巴这样的餐饮淘宝。[②]

就这样，饿了么因为插上了“互联网+”的翅膀，于是越飞越高、越飞越远，在互联网大公司看不上的小外卖业务中，一不小心就做成了巨无霸企业，喂饱了彼此——既填饱了顾客的肚皮，也喂饱了创业者的财富胃口。

截至2017年12月，饿了么在线外卖平台已覆盖全国2000个城市，总计加盟餐厅有200万家，用户多达2.6亿，员工超过1.5万人。2017年全年即时配送订单近60亿张，占传统物流包裹数的15%。现在的饿了么正在发生两大巨变：一是以外卖餐饮为核心，向全品类商品衍生，覆盖果蔬生鲜、商品超市、鲜花绿植、医药健康等领域，从“网上订餐平台”变成“本地生活平台”。二是传统物流正在向未来物流，即智能调度—人机配送—无人配送转型。[③]

2018年4月2日，饿了么以95亿美元的价格被阿里巴巴全资收购。

---

① 《饿了么张旭豪：“饿”出来的创业》，福布斯中文网，2013年7月22日。

② 邹玲：《外卖领域：饿了么张旭豪要做“餐饮淘宝”》，载《中国企业家》，2015年6月15日。

③ 张俊：《饿了么年度数据：覆盖2000城，将测试新外卖无人机》，新浪科技网，2018年4月22日。

第八章　对外投资

既然外国人可以来中国投资赚我们的钱，我们当然也就可以跨境投资去赚外国人的钱。事实上，我国已经成为全球对外直接投资大国，触角几乎遍及各国。但须切记的是，买的没有卖的精。

【对外投资越来越普及】

所谓对外投资，也叫跨境投资、国际投资，即去境外投资赚外国人的钱。全球经济早已一体化，对外投资既不神秘也不陌生，并且在我国越来越普及，并且目前正是我国企业和个人进行对外投资的好时机。既然外国人可以来中国投资赚钱，中国人当然也是可以跨境投资去赚外国人钱。

对外投资按出资方式不同分为两种：一是实物投资，也叫直接投资，即以现金、实物、无形资产等方式直接投入，它的结果是直接形成生产经营活动能力，具体方式有联营投资、兼并投资等。二是证券投资，也叫间接投资，即以购买股票、债券等有价证券的方式来进行投入，具体方式有债券性证券投资、权益性证券投资、混合性证券投资等。

从形式上看，这些年来我国对外直接投资的主要方式是绿地投资[①]，地区主要集中在亚洲、拉丁美洲和非洲等欠发达经济体。这种投资方式与这些国家渴望带动国内生产、产出和就业增长的愿望一拍即合，所以更容易成功，也更有利可图。

四个发展阶段

1978 年改革开放以来，我国的对外投资经历了从小到大、由弱到强、从区域到全球逐步发展壮大的过程。从时间轴看，经历了以下四个发展阶段[②]：

一是起步探索时期。时间跨度从 1979 年至 1984 年，主要是一些贸易企业开始在境外，尤其是周边国家和地区设立窗口，在此期间我国在国外的非贸易性企业如餐饮、建筑工程、咨询服务业等共有 113 家，总投资额 2 亿多美元。

二是培育发展时期。时间跨度从 1985 年至 2001 年，主要特点是直接投资从贸易向生产和服务领域拓展，一批民营企业开始跨国经营的尝试，投资主体也开始多元化，投资范围覆盖到了全球的 160 多个国家和地区。

三是成长壮大时期。时间跨度是 2002 年至 2008 年，主要特点是对外投资规模迅速扩张，并且开始主动参与国际经济技术合作了。2008 年，我国对外直接投资净额已高达 559.1 亿美元，位居全球第 12 位；对外直接投资存量为 1839.7 亿美元，位居全球第 18 位；在 174 个国家和地区设立境外企业 1.2 万家，投资领域覆盖服务业、工业和农业。

四是加速发展时期。时间跨度从 2009 年至今，主要特点是我国已经跃

① 所谓绿地投资，也叫创建投资、新建投资，是指在境外依照东道国法律设置的、部分或全部资产所有权归外国投资者所有的企业，可以是国外独资企业，也可以是国外合资企业。

② 王晓红：《我国企业对外直接投资现状及对策研究》，载《中国社会科学院研究生院学报》，2017 年第 3 期。

居全球对外直接投资大国，对外投资和利用外资已经进入均衡发展阶段。2012年，我国对外直接投资净额就已经高达1231.2亿美元，第一次名列全球第三位，这标志着我国已经成为全球外国直接投资主要输出国，也是全球对外直接投资最多的发展中国家。截至2015年末，我国共有2.02万个境内投资者在境外设立对外直接投资企业3.08万家，分布在全球188个国家和地区，其中尤其以亚洲、欧洲、北美洲、拉丁美洲为多，而亚洲又主要集中在香港。

控制别国，剥削财富

资料表明，全球外国直接投资（FDI）1980年只有520亿美元，可是到2017年时已增长到1.52万亿美元，增长了28倍多。在此期间，最高点出现在2016年的1.81万亿美元，36年间年均增长速度超过10%。这表明，一方面，全球经济浑然一体的速度在加快；另一方面，也表明这种对别国经济控制的影响力正在日益壮大（当然，这种经济控制是双向乃至相互交叉的）。

2017年的外国直接投资虽然出现了第二年下滑，但这是由于发达国家和地区，如欧洲、北美洲，尤其是美国和英国在过去两年飙升后分别下降了27%和33%，重新回到正常水平的缘故；此起彼伏的是，在过去的这两年中，中国吸引外资流入的总量创下了历史新高。不过，据联合国贸易和发展组织预计，2018年全球外国直接投资总额又将会回升到2016年的高水平。①

就我国而言，我国对外直接投资发展迅猛，与国力逐步增强所带来的资本溢出及通过对外投资控制别国经济的倾向密不可分。对外投资的实质便是经济控制，所以借此能够在一定程度上控制别国经济，这并没什么好忌讳的。随着全球各国新自由主义发展潮流涌动，全球对外投资正在越来越火，其中就包含这层因素在内。

① 张娱：《全球外国直接投资下滑，中国逆势创新高》，财新网，2018年1月24日。

从形式上看，对外投资过去主要集中在通过争夺农业、食品工业、汽车业来主宰市场，而从1990年代开始重点已转向争夺服务业市场，尤其是基础设施如水、电、煤、电信以及金融和商业领域等。

与此同时，贸易交流自由化允许跨国公司充分利用在不同国家设厂的优势，特别有利于生产环节的国际联系，也为这种对外投资提供了极大的方便，这种外部条件能够为对外投资推波助澜。

绝大多数国家越来越认为，跨国公司的投资对本国经济的发展不可或缺，这一观点与过去截然相反。例如，在外国直接投资高涨的拉丁美洲国家，跨国公司利用非常有利的政治环境，已经控制了大部分拉丁美洲国家的经济命脉，从而出现了严重的两极分化。在这过程中，必然也会为资本输出国创造巨额财富。

存在的主要问题

目前，我国对外直接投资存在的问题主要有以下五个方面[①]：

一是面临的国际政治经济风险因素加大。主要体现在“一带一路”沿线发展中国家的政局不稳、汇率大幅度波动、突发事件干扰、法制环境和市场环境等问题，以及欧美发达国家以国家安全、产业安全等名义设置的保护主义门槛。

二是体制政策创新不足、投资便利化存在较大障碍。例如，我国对外投资缺少统一的立法保障，备案程序复杂；对外投资保险制度不完善，尤其是汇率的断崖式下跌并不在保险承保范围之内。

三是国有企业对外投资效益低，金融风险大。主要体现在领导为了追求“政绩”，偏爱进行高风险投资，误以为高风险就等于高收益，从而导致投资效益低下直至造成损失；并且在造成亏损后，追责也很不力，容易导致腐

① 王晓红：《我国企业对外直接投资现状及对策研究》，载《中国社会科学院研究生院学报》，2017年第3期。

败行为高发。

四是民营企业的对外投资存在着政策歧视和体制束缚。民营企业对外投资活动中存在着融资、购汇、用汇难，导致对外投资成本比国有企业要高出10%至30%；自然人对外投资虽然已获国务院批准，但是在用汇、备案、服务等方面依然缺乏相应的政策支持；出境签证手续烦琐导致企业内部人员往来不便，境外员工入境培训存在签证难问题；等等。

五是政府服务保障体系和平台不完善。企业自建系统成本高、难度大；许多对外投资项目需要在短时间内就支付保证金并派出专业项目团队，可是海外投资项目备案制程序依然复杂，走完全过程通常需要三个月，显得很不适应；对外投资项目盈利后返回国内的返程投资被视同外商投资，无法享受内资企业政策。

展望未来，我国对外投资依然会呈高速增长态势，投资质量也在不断提高，正成为广大企业及中产阶级个人走向富裕的一条可取之路。

以2018年前4个月为例。在此期间，我国对外投资额高达355.8亿美元，同比增长34.9%，其中约有60%的比重是投向租赁和商业服务业、采矿业和制造业；房地产业、体育和娱乐业则无新增项目。[1]

画重点

对外投资主要输出国

▼无论是以企业还是个人名义从事对外投资，都是未来中产阶级走向富豪的一条可取之路。从发展历程看，2008年爆发的全球金融危机为我国对外投资走出去创造了良好的买入时机；而现在随着国力的增强，对外投资已呈燎原态势。

▲天下攘攘，皆为利往。对外投资由于“天高皇帝远”、人生地不熟，所以既充满机遇，也充满风险，应当在充分尊重东道国法律的基础上

① 李晓喻：《商务部：对外投资连续增长，投资质量不断提高》，中国新闻社，2018年5月17日。

谨慎投资，摒弃非理性因素。否则，不但不会快速积累财富，很可能还会“一夜回到解放前”。

【哪些人适合对外投资】

对外投资的主体既可以是企业和机构，也可以是个人。它与对外贸易、对外信贷的根本区别在于资本的跨国运动。也就是说，泛泛而谈，只要你是通过资本的跨国运动去赚外国人的钱，就都属于对外投资范畴。

由于对外投资面临着复杂的政治、经济、法制、国际环境，并且对资金实力、管理水平、国际视野有相应要求，所以并非所有人都适合对外投资，包括一些在国内创业成功的企业家。实践表明，最适合对外投资的主要有以下四种对象：

一是敢于主动参与国际竞争的人

对外投资实际上表明你敢于主动参与国际竞争。如果你害怕这种竞争，或者凡事都希望要有政府号召，或者认为只有在财税政策推动下有利可图才能进行对外投资，这实际上就表明你并不怎么适合对外投资。当然啦，不参与对外投资也并非表明一定有什么不妥，因为对外投资本身只是一种投资方式而已。

在体制内浸淫时间长了的人，会天生对政府推动有一种依赖性，尤其在我国更是如此，总觉得凡事由政府推动才有“必要”。而实际上呢，对外投资完全是企业及个人的一种市场行为，既不能依靠，也不能指望“政府推动论”，甚至就连要不要对外投资也都是完全自己说了算。

换句话说，如果你觉得从企业市场行为来判断这种对外投资的风险太大，这时候不对外投资倒是一种实事求是的态度；相反，如果你觉得这种对外投资有利可图，那么不要说政府推动了，就是不推动甚至还在阻挠，企业也会主动作出明智的决策。东南沿海某省的对外投资企业实际数，要远远超过政府统计到的数据，原因就在于有超过一半数量的企业并没有通过政府审批这道程序，就开展对外投资了。

这些企业回避政府审批，主要是出于两个方面的考虑：一是审批程序烦琐、耽误商机；二是在经过审批后会有一系列诸如报送统计资料、参加境外投资联合年检、综合绩效评价等“麻烦事”接踵而至，所以它们宁愿不享受某些“政策优惠”，也要自作主张地走出去。

敢于主动参与国际竞争，让先行者尝到巨大的甜头。广东广晟资产经营有限公司积极抓住金融危机带来的机遇，继 2009 年 2 月成功收购澳大利亚 PEM 公司后，当年 7 月又成功入主另一家澳大利亚矿业企业 PNA 公司，从而使得资产总额从原来的 80 亿元迅速增长到 476 亿元，实际资产负债率从 85％下降到 60％。2016 年末该公司资产总额已经高达 1422 亿元，资产负债率 56.9％，规模稳居广东省属企业首位。

二是拥有核心技术的人

对外投资可以是资金，也可以是资产，还可以是技术。所以拥有核心技术的企业和个人，实际上就意味着在对外投资中拥有了财产权和主动权。

例如，一向低调的兖矿集团 2009 年 12 月就成功地完成了对澳大利亚上市公司菲利克斯公司的收购，收购额高达 32 亿美元，从而成为 2009 年澳大利亚十大并购案之一，也是迄今为止我国企业在澳大利亚的最大收购案。

这么大的一宗收购案，兖矿集团凭什么不声不响地就拿下了呢？最重要的原因就在于它拥有核心技术，对这起并购案的最终完成发挥了关键作用。

当初对方在决定整体出售时，就曾提出买家要拥有强大的技术优势和实力，以确保满足企业持续发展和员工就业的要求。虽然这样的条件理所应当，但却对投资企业提出了很高的要求。而正是这一点，使得拥有“综采”“放顶”煤开采技术的兖矿集团在候选名单中脱颖而出，并且受到澳大利亚政府、反对党、社会各界的普遍认可，这是颇为不易的。

三是胆大心细的人

做任何事情都是一要胆大，二要心细。对外投资就更是如此。因为你一旦到异国他乡，所面对的宏观环境和微观环境和国内完全不同，如果不胆大，就根本不敢迈开脚步；而如果不心细，则可能会处处碰壁。

对外投资最需要考虑的是自身管理能力、双方文化差异、当地工会劳资关系，以及走出去以后的资金管理问题（中小企业的海外贷款难度很大）。如果连这些最基本的都做不到，对外投资步伐就可能会困难重重。

例如，从企业来说，进行跨国购并和国内企业的资产重组有很大的不同，其背后是瞬息万变的国际经济形势，以及东道国复杂的政治、法律、文化环境。如果事先没有做好充分的准备和准确的判断，而是用盲目抄底的态度去参与投资，就可能会因为存在着太多不确定性因素而动弹不得。

有鉴于此，进行对外投资前一定要认真进行“尽职调查”。所谓尽职调查，是指中介机构在企业配合下，对对方企业的历史数据和文档、管理人员的背景、市场风险、管理风险、技术风险、资金风险进行全面深入的审核。做到了这一点，至少能防止一开始就注定最终亏损的局面。

四是不追求十全十美的人

对国内体制抱怨的投资者，同样不能在对外投资中追求十全十美，否则就可能会大失所望，使得这种对外投资根本无法进行下去。

例如，法国是我国企业非常想进入的一个市场。法国是世界第五大出口国，又是进口大国，在欧洲是仅次于德国的第二大市场，地理位置上处于欧盟统一市场的心脏地带。如果能进入法国市场也就意味着进入了整个欧盟市场，而欧盟市场是全球最大的市场。

所以，我国企业从 1980 年开始就在法国开设子公司或代表处，主要从事产品销售；而从 2000 年开始主要就是对外直接投资了，截至 2015 年末我国在法国的投资额高达 230 亿美元，主要集中在汽车、不动产和酒店、信息和通信技术等领域。

然而应当看到，法国僵化的行政结构性矛盾依然令人十分头疼。一方面，法国各级政府非常欢迎我国企业去投资，另一方面又对诸如中方人员的签证、我国企业的税务和人员裁减等问题熟视无睹，办事效率也不怎么样，并且一直拿不出具体有效的解决办法来。例如，签证等行政手续在法国是归内政部管的，由于政府部门缺乏协调，政策并不统一。法国的各项立法体系非常完善，却不容易被中方企业理解和消化吸收。

画重点

对外投资的五项条件

▼对外投资应当具备以下五大条件：一是主业突出，核心竞争力强；二是产权明晰；三是企业战略成熟、条理清晰；四是企业管理良好，财务制度严谨，监管体系健全，信用等级高；五是具有国际视野，拥有国际化经营团队。

▲对于部分企业和个人来说，要想做大做强，早晚必须进军海外市场；其中民营企业机会更多，因为它不会被国外看作是政府行为从而遇到政治阻力。尤其是手中握有大量现金或其他资源，而对方又处于破产边缘时，更容易实现低成本扩张。

【小企业投资怎样走出去】

对外投资主体可以是企业也可以是个人，所以具体到如何进行对外投资时，下面从企业和个人两个方面来加以论述。

先说说企业如何走出去对外投资。归纳起来，主要有以下四点：

一是了解并学习对外投资管理办法

根据国家发展和改革委员会颁布的《企业境外投资管理办法》(第 11 号令,自 2018 年 3 月 1 日起施行),投资主体依法享有境外投资自主权,自主决策、自担风险(第 3 条)。开展境外投资时,应当履行境外投资项目核准、备案等手续,报告有关信息,配合监督检查(第 4 条)。投资主体可以就境外投资向国家发展和改革委员会咨询政策和信息、反映情况和问题(第 8 条)。项目申请报告包括以下内容:投资主体情况;项目情况,包括项目名称、投资目的地、主要内容和规模、中方投资额等;项目对我国国家利益和国家安全的影响分析;投资主体关于项目真实性的声明。项目申请报告的通用文本以及应当附具的文件清单由国家发展和改革委员会发布(第 19 条)。事业单位、社会团体等非企业组织,以及投资主体直接或通过其控制的企业对港澳台开展投资,或者通过其控制的港澳台地区的企业对境外开展投资,均参照该办法执行(第 61、62 条)。境内自然人通过其控制的境外企业或港澳台地区企业对境外开展投资的,参照该办法执行;境内自然人直接对境外开展投资的不适用该办法(第 63 条)。

二是抓住机遇,实现跨越

对外投资最大的好处是可以实现跨越式发展,让平时想都不敢想的事情通过企业收购一步到位,大大拓宽国际市场。为此,必须擦亮眼睛、抓住机遇,该出手时就出手,尽可能降低收购成本。

例如,大连远东集团是我国唯一一家专门生产高档钻头的企业,产品全部销往国外。该企业从 2005 年起就创立了自己的品牌,但品牌推广之路非常艰难,很难进入欧洲高档市场,国外客户根本不认可。

就在这时候,全球工具行业的第二大企业美国肯纳集团受金融危机影响,有意出售旗下全球最大的高速钻头厂格林菲尔德公司,这让远东集团喜出望外。

要知道，远东集团过去和它根本不在同一个层次上，就更别谈收购了。而现在，远东集团仅用 0.29 亿美元就把它收入囊中，而 1997 年肯纳集团收购它的代价却高达 11 亿美元。合并后，远东集团的技术水平一下子就至少向前跨越了 15 年，立刻拥有 8 大品牌的国际销售渠道。

三是优先考虑参加集群式投资模式

我国中小企业的对外投资如果搞单打独斗，实力显然不够，比较有效的办法是参加集群式投资模式，通过这种方式来扬长避短。

截至 2017 年末，我国企业共在 44 个国家建设了初具规模的境外经贸合作区 99 家，累计投资 307 亿美元，入区企业 4364 家，上缴东道国税费 24.2 亿美元，为当地创造就业岗位 25.8 万个。其中，2017 年新增投资 57.9 亿美元，创造产值 186.9 亿美元。[①]

所谓境外经贸合作区，全称是“中国企业在境外投资建设的境外经贸合作区”，简称“合作区”。它相当于我国国内的“外商企业投资区”。

这些经贸合作区最先是由走出去的大型龙头企业首创，刚开始时是只供该企业使用的生产和贸易基地，后来慢慢地就发展成为具有制造、物流、贸易等多项功能的综合性园区，然后成规模地吸引我国生产企业进入园区。

根据政府规划，我国第一个境外经贸合作区（巴基斯坦中国经济贸易合作区）是 2006 年 11 月成立的，最终数量规模会控制在 50 个左右。国家对每个园区给予 2 亿至 3 亿元人民币的财政支持，以及不超过 20 亿元人民币的中长期贷款。

不用说，中小企业的对外投资如果能优先考虑进入这样的经贸合作区，就不仅能享受到我国政府给予的一系列优惠政策，同样也会有助于发展东

---

① 和佳：《2017 境外经贸合作区生态调查：阶段性成果已现，亟待拓展可持续融资渠道》，载《21 世纪经济报道》，2018 年 1 月 20 日。

道国的相关产业。因为这样的经贸合作区，在设立之初都是两国共同商定建设的，符合东道国产业发展方向，更容易满足市场需求。

换句话说，在这样的境外经贸合作区投资发展，既能享受“走出去”的各种优惠，又能形成上下游配套的产业集群，还能拥有环境安全、企业利益维护等保障，又何乐而不为呢？

不但如此，在其他国家开辟新的境外经贸合作区，这本身也能成为民营企业对外投资的具体途径之一。

例如，江苏某民营企业就在埃塞俄比亚投资建立了东方工业园区，离首都不到40公里，规划面积5平方公里，很快吸引到了水泥制造、钢管生产、彩钢板生产、纺织服装、建材机械、金属加工、皮革深加工等企业进园。凡是进入园区的企业都可以享受一系列优惠政策，其中最突出的是，这里生产的产品可以免税进入东盟，纺织服装产品出口到欧美国家也不需要交纳关税，竞争优势是显而易见的。

四是从阻力较小的资产收购开始

对外投资有两种主要方式，那就是资产收购和股权收购。一般来说，资产收购的进入方式阻力较小，更便于中小企业走出去。

毫无疑问，企业最终选择资产收购还是股权收购，要考虑各方面因素。但不可否认，对一国政府而言，出于国防、经济安全等方面的考虑，严格限制外资企业进入敏感领域是很正常的。所以，常常会看到，许多对外投资不仅涉及经济因素，而且还会成为政治问题。尤其是上市公司，利益关联方一定会涉及政府、股东、证监会等各方面。

例如，2009年4月时有多家澳大利亚企业邀请我国企业前往考察，希望能把企业和矿山卖给我国企业；并且，当时由于受金融危机影响，出售的价格非常低。在这种情况下，中国五矿集团提出了对澳大利亚矿业巨头OZ Minerals公司18亿美元的股权收购要求，但遭到澳大利亚政府以国防安全为由的阻止。只不过，这时候负债累累的该公司仍然不甘心放弃这样的机会，从而转向于采取向中国五矿集团出售12.06亿美元资产的方式出售合作。

从中容易看出，由于国外政治因素的不确定性，资产收购往往会比股权收购容易得多。需注意的是，资产收购的政治风险虽然要小于股权收购，不过其经济风险仍然存在。换句话说，你一定要核实这些资产是否真的值这么多钱，以及其他方面的考虑。例如，从矿山收购来说，这些被收购的矿山到手后能否顺利开采、地下是不是真有这么多储量、其中是不是有什么法律障碍等，都是十分重要的。

除此以外，无论是资产收购还是股权收购，最好采用换股方式来进行。因为相比较而言，现金收购的成本会更高、投资风险也更大。

画重点

首选境外经贸合作区

▼对外投资首先要学习我国和东道国的相关法律制度，优先考虑最容易进入的境外经贸合作区，采用资产收购、股权换股方式来进行。这些做法投资风险更小，却能享受到更多的优惠政策和待遇。

▲对外投资普遍存在着融资难问题，原因在于我国金融国际化程度不高、金融创新能力不够，再加上布点不完善、业务形式单一、经营范围受限，企业在境外融资有时候真的是两眼一抹黑，这时优先考虑进入境外经贸区会有许多便利。

【个人投资怎样走出去】

与企业对外投资一样，单纯的自然人（不含自然人控制的企业）也是可以进行对外投资的。当然，两者在具体的投资方式、目标、规模、风险承受能力等方面都会有所不同。

自然人的对外投资主要关注以下几方面：

个人出国劳务输出

一是了解相关信息。这主要是指通过中介、网络、报纸、电视、广播等媒体了解相关信息，其中很重要的一点是要注意辨别真假，防止上当受骗。

二是选择正规的出国渠道。选择出国渠道时，首先要了解招聘人员的公司是否具备国家商务部颁发的对外劳务合作经营资格证书或对外承包工程经营资格证书，具备这些证书的公司称之为经营公司。接下来，要向当地政府商务局或中国对外承包工程商会外派劳务人员投诉机构进行核实，或通过国家商务部网站查询是否有该企业名录。

具体报名前，要重点了解东道国经营公司或雇主名称、工作内容、工作期限、有没有试用期、每月或每周工作天数、每天工作时间长短、工资待遇等。不用说，其中特别要对工资待遇了解清楚，包括每月基本工资、超时和节假日加班费，以及它们的计算和发放办法。一般情况下，外国雇主会把工资直接支付给你，但也可能会通过经营公司转交给你，或者存入你的银行账户。

三是签订合同。需要签订的合同有两份：一是你和经营公司签订的外派劳务合同，二是你和外国雇主签订的雇佣合同。所要注意的是，这两份合同的内容一定要和经营公司与外国雇主签订的对外劳务合作合同相一致。特别注意，外派劳务合同要和经营公司而不是与个人签订。

签订合同时要特别注意其中必须具有以下内容：工作地点、工种、劳动条件、工作时间、休假休息、劳动报酬、保险、交通、生活条件、违反劳动合同所需承担的责任、合同变更及解除合同的条件、女工和特殊工种的劳动保护、纠纷和争议处理、工伤（亡）事故处理等。

外国雇主除了要支付你的工资和加班费，一般还要负责伙食费、住宿费、煤气水电费、上下班交通费、个人所得税、医疗保险、人身伤亡保险、出国和回国机票、劳动保护用品、向政府交纳的保证金等。

签订合同后，你应当要求经营公司出具国家商务部颁发的对外劳务合作经营资格证书和对外承包工程经营资格证书复印件，与雇主签订的合同、地方商务局出具的外派劳务项目审查表，以及你签过字的所有合同，以便于在日后发生纠纷时维权之用。

四是支付费用。出国前你需要支付的费用有：体检费、适应性培训费、护照费、签证费、打预防针费用、合同公证费等。这里的适应性培训费包括教材费、考试费、培训费，一般个人支付几百元（其余由财政补贴）。这种适应性培训很重要，会有助于你了解东道国情况，并提高你的维权能力。只有在培训并参加考试合格后，你才能取得外派劳务人员培训合格证，否则是不能被派遣出国务工的。

出国务工无须交纳任何形式的保证金（押金），也不需要向任何人支付中介费，但经营公司可能会要求你投保履约保证保险。

经营公司向你收取的服务费，总额不得超过你在出国工作期间所得合同工资的 12.5％。具体数额由双方协商，但一定要保存好收据。

五是出国手续。出国手续包括国内手续和国外手续两部分。国内手续主要包括护照、签证、出境证明、外派劳务人员培训合格证等，有的还需要提供打预防针、个人资料公证等，一般会由经营公司统一办理。国外手续包括入境许可、工作准证等，由外国雇主负责。

需要注意的是，只要你是通过正规途径出国的，又没有在东道国违法犯罪，那么你作为中华人民共和国公民，就有权要求国家在你出国务工期间为你伸张合法权益。

这里所指的违法犯罪主要有：出国前经营公司应当为你办好在国外的合法工作准证，如果以商务和旅游签证出境在国外工作是违法的；在为雇主工作时不能为其他人打工，否则就涉嫌“打黑工”了，会遭抓捕或被遣送回国；不要去赌博场所或色情场所；遇到问题不要采取罢工、游行等过激行为或违法举动，否则很可能会触犯当地法律；不要参加当地的任何政治及邪教组织。

知根知底的对外投资

自然人除了劳务输出，还能不能以个人名义对外投资呢？答案是肯定的。

在这里，除了以个人名义投资海外市场股票这种间接投资，直接入股实体投资也一样可行。所要注意的是，由于对外投资所需要的信息、政策面非常广，个人能力难以企及，所以特别提倡只对知根知底的项目进行投资，以减少不必要的损失。

对外投资目前在我国不但已经深入人心，而且许多人都有某种“走出去”的冲劲。但请记住这样一组数据：在过去的几十年里，全球大型企业的并购案最终取得预期效果（即处于不亏损状态）的比例只有1/2；我国的这一比例更低，只有1/3。换句话说，大多数国外收购是不成功的，究其原因主要在于人才短缺、经验不足。

有鉴于此，如果你能做到对对方项目知根知底，对东道国的政治、经济、市场、文化、法律，以及该项目的财务风险、战略定位、文化整合、人才储备、信用风险、法律管理等方面有足够的了解，最好还是亲力亲为，或者有亲朋好友“驻扎”在那里，成功率就会高许多。

画重点

理性投资和信息对称

▼个人同样是可以从事对外直接和间接投资的。个人通过所控股的企业参与对外投资，与本书所指的对外投资概念相一致；以个人名义对外投资，目前在我国还没有被纳入审核范围，所以本节所指个人直接对外投资仅仅是指劳务输出。

▲个人从事对外投资，其前提条件是要知己知彼、知根知底，了解并认可对方在政治、社会、市场、法律、文化等方面的巨大差异，而不是好

大喜功或一时兴起。一句话，理性投资和信息对称是避免对外投资失败的最重要前提。

【对外投资如何操作】

在办理对外投资手续时，首先要上国家发展和改革委员会官网，在“服务大厅”首页“事项申报”中，进入“涉及敏感国家和地区、敏感行业的境外投资项目核准办事指南”中，对照各项逐项办理。

归纳起来，该办事指南的主要内容包括以下三方面：

基本信息

发布日期：2018年5月15日。

实施日期：2018年5月15日。

发布机构：国家发展和改革委员会。

事项名称：涉及敏感国家和地区、敏感行业的境外投资项目核准。

事项类别：行政许可。

项目编码(审改办)：01012－034。

适用范围：投资主体直接或通过其控制的境外企业开展的敏感类境外投资项目。敏感类项目范围包括：(一)涉及敏感国家和地区的项目；(二)涉及敏感行业的项目。敏感国家和地区包括与我国未建交的国家和地区；发生战争、内乱的国家和地区；根据我国缔结或参加的国际条约、协定等，需要限制企业对其投资的国家和地区；其他敏感国家和地区。敏感行业包括：武器装备的研制生产维修；跨境水资源开发利用；新闻传媒；根据《国务院办公厅转发国家发展改革委 商务部 人民银行 外交部关于进一步引导和规范境外投资方向指导意见的通知》(国办发〔2017〕74号)，需要限制企业境外投资的行业：(1)房地产；(2)酒店；(3)影城；(4)娱乐业；(5)体育俱乐部；(6)在境外设立无具体实业项目的股权投资基金或投资平台。

事项审查类型：前审后批。

受理机构：国家发展和改革委员会。

决定机构：涉及敏感国家和地区、敏感行业的境外投资项目由国家发展和改革委员会核准。

数量限制：无数量限制。

申请条件：按照申请材料目录准备材料，齐全后即可进行申报。

禁止性要求：无。

申请材料目录：登录国家发展和改革委员会政务服务大厅—全国境外投资管理和服务网络系统进行申报（涉及国家秘密或不适宜使用网络系统的事项，投资主体可以另行使用纸质材料提交）。

办理方式：全年办理。

办结时限：20 个工作日。项目情况复杂或需要征求有关单位意见的，可以延长核准期限，但延长的期限不得超过 10 个工作日（委托评估时间除外）。

办理进程查询：事项办理受理信息及结果信息将以短信、邮件的形式告知申请人。申请人也可以登录国家发展和改革委员会网上政务服务大厅、政务服务大厅微信公众号查询，向政务服务大厅电话咨询或到政务服务大厅现场咨询。

结果送达：核准文件通过机要渠道送至来文单位（无机要渠道的来文单位，政务服务大厅将通知其自取或经其同意后邮寄），核准结果信息通过短信、邮件形式告知申请人。

结果公开：事项办理结果信息在国家发展和改革委员会门户网站、网上政务服务大厅、政务服务大厅微信公众号公开。

收费依据及标准：无须收费。

监督投诉渠道：政务服务大厅举报电话 010－68504515。

窗口电话：010－68505046、68505050。

办公地址：北京市西城区三里河南五巷；对外工作时间：上午 8:30－

11:30,下午13:30—16:30(法定节假日除外)。

办理流程

1.申请人按照办事指南要求,将申请材料准备齐全后,登录国家发展和改革委员会政务服务大厅—全国境外投资管理和服务网络系统进行网上登记,并上传材料。

2.网络系统收到材料后,承办司局会对申请材料进行审查,审查合格的予以受理。

3.受理后,如有需要,承办司局会将申请材料转到第三方评估机构进行委托评估。第三方评估机构形成评估意见,报承办司局。

4.承办司局办理并作出核准决定。如有需要,会征求国务院相关部门意见。

5.核准文件通过机要渠道送至来文单位(无机要渠道的来文单位,政务服务大厅将通知其自取或经其同意后邮寄),核准结果信息通过短信、邮件形式告知申请人。

申请材料示范文本

主要有以下格式文本,均可从网上政务服务大厅文件下载专区下载:

1.境外投资项目核准或备案申报文件

2.境外投资项目申请报告

3.境外投资真实性承诺书

4.追溯至最终实际控制人的投资主体股权架构图示例

5.境外投资项目变更申报文件

6.境外投资项目延期申报文件

画重点

敏感类项目需核准

▼对外投资操作流程实际上并不复杂，但需办理核准手续。中央企业和自然人注册用户由国家发展和改革委员会利用外资和境外投资司审核，时间一般为1至2个工作日；地方企业注册用户由省级发展和改革委员会审核。

▲自然人通过其控制的境外企业对外投资的，属于敏感类项目的需要实行核准管理。如果是非敏感类项目，中方投资额3亿美元以下的无须备案也无须告知，3亿美元以上的则应将相关信息告知国家发展和改革委员会但无须备案。

【对外投资风险及防范】

对外投资机遇大、风险也大，所以必须做好风险防范。

各项影响因素分析

决定对外投资的影响因素主要有以下七项：

一是盈利及增值水平。投资的目的就是赚钱，而现在舍近求远去境外投资，投资回报率必须高于国内投资才是合理和有价值的。

二是对外投资风险。主要体现在政治风险、技术风险、利率风险、物价风险、市场风险、外汇风险和决策风险七个方面。

三是投资成本。包括前期费用、实际投资额、资金成本和投资回收费用四部分。不用说，只有当对外投资盈利和回收额大于投资成本时经济上才是有利可图的。

四是投资管理和经营控制能力。这就是说，准备用多大的投资额去拥有必要的经营控制权，然后再实现其权利，从而服务于企业的其他经营目标。

五是筹资能力。

六是变现能力。即对外投资中的实物、技术、无形资产能够以什么样的价格和速度变成货币资金，这实际上就涉及对外投资结构的问题。通常而言，短期投资的流动性要高于长期投资、证券投资的流动性要高于非证券投资。

七是对外投资环境。包括外部环境和内部环境两部分。

各项风险因素分析

总体来看，对外投资的风险主要表现在以下四方面：

一是外源性风险。最常见的外源性风险有政治风险、社会动乱风险、东道国法律法规调整带来的风险，并且这些风险客观存在、不可避免。外源性风险不是你无法把握，就是你根本不了解，或者虽然了解却不理解，最终导致无疾而终。许多国家都有这样的“政策”：欢迎中国人前去购买国债，但是要想购买它们的技术就“没门”，购买核心技术和能源、矿产等就更“不可能”。

另外，有时仅仅是东道国政府或总统个人对来自中国的投资项目感到敏感，就会为解除社会公众质疑，一票否决正在依法进行中的项目。而西方民主国家中都有反对党，反对党最擅长的就是质疑政府在招投标过程中可能存在腐败。在这种情况下，总统为避嫌疑，哪怕明知“府院之争”仅仅是出于国内政治斗争的需要，也会终止中国企业的对外投资。这种情形最常见不过，在俄罗斯、墨西哥、泰国、越南等都曾经出现过。

二是内源性风险。最常见的内源性风险有企业决策没有进行详细调研、经营过程中财务达不到预期收益、人员和财产安全受到威胁、对东道国法律不了解从而导致项目亏损与失败等。

例如，对外投资的主要方式之一是直接收购国外企业，而在种种充满吸引力的收购项目中，就不时充斥着种种市场陷阱，让你防不胜防。

最常见的情形有：(1)盲目抄底，抄底抄的只是价格，可是却会因此忽略政治、文化、法律等其他方面的因素，最终不能自拔；(2)中国企业单打独斗甚至内部相互倾轧，最终导致鹬蚌相争、渔翁得利；(3)品牌认同问题，以为国内优秀品牌在国外也会畅通无阻，没料到东道国根本不认你这个品牌，根本无法打开市场；(4)知己不知彼，不了解对方为什么会亏损、为什么会走到这一步，就过于自信在自己手里能起死回生，结果陷入亏损困境。

三是对外投资经验不足。

我国的对外投资从起步到现在时间并不长，总体来看还处于"走出去"的初步阶段，既缺乏明显的竞争优势，又缺乏对行业周期的前瞻性分析和成熟的海外并购实践，更没有形成海外并购所需要的各种人才储备。至于具有全球视野的领导型人才，那就更是奇缺了。

除此以外，由于政治、经济制度方面的差异，我国的对外投资与其他国家相比存在着许多非商业性困难。本来是一件很普通的商业交易，往往会动不动就被上升到政治高度来看待，从而需要进行最严格的审批。再加上对外投资在国内要经过多个部门审批，决策流程长，被收购的国外企业为此会感到烦躁不安。特别是许多国外企业的员工和民众对我国企业缺乏了解，过于担心自己的工作岗位、福利待遇等问题，最终促使当地工会等组织来出面进行干预，平添了许多周折。

诸如此类，如果投资经验不足，是很难圆满处理的。

四是出国劳务输出受骗防不胜防。

现在出国劳务输出的人越来越多，但由于受"黑中介"(不具备国家商务部颁发的对外劳务合作经营资格证书的不法经营者)的欺骗，在经济和精神上蒙受重大损失的事例也越来越多，主要体现在以下九个方面：(1)冒充外商。不法之徒会首先在某个国家注册一家"皮包公司"，然后以该公司的名义回国招募出国劳务人员，从中骗取巨额资金。(2)内外勾结。看上去很像正规的出国劳务输出，但到了国外后上班没多久就被对方以"技术不行"等原因辞退，令人欲哭无门。(3)所谓"商务考察"。黑中介明知自己没有劳务输出的资格，所以便以商务考察等为由，为劳务人员办理有效期只有几个月的签证；而持商务签证用工是非法的，逾期不归会构成非法滞留，动不动就遭拘捕、罚款和遣送回国。因为是非法打工，所以出国后根本不敢寻求政府帮助。(4)所谓“旅游”。明明是出国劳务输出，可是办理的却是旅游签证，致使这种打工行为是非法的。不用说，这样的打工环境非常恶劣、工资待遇更是低得可怜，使人整天生活在恐惧中。(5)所谓“培训外派”。名义上是“外派劳务人员培训”，而实际上是只有“培训”、没有“外派”，在收取高额“培训费”后就没了下文。(6)所谓“出国培训”。为出国劳务人员虚构工作单位、经历等，然后派往国外大学进行“培训”。等到了国外后，出国劳务人员就会发现因为找不到工作而只能打黑工或自找门路，不但饥寒交迫，并且随时都会面临被警方拘捕、遣返的危险。(7)虚张声势。中介公司租用一间办公室，用“高薪”诱人报名，伪造各种荣誉来虚张声势，一旦巨额款项骗到手，就策划逃之夭夭。(8)冒充正规渠道。正规中介公司里的工作人员见出国劳务输出有利可图，并且有人主动上门，便甩开公司单干，使人上当受骗。(9)侥幸心理。出国劳务人员由于各种原因在非法出国后害怕被罚款、拘留、遣送回国，于是抱着侥幸心理到处托人打点，结果越陷越深，“赔了夫人又折兵”，最终付出惨重代价。

对外投资失败数不胜数

别以为对外投资都胜算满满，其实恰恰相反，失败率是很高的。研究表明，我国对外投资中在矿产能源、基础设施领域约有70%是失败的。2010年，我国对外投资的失败率在全球是最高的。[①]

2017年5月8日，国务院新闻办公室在新闻发布会上答记者问时，有记者就要求证实中国在“一带一路”国家的对外投资中，中亚国家是否发生了三成以上亏损、南亚和东南亚国家是否发生了五成以上的亏损，要求国家

① 冯军：《国企海外维权难：70%对外投资失败》，腾讯网，2014年11月13日。

国有资产监督管理委员会、中石油、国家电网、中国移动、中国中车、中国交建等领导予以说明。相关领导并没有直接回复，但也没有加以否认。[①]

归纳起来，对外投资失败的原因主要有以下三方面：

一是存在盲目性，对跨境投资的目的和必要性等基础条件研判不足，急于做大做强，有时甚至仅仅是为了跟风炫耀一番。

例如，江苏一家民营光伏能源公司在短时间内赚了点钱，老板听说在德国投资光伏电站能赚钱，于是就在一家德国律师事务所的牵线下，决定在德国投资一个光伏电站项目。由于老板不懂外语，所以他全权委托给了该事务所，自己基本上是当甩手掌柜。而该事务所只有一位华人律师，并且从来没有在中国学习和工作过的经历；该事务所所签合同和法律文件全都用的是德文，完全违反国际上普遍要求采用第三方语言的惯例。可想而知，该事务所的立场完全不在中方这里。就这样，该老板前后花了近 5000 万元人民币，最终不了了之，甚至无人愿意接手。而其实，如此草率盲目轻信别人，其结果在开始时就已经注定了，不是吃亏上当，就是失败。[②]

二是在海外并购时遇到国外安全审查干扰，屡屡被否决。

例如，矿业是蒙古的经济支柱产业，海外对蒙古的投资中有 85%的资金流向矿业。蒙古分别于 1994、1997、2006 年修订了《矿业法》以吸引外国投资，可是 2012 年 5 月却通过法律将矿产资源划入了"战略资源"，规定外国企业的投资比例不得超过 49%，且投资额不得超过 1000 亿图格里克(约合 2.67 亿元人民币)，否则必须由政府交议会讨论决定。仅仅一年过去后，又颁布新法令取代了这一政策。

诸如此类，发展中国家的法律制度极不稳定，常常会因为国内政治斗争需要而频繁变动，这当然就会影响到对外投资了。

三是文化背景因素。

例如，密松是缅甸的一个地名，在当地语言中是"河流交汇之处"的意

---

① 陈立彤：《中国企业对外投资的监管与合规悖论》，财新网，2018 年 5 月 10 日。

② 尹朝安：《中国又一个对外投资失败的案例》，尹朝安的博客 http://blog.sina.com.cn/yinchaoan，2012 年 5 月 11 日。

思。当地人有“万物有灵”的古老信仰，对河流山川无比敬仰。所以，自从2009年中缅两国决定中方投资新建密松水电站后，当地居民强烈反对，认为政府出卖他们世代栖息的地方修建水电站，一旦水库建成，将会淹没上游大片森林和良田，影响下游水域生态环境，不但破坏生物生存环境，而且还会诱发地震，这种“在祖先头上动土”的行为是绝不允许的。

在此背景下，2011年8月缅甸新一届政府在巨大压力下突然宣布停止水电站建设，从而使得已经开工了两年、前期投入已达30亿元人民币的该项目不得不停下来。在坚持了一年半之后，面对每月高达上千万元人民币维护费用、安保费用、工程贷款利息的经济负担，中方只好全部撤出所有建设人员和设备。①

对外投资维权有点难

对外投资维权有相当大的难度，成功案例几乎没有。权利受损后往往只能吃“哑巴亏”，不懂得维权也不太愿意维权，因为这耗费实在太大了。

究其原因，主要有以下三点：

一是我国国有企业的对外投资，在外国人和外国政府眼里，因为国有企业由国家控股或有政府补贴，所以总代表着政府行为和企图。

商业行为一旦和意识形态纠缠在一起，是根本说不清的。而且，要想在短时间内就“洗掉”我国国有企业的这种“文身”是根本不现实的。

有鉴于此，我国国有企业以后在对外投资时，除了尽量低调之外，要更多地强调商业利益而非战略利益。如果能通过国外合资企业去进行再投资，或者在开曼群岛等地注册新公司去投资，看上去不像国企了，维权才会容易得多。

二是中国人过于重视人脉关系，尤其是在工程领域。

---

① 《中国对外投资启示录：缅甸水电站的失败教训》，北极星电力网，2018年4月27日。

所以，对外投资中不愿意维权或维权不积极，原因之一就是不愿意得罪当地官员。否则担心即使官司打赢了，也不一定能拿到钱，以后更会失去在当地投资的机会。

三是耗费大量人财物力打赢官司的可能性微乎其微。

在法制健全的西方发达国家，能找到的法律漏洞极少；权利受损往往是有错在先，事情在那里明摆着，这样的官司打无可打。而在非洲等一些发展中国家，法律法规根本不健全，权利界限很模糊，维权也就无从谈起。

画重点

买的没有卖的精

▼俗话说："买的没有卖的精。"对外投资要面对国外商业环境、政治博弈、投资保护主义及其他一系列复杂因素，再加上总体来看我国的对外投资还处于"学习、实习"阶段，其投资风险就不言而喻了。

▲对外投资要防范风险，最重要的前提是尽职调查。在充分熟悉当地政策、法律、文化背景的前提下，由股东、专家、政府官员组成委员会来投票表决是否值得投资，而不是个人拍脑袋。在这里，"三个臭皮匠，赛个诸葛亮"同样是适用的。

榜样

甘再水电站的"甘哉"

柬埔寨人口有1500多万，人均GDP仅1200多美元，是全球44个经济最不发达国家之一。柬埔寨渴望加快发展经济，可是又严重缺乏资金。不用说，这样的背景最适合成为中国企业对外投资的对象。

事实也正是如此。早在1960年代，柬埔寨就已经规划好了甘再水电站，苏联人、加拿大人都相继前来勘察过。但由于战争、灾难、贫困、交通不便、施工环境复杂等因素，水电站一直未能修建起来，那里的人一直依靠点油灯生活。进入21世纪后，柬埔寨政府把它作为该国第一个国际竞标项目向全球推出。

最终，中国水电建设集团与对方本着“和平合作、开放包容、互学互鉴、互利共赢”的原则，采用BOT方式[①]成功地建设了这座甘再水电站。

甘再位于柬埔寨首都金边西南部150公里处。甘再河是湄公河的一条分支，那里崇山峻岭，沟壑纵横。但双方一经确定合作意向，中国电建就着手把原来的企业价值链分别向上下游双向拓展。向上游拓展融资管理，向下游拓展运营管理，建成了一条一体化全产业链。

针对该项目缺乏基础资料，开发实施难度大、规模大、周期长、风险大的实际情况，他们在扎扎实实做好前期经济和技术可行性研究的基础上，2004年3月慎重地递交了资格预审文件，并于2004年5月通过了资格预审。2004年8月项目进入现场，2005年1月参加项目投标。2005年3月，先后两次参加第一、第二阶段的合同谈判，并于2005年4月获颁中标通知书，融资期限1年，2006年2月正式签约。2006年4月举行开工仪式并成立项目公司，2007年12月与中国出口信用保险公司签订保单。2011年12月，经过短短四年多时间的建设后，总投资2.83亿美元的甘再水电站成功实现了竣工投产，2012年8月正式开始商业运营。

甘再水电站建成后，被称为柬埔寨的“三峡工程”、中国对外投资项目最成功典范。它不但有力地促进了柬埔寨经济的发展，极大地缓解了电力紧缺局面，而且还有效解决了当地季节性的洪涝、干旱问题，改善了下游农田水利灌溉条件，开发出了旅游资源，可谓社会效益和经济效益双丰收。

在该项目中，中国电建特许运营期44年，其中包括施工期4年、商业运行期40年，预计10多年便可收回投资成本(甘再水电站，“甘哉”)，投资回报率有望超过100%。2017年8月发电量突破1.13亿千瓦时，创

---

① BOT是Build(建设)、Operate(运营)、Transfer(转让)三个英文单词缩写的简称，意为“基础设施特许权”。这种模式最早出现在18世纪中叶的土耳其，简单地说就是在政府特别许可下，引进民间资本建造公共设施，双方共担风险；政府确保该项目拥有一定的获利机会，特许期限结束后由政府收回经营。

历史新高；运营5年来累计发电量高达24.14亿千瓦时，为首都金边提供了50%以上的电力供应。

在此带动下，柬埔寨又进一步激发起了开发水电资源的热情，这也给更多的中国企业提供了对外投资机会，如参照这一模式相继启动的基里隆水电站、达岱水电站、阿代河水电站、额勒赛河下游水电站、西山河水电站等大型水电站项目建设等等都是，最终带动了中国技术、中国标准、中国设备、中国文化一步步地走出去。

第九章　智力投资

十年树木，百年树人。智力投资的目的就是要培养“知本家”，变知识为资本，回报率那是相当的高。尤其是非常规技能，即使面对自动化、机器人、人工智能潮流，也绝对可以笑到最后。

【智力投资回报率最高】

所谓智力投资，也叫人力投资，是指为开发和运用人的智慧和能力所进行的投资。

智力投资包括三层含义：一是为充分、有效利用现有人力资源进行的投资。这种投资花钱很少，甚至根本不用花钱，但经济效益却很好。二是为劳动者智慧和能力的正常发挥创造必要的精神和物质条件。这种投资周期短、花钱少、见效快。三是为培养新的人才所进行的投资。这种投资周期长、花钱多、收效慢，但一旦发挥作用，其经济效益会超过其他任何投资。对于个人来说，合理而高效的智力投资主要是第二和第三种，尤其是后者。这种智力投资又主要体现为教育投资，通常地被理解为“读书”，这也是古语“书中自有黄金屋”的来历。

从经济回报率看，智力投资要高于其他投资，甚至高出许多倍。

为什么要上大学

对智力投资的重视以及智力投资的回报率，可以从过去被称为千军万马过“独木桥”、今天被称为“敲门砖”的高考及接受高等教育说起。

从1988至2007年间看，我国高等教育的回报率呈逐年上升趋势，1988年为11.72%，1995年为29.13%，2002年为42.32%，2007年高达61.53%，这就表明，上大学对个人来说是一项越来越有价值的智力投资。研究同时表明，从2002年开始，女性劳动者、年轻劳动者、中部地区的高等教育回报率出现了停滞或下降态势，而男性劳动者、年长劳动者、东部或西部地区的高等教育回报率则持续走高，这表明高等教育回报率在群体和地区之间是存在差异的。[①]

笼统地讲这个问题比较枯燥，这里举例来加以说明。

智力投资最通俗的理解有两种，其主要表现为：

一是让自己从低收入阶层提升到高收入阶层。

究其原因在于，智力投资所造成的工资溢价非常高，也就是说这种行为在经济上是有利可图的。

举例说，每年高校招生本科第一批投档线（简称“本一线”）上下20分的考生，在学业上基本可以看作是同一档次。可是，由于分数高低、志愿填报不同，就会造成其中一部分人上本一院校（“本一”以上称为“精英教育”）、另一部分上本二院校（“本二”及以下称为“大众化教育”）。这些学生在大学四年的就读中差别并不大，可是毕业后在就业尤其是工资报酬方面则会有显著不同。

清华大学中国经济社会数据中心在2010至2015年间对我国本一线上下20分的10335个样本进行了实证研究，结果表明：(1)高出本一线能提高

① 刘泽云：《上大学是有价值的投资吗——中国高等教育回报率的长期变动(1988—2007)》，载《北京大学教育评论》，2015年第4期。

获取精英教育的概率为0.17至0.19，但农村考生在这项竞争中处于不利地位。(2)对工资对数的估计显示，精英教育能提高月工资30%至45%，但这项工资溢价的显著性不够稳健。(3)至于学校和专业之间，“好学校的差专业”与“差学校的好专业”相比，学校比专业在工资溢价方面的影响更大。通俗地说就是，学校比专业更重要，精英教育的工资溢价主要是学校而不是专业带来的。[①] (4)在我国，收入只是进入精英阶层的标准之一，此外还与所在行业、职务、企业性质、户口等因素有关。可是研究表明，精英教育与这些因素之间并不存在显著影响。也就是说，精英教育确实能够大幅度提高工资收入，但却不能保证其他因素方面的收益。[②]

仅仅从收入角度看，2017年我国本一院校应届毕业生的平均月薪在6000元左右，而本二院校毕业生却只有3600元左右，溢价高达2400元，两者相差居然高达40%，可以说是悬殊的。

二是改变自己在社会竞争中的不利地位。

究其原因在于，在这个需要“拼爹”的时代，如果你“无爹可拼”，就只能期盼着能够通过自己的努力“读书读出头来”。

在我国，目前高校录取时最重要甚至唯一的依据便是分数，可以说这是最后一个“公平”“合理”的领域。所以，“拼爹”在这里相对不重要，只要自己学业优秀，就能抵消(至少可以部分抵消)来自父母的劣势。但上述实证研究也表明，精英教育虽然在求职时受学校歧视的情形较少，可是在提高或降低收入代际流动性方面的影响并不显著。也就是说，要想接受良好的高等教育主要得靠自己努力(高考考个好成绩)，可是毕业后找工作以及收入高低就并非完全如此了。

---

① 有观点认为，这可能与校园招聘(简称“校招”)有关：一流的用人单位会直接从一流高校中去招聘应届毕业生，它们所提供的岗位和待遇条件是不一样的。

② 刘正铖：《精英教育、工资溢价与社会流动》，搜狐网，2016年11月22日。

书中自有黄金屋

本一和本二院校毕业生月薪相差40%的事实，能够部分诠释“书中自有黄金屋”的古训。之所以这样说，是因为目前普通大众对待教育投资的心理很复杂。

一方面，正如前面所述，教育投资的回报率最高；另一方面，也应当看到，教育成本也比以前要高多了。从高价幼儿园，经过以高价补习班为背景的漫长学习生涯，到读完硕士或博士开始工作、挣钱，既耽误了结婚又耽误了买房，这种因为接受精英教育而带来的工资溢价，有时一辈子也未必能抵消得了因为读书年限长而耽误了最佳购房时机所造成的购房机会成本。但即使如此，中国人对子女教育投资的重视程度依然丝毫不逊于过去。

这是为什么呢？原来，教育投资在某种意义上已经成为一种“吉芬商品”。

1845年爱尔兰发生灾荒，导致土豆价格上升、需求量同步增加。按理说，某种商品的价格上涨会导致需求下降的，所以英国经济学家罗伯特·吉芬开始时对这一现象百思不得其解，这被称为“吉芬难题”。

后来，他终于找到了答案：因为这时候土豆价格上涨了，所以人们的购买力下降了、也更穷了。这些穷人为了节省开支，便会首先想到减少奢侈品(肉)的消费，确保必需品(土豆)的消费，购买土豆实际上成为一种刚性需求。人人都这么想，土豆的价格当然就下不来了，而且会上扬。也就是说，是灾荒导致了土豆实际需求(而不是意图需求)的增加，这也是通常所说的“买涨不买跌”。

由此也可以推论：中产阶级要想摆脱自身命运，首先想到的便是凭借教育投资来脱颖而出。所以，无论教育回报率是高是低，都会迫使中产阶级越来越依赖教育投资来让自己和下一代不至于跌回底层，这实际上也是一种刚性需求。

画重点

智力投资越老越值钱

▼教育投资收益率的增长主要体现在尾部，即通常所说的“越老越值钱”。同时又要承认，在整体教育水平不断提高的今天，教育投资回报率最高段已经集中到尖端教育部分。换句话说，是质(学历等级)而不是量(受教育年限)在起作用。

▲教育投资收益率并非完全都能用货币收入来衡量，另外还有许多因素属于社会属性(如人脉关系等)，这种因素或能变成巨额财富。例如，你如果和某位贵人有密切交集，他的一句点拨、一个内幕就可能会让你的收入暴增十倍、百倍。

【文化和教育投资】

智力投资是建立在智力资本基础之上的，这种以文化和教育投资为主要特点的投资方式其回报率之高，被人类发现至今已有近两百年。

早在1836年，英国经济学家西尼尔就把智力资本当作人力资本的同义词来使用，认为智力资本是人类所拥有的知识和技能。但最早提出智力资本概念的是美国经济学家加尔布雷思，他在1969年首次提出了智力资本的概念，只是未能给出完整定义。最早给出智力资本完整定义的是美国经济学家托马斯·斯图尔特，他认为智力资本是“公司中所有成员所知晓的能为企业在市场上获得竞争优势的事物之和”，即企业的智力资本价值体现在企业的人力资本、结构资本和客户资本三者之中。

十年树木，百年树人

智力资本是一种循序渐进的长期投资，以文化和教育投资为代表。

人们经常会把文化和教育归为一类，称之为“文教”。而其实，文化和教育的性质完全不同。简单地说，教育是一种智慧“充电”行为，是指把知识教授给儿童或成年人；而文化则是一种“放电”行为，是指把自己已经积累的知识、练就的技术、培养的才能释放出来。举例说，学唱歌便是一种充电性质的投资行为，是要“交学费”的；而你在舞台上唱歌演出，则是一种放电性质的表演行为，是“有收益”的。从广义上看，教育本身也是一种传递社会价值和知识的文化行为。[①]

这种“充电器”的充电行为，到了一定的时候便可以对外放电，从而获得比其他物质投资更高的回报率。

例如，在2018年推出的第12届网络作家财富排行榜中，位居前三位的分别是北京的“唐家三少”、四川德阳的“天蚕土豆”、江苏无锡的“无罪”。其中，37岁的唐家三少已是第六次蝉联网络作家富豪榜榜首，年版税收入高达1.3亿元，代表作为《斗罗大陆》。第二和第三位的年版税收入也分别高达1.05亿元和6000万元，代表作分别为《元尊》和《流氓高手》。[②]

这种年收入动辄亿元级别的智力投资回报，是令人难以望其项背的。如果说这是个别领域的零星现象，那么放眼历史长河、从某个特定地区看，作为“富得流油”的代名词，中国历史上著名的“三大商帮”晋商、徽商、潮商是其典型代表。

例如，徽商中的典型安徽省黄山市徽州区竦塘村，历史上就因为重视智力投资而致富商巨贾、学者名家、各类人才层出不穷。竦塘村的徽商代表人物有黄姓、汪姓、郑姓、叶姓等。以黄姓为例，仅仅是在明清时期，当地就出现了许多著名的商人，如黄五保、黄豹、黄锜、黄溱、黄存芳、黄莹、黄崇德、黄崇敬等，以及1930年代在上海经营丝绸的巨商黄吉文，他们都是一方巨富。难能可贵的是，他们发家致富后依然崇尚节俭，倾力投资教育，并泽及乡党。[③]

---

① 严行方：《文化经济学》，北京：北京经济出版社，1992，P15。

② 《2018年网络作家收入排名一览》，每日财经网，2018年4月12日。

③ 陈平民：《竦塘富商巨贾是智力投资的强力支撑——竦塘定位“徽州教育村”散论》，载《黄山晨刊》，2018年5月16日。

这就是所谓的“十年树木，百年树人”。历代竦塘富商巨贾重视智力投资，铸就了徽商精神灵魂。放眼整个徽州地区，虽然全都地处贫困山区，但由于重视智力投资和开发，徽商从宋代开始便成为历史上著名的商帮，并在明清时期达到全盛。

智力投资、人力投资和教育投资之间的关系

从共同点看，智力投资、人力投资和教育投资都是侧重于培养和提高人的智力水平，尤其是劳动能力。从不同点看，智力投资包括开发人的智力方面的所有投资；人力投资除了开发和保护智力投资，还包括体力方面；教育投资则是智力投资和人力投资的主要组成部分。换句话说，人力投资的内涵要比智力投资大，而智力投资的内涵要比教育投资大。

从智力投资成本看，它的主体成本是教育投资成本，这也是家庭和社会培养具有智慧和能力的创新人才所花费的必要代价（不包括期间的生活消费支出）。

从这一点上来说，理性看待教育收费，从社会人均智力投资额、家庭智力投资额、受教育者因上学不能就业获取收入的教育机会成本等角度来观察，可以得出以下结论：我国目前的教育收费和生产力发展水平基本适应，城镇居民有承受能力，只是中西部地区和农村部分居民有些承受不了，政府应该为这部分贫困学生提供“国家助学贷款”[①]。

这种教育投资一旦上升到智力投资高度，并转化为人力投资，就会迸发出超常的投资回报率，让你快速从中产阶级步入富豪阶层。

1987 年，王伟伟出生于江苏省洪泽县三河镇。与其他同学读书的目标就是为了考个好大学相比，她的志向有些与众不同。所以，当高中毕业时她在“同学录”一栏填写志向时写下要做“一名成功的商人”时，完全出乎他人

① 朱学义、于泽：《用智力投资观解析教育“高”收费》，载《大学教育科学》，2007 年第 6 期。

意料。

但事实上，她确实没有为读书而读书，而是把它当作一项智力投资来看待。

2007年，王伟伟考上了常州工学院播音主持专业。读大一时，她就到处兼职做外场主持，一年下来的兼职收入竟然高达3万多元。读大二时，恰好遇到全国乳制品市场受三聚氰胺奶粉事件影响发生剧烈动荡，她隐约感到，其中隐藏着无限商机。

当她在逛超市时看到货架上的羊奶后，突然感到莫名激动，觉得机会就在眼前。她把大一时自己所赚的钱全部拿出来作为启动资金，用在代销羊奶上，在超市和其他终端店进行销售。令她没想到的是，市场并没有自己想象中的那么好；眼看货架上的那些羊奶还有五六天就要到期，她心里很不是滋味，只好把它们全部拉回来免费送给同学喝；有些同学喝不掉，就用来洗脸、泡脚。创业之初，王伟伟就亏了七八千元，虽然很心疼，但她依然含笑把这当作“学费”来看待。

从小就有生意头脑的她觉得，搞销售不能看天吃饭，得有必要的宣传才行。于是她开始主动出击，又是张贴海报、免费品尝，又是送货上门，就这样慢慢地打开了局面，大学毕业时已经挣到上百万元的“第一桶金”。她的羊奶不仅销售到当地各大超市，而且还拥有了自己的公司和三家专卖店。[①]

大学毕业后，王伟伟放弃了在富裕的苏南工作的机会，毅然扩大产业链，回到家乡创办了淮安市宏伟牧业有限公司，开始从事肉羊养殖。创业时虽然饱受艰辛，但她已经不是一个对商场和市场一窍不通的普通应届生了，而是具有一定商业头脑和前瞻眼光的女“企业家”。短短几年过去后，该公司已经成为该市领先的湖羊集约化生态循环养殖基地，存栏量多达7000多头。不仅拥有集屠宰、冷冻等功能于一体的现代化厂区，从人工授精到喂养、挤奶、宰杀、加工整个流程都可以在这里完成，而且还带动周边1000多

① 洪文：《洪泽县大学生王伟伟入选央视创业致富榜样》，载《淮安日报》，2016年1月6日。

户农民共同致富,带动村民增收500多万元。

谁说王伟伟的“专业不对口”这大学就“白读”了呢?要不是她从小就有商业头脑,又在读大学时开阔了眼界、有了实际锻炼,或许她就无力创建这样的“公司(基地)+合作社(扩繁场)+养殖小区+农户(育肥场)+银行”的现代化体系,从而也就无法比传统养殖节省大量的人财物力,创造出巨额财富来了。

当年立志要当成功商人的王伟伟,现在已经成为“全国农村青年致富带头人”。2016年5月,她把公司升格为江苏宏伟食品有限公司,全面打造羊产品产业链,力争做成国内第一羊乳品牌。[①]

画重点

乘数大,积才大

▼中国的家长都特别重视孩子的教育,从幼儿园,不,从胎教开始就筹备将来的“千军万马过独木桥”了。在这种集体无意识背后,实际上反映了对智力投资的重视以及智力投资高回报率的期盼,对摆脱父辈中产阶级命运的期盼。

▲“二八定律”告诉我们,无论是智力投资还是教育投资、人力投资,都只有极少数人会脱颖而出。这些人的成功秘诀,并不在于其智力投资总额有多大,更重要的因素在于其转化率比别人高。乘数大,积才大。

【知识产权投资】

知识产权作为一种无形财产,已经成为越来越重要的经济资源和竞争利器。可是却不能因为它无形就被你打入冷宫,这不但对它不公道,更会因

① 张海峰:《女大学生毕业后不做主持人当羊倌,如今年销2100万》,载《现代快报》,2018年3月28日。

为通过知识产权转让或许可他人行使权利能够获得极大的投资回报而错失良机。

知识产权的特点和内容

所谓知识产权，是指权利人对其创作的智力劳动成果享有的专有权利。它包含这样几层含义：(1)它是一种智力劳动成果，主要包括工业产权和版权(著作权)。(2)它是一种专有权利，一般是有有效期的。(3)知识产权是一种无形产权，也叫智力成果权、无形财产权，它的本质是人身权利(精神权利)和财产权利(经济权利)，与取得智力成果的人(组织)分不开。

知识产权和无形资产的关系是：无形资产的概念和内容比知识产权要广、针对性更强。例如，管理艺术、企业文化、土地使用权、特许权、企业形象代言人的形象权和姓名权等，虽然属于无形资产却不属于知识产权。知识产权和无形资产的共同点在于：两者都可以进行交易、投资，并从中获取相应回报。

知识产权的特点主要有：(1)无形性。(2)专有性。即独占性或垄断性。(3)时效性。(4)地域性。除非签订了国际公约或双边互惠协定，否则某项知识产权只能在这个国家范围内发生法律效力，不能越界。(5)大部分知识产权的获得需要通过法定程序，但也有少数知识产权不用，如版权。(6)绝对性。具有排他性；但可以使用、收益、处分、转移(继承)。(7)既受法律保护，也受法律制约。

知识产权的内容主要有以下几种：(1)工业产权，如专利权和专利保护、商标权、商号权、原产地名称、专业技术和反不正当竞争权、制止不正当竞争以及植物新品种权和集成电路布局设计专有权等。(2)版权(著作权)，如自然科学、社会科学、文学、音乐、戏曲、绘画、雕塑、摄影、电影等作品组成的版权(著作权)。简单地说，著作权就是版权，它包括著作人格权和著作财产权两部分。

知识产权的投资及其红利

知识产权的独占性、专业性、绝对性，以及它的财产权性质，表明它的拥有人完全有权对它进行使用、处分，其中，理所应当也包括用它来进行投资并从中获取回报的权利。

知识产权的投资要关注以下几点：(1)知识产权可以用来投资入股；(2)知识产权出资最应关注的是对该企业的适用性。

知识产权出资具有两大特点：(1)经营收益性强，并能在一定时期内形成对市场的控制能力。如果是现金投入，遇到对方撤资，你或许还能通过其他资金投入来加以弥补；但如果是知识产权投入，遇到撤资很可能就表明这个公司将不复存在。好好利用这一特点，投资人完全有可能追求投资回报的极大化。比如，把知识产权许可给企业使用，就能把这种许可费转化为股权收益，从而实现出资价值。同样的道理，如果你拥有专利权、商标权、著作权等知识产权，同样可以采用这种方式向企业收取加盟费，实际上，这就是按照加盟企业的营业收入或知识产权数量来进行分红提成。例如肯德基公司、加州牛肉面公司等，就都在利用自己的商标和配方对外进行合作，它们能从中获取巨额的加盟费和特许使用费。更不用说，把知识产权以公司名义对外进行入股，还可以组建新的经济实体。这样，知识产权的所有人在新的经济实体中就是股东身份，摇身一变就可以通过这种投资分红获取投资回报。(2)债务清偿差异性大。采用转让所有权清偿债务时，既可以一次性清偿债务，也可以分多次清偿债务。

知识产权投资享受红利的方式主要有：(1)完全卖给某企业。(2)部分卖给某企业。(3)出资入股。按照现行《公司法》(2014 年 3 月 1 日起施行)第 27 条规定，知识产权的入股比例没有限制，最高可达注册资本的 100%。

知识产权投资的风险

知识产权投资的风险，主要体现在以下三方面：

1.由于知识产权特性可能造成的风险

例如，知识产权的合法性、稳定性、时间性、地域性以及知识产权的商业化程度等。其中，比较不容易理解的是商业化程度风险。一般而言，知识产权虽然具有先进性，但先进性和市场潜力完全是两码事；更不用说知识产权如专利等具有经济寿命了，而这种经济寿命又与法律保护期限有关。所以，用于出资的知识产权只有在技术上实用、商业化程度高、具有广阔的市场发展前景，才会具有较高的投资价值。换句话说，这时候它的投资风险才小。

2.公司资本运作可能造成的风险

从资本配置比例看，知识产权出资虽然最高可达注册资本的百分之百，可是在公司注册资本中，无形资产和有形资产之间要有一个合理的配比，才会更好地发挥资本效能。

从知识产权的撤资退股看，一旦出现这种情形，发起人如何填补这个空白就存在一定的风险甚至巨大的风险。例如，如果几位发起人中有一位是以商标入股的，现在商标不能用了，就属于这种情形。

一般情形是，如果该知识产权属于非职务技术成果，完全归个人所有，撤资退股就相对要容易些，但因此对企业运营造成的风险却相对较大；如果该项知识产权属于职务技术成果，那么除非另有约定，否则处置权一般会归单位所有，个人不能以自身名义用于出资。可是《著作权法》又规定，除非另有约定，否则一般情况下著作权是由作者享有的，单位只是有权优先使用该作品；同时，在作品完成后的两年内，未经单位同意，作者不得许可第三人像本单位一样使用该作品。在这种情况下，撤资退股就会受到某种制约，甚至根本无法完成。

3.知识产权的出资方式

最常见的出资方式是约定使用，具体地分为“转让”和“许可”两种。

要注意的是，如果以转让方式出资，表面上看好像是把它完全“卖”给了该公司，可是这与一般的知识产权转让有两点不同：一是你并没有取得完全的价格回报，得到的只是股权；二是这时候你并没有完全丧失该项知识产权，你仍然可以以股东身份在公司终止时享有剩余财产的分配权，并且按照股权比例处分该项知识产权。从这一点上看，这种知识产权转让具有许多不确定性，商标的转让就是如此。

而如果你是以许可方式出资入股的，那就说明你仅仅“让渡”了这项知识产权中一定期限、一定范围内的使用权，而不是它的所有权。

现在的问题是，无论转让还是许可，都会因为知识产权具有有效期，并且这种有效期不一定和该企业的经营期限相一致，从而存在着法律障碍。换句话说，这项知识产权到期了，可是企业经营还得照常继续，这时候该怎么办？这些问题就都需要事先通过协议来明确。

知识产权投资的维权

要做好知识产权投资维权，需要注意以下三个方面：

一是了解知识产权管理的相关法律法规，为自己的维权行为打好法律基础。

二是要明白，对于权利人来说，采用知识产权的使用许可权出资入股比使用专有权出资入股更有利，而两者都是合法的。

三是知识产权使用权出资人，并非一定就是该项知识产权的专有权人；非专有权人同样具有出资人资格，现行法律对此并没有明确限定。不过需要注意的是，并不是所有知识产权都可以用使用权出资入股，它还必须具备“可以用货币估价并可以依法转让”的前提。也就是说，如果你具备使用权却不具备再处分权，就不能依法转让。

四是知识产权出资的权利移转。《专利法》规定，任何单位或个人实施他人专利的，都要订立书面合同，向专利权人支付专利使用费，并且从合同生效之日起 3 个月内上报备案。从中容易看出，这里的移转手续主要体现在两点:(1)签订专利使用权出资书面合同,而不必像专利权转让出资那样办理主体变更登记和公告手续;(2)要在规定的时间内登记备案。在此基础上,才能办理实质性移转手续。类似地,商标使用许可权的移转、著作权转让方式出资的移转也大同小异。

画重点

有“权”不用过期作废

▼知识产权是对创造性劳动所完成的智力成果依法享有的专有权利。这是一种越来越重要的经济资源,浪费或闲置在那里实在可惜。无论是你自己直接行使权利,还是转让或许可他人行使权利,都能从中获取经济收益。

▲知识产权既可以出资入股也可以一次性买断,但不用说,出资入股与一次性买断相比无论收益的数额还是其实现,都具有许多不确定性。所以,对于知识产权所有人来说,有必要学会怎样才能收益最大化,并维护合法权益。

【目标是格局和品位】

所谓格局,是指眼光、胸襟、胆识、心态等心理要素所构成的布局。一个人的层次和成就,总会限定在他的格局范围内,正如“再大的烙饼也大不过烙它的锅”。

要想提高人生格局,就必须学会各种认知。这种认知格局表现为时间认知、空间认知、要素认知和跨界认知四个方面。有则故事是这样的:说是有三个年轻的瓦工在砌墙,有人问他们在干什么。甲没好气地说,“你没看到吗,我在砌墙!”乙则笑了笑说,“我们在砌高楼”。而丙满面春风地说,“我们在建设一座新城”。若干年过去后,甲仍然在砌墙,乙则成了工程师,丙已经成为他们的老板。

所以说,“你的心有多宽,你的舞台就有多大;你的格局有多大,你的心就有多宽”不无道理。一个人的格局会决定他将来究竟能飞多高。从某种意义上说,智力投资的目的并非像有人所说的那样是多学一点知识,而是提高格局和品位。

赚钱不吃力,吃力不赚钱

过去是人靠资本赚钱,现在则是资本靠人赚钱,智力投资将会是下一片蓝海。现在已经有咨询公司看到这一点,主动为企业进行智力投资,如各种培训、管理咨询、品牌运营、团队建设、后续人才梯队建设、上市投融资规划等等,不投入任何资金,却要占企业股份的10%至30%。这种智力投资给企业带来的价值会比资金投入更持久,也更有生命力。

在这个过程中,也不得不承认需要有一点格局和运气。格局是内在因素,运气是外部环境,外因通过内因而起作用。

李铁大学毕业后被分配在国家机关,成为一名令人羡慕的公务员。邓小平南行讲话发表之后,他觉得自己实现财富梦想的机会来了,于是毅然决定“下海”。

全家人都觉得他是这方面的料,所以给了他1万元,让他成立公司,出售自己研制的游戏卡。果然,他出手不凡,到1995年时便已赚到100多万。

这时候,我国股市刚刚启动不久,对商业运作和时代气息天性敏感的李铁认准股票是一种新事物,所以在其他人还在观望的时候,1995年7月25岁的他就带着这100万元从陕西宝鸡飞往深圳。

去深圳干什么呢?当然是希望能从中找到股市中赚钱的规律了,结果没想到却缴了30万元“学费”。学费当然不会是白缴的,他从中悟出了反映大资金进出情况的“金脑指数”,这成为他日后出奇制胜的法宝。

1996年春节前后,他一口气买进的“深发展”“四川长虹”“东大阿派”“深科技”等股票开始全面上扬,其他人见好就收了,可是他不但没有退出,反而再度杀入。由于机遇掌握得好，股票价格一路上扬，直到他松手为止。就这样，在短短两年间，李铁的100万资金变成了1个亿，成为深圳最年轻的亿万富翁。

1996年11月，他除了"东大阿派"和"武凤凰"以外全线退出。结果奇迹又出现了，他抛出的股票全面下挫，唯独这两只股票涨幅巨大。由于他对时机把握得好，个人财富很快超过3个亿！[①] 而这时候，29岁的他从家乡出来还只有4年！

他成为富豪不是偶然的

古今中外，成功的投资者有很多共同特点，其中最重要的是理智，而不是智商高。他们因为格局大，所以冷静和理智，看问题更远、更深，不轻易激动。正如巴菲特所说："你无须是个火箭科学家。在投资游戏中，智商160的家伙未必能胜过智商130的，理不理性才是关键所在。""要是你的智商有160，分30给其他人吧！因为投资这档事不需要智商很高，你需要的是情绪稳定，你得有独立思考的能力。"[②]

巴菲特的搭档查理·芒格与巴菲特的老师本杰明·格雷厄姆有一个共同的偶像，那就是美国19世纪最优秀的作家、投资家、科学家、外交家和商人本杰明·富兰克林。芒格说，"富兰克林之所以能有所贡献，是因为他有(资金)自由。"他认为，一个人只有变得富有才能为人类作贡献；而要想变得真正的富有，就必须拥有自己的企业。可以说，这正是促使他和巴菲特共同缔造当今人类最伟大的企业之一伯克希尔公司的不竭动力，也是他个人的事业格局。

能看到，正是芒格在多年前发动了一场堕胎在美国合法化的运动，并取得最终胜利。1989年，他给美国储蓄机构团体写信，抗议该组织不支持储

① 《年轻人的创业真经》，载《韶关日报》，2006年6月6日。

② 吴慧珍：《成功投资智商须多少？巴菲特：130》，载台湾《工商时报》，2017年10月16日。

蓄和信贷业的各项改革，并在当年退出该团体，引起强烈反响；不久以后，美国储蓄和信贷业便爆发危机，酿成美国历史上最大的金融丑闻之一。可以说，芒格的这些举措之所以远远超出投资家和商人的职业范畴，就与他的格局和品位分不开。

有了这样的格局和理智，芒格一旦确定做一件事，就会一直做下去，做一辈子。比如，他在哈佛高中和洛杉矶一家慈善医院担任董事长，一任就是40年之久。在这家慈善机构，他不但慷慨地投钱，而且还投入大量的时间和精力，确保该机构能够顺利运营。

作为亿万富翁，芒格一直过着外人看来像苦行僧般的生活，而其实，这正是他对自己在生活方式上的道德要求。他一生都在研究人类失败的原因，对人性的弱点了解得极其透彻，所以从不怨天尤人，总能保持一种乐观、幽默的心态。

从中国人的角度看，他实际上扮演着中国传统士大夫的角色。亿万富翁的他依然居住在几十年前购买的普通住宅里，外出旅行时永远只坐经济舱，与人约会时总会提前45分钟到，偶尔迟到还会专门致歉。而士大夫精神则是中国文明的灵魂，它强调在科举体制下不断提高自我修养、自我超越的过程，即古人所说的"正心，修身，齐家，治国，平天下"。

芒格的成功完全依靠投资，而他投资的成功又完全依靠学习和自我修养。作为一个正直、善良的人，他用最干净的方法、充分运用自己的智慧，取得了这个商业社会中的巨大成功，与权钱交易、潜规则、商业欺诈、造假行为等完全绝缘。

这样的格局和成功，无疑就会让中国读书人看到希望，即认为同样可以通过实现自身价值和帮助他人，在世俗社会里取得成功。[①]

---

① (美)彼得·考夫曼著，李继宏译：《穷查理宝典：查理·芒格智慧箴言录(增订本)》，北京：中信出版社，2016，中文版序。

画重点

心有多宽舞台就有多大

▼一个人的成功，从短期看与机会和幸运有关，从中期看与兴趣和爱好有关，从长期看与格局和性格有关。所以，智力投资的目的表面上看是增长知识、丰富人生、提高认知，而其实质是要落实到提高格局和品位上来。

▲谈到自己的成功，李铁说，他天生对挣钱有一种敏感，能够较好地把握每一次递进财富、递进人生的机遇，恰好又遇到了改革开放的时代背景。所以，所谓机遇大多是悄然而至的，你必须有大的格局才能发现真正的机遇在哪里。

【不同阶层的人如何学习投资】

如果把智力投资看作是一种投资过程，首先你要选择投资标的。所谓“男怕入错行，女怕嫁错郎”便是如此，一旦目标选错，就会离题万里。

智力投资的三大方式

归纳起来，智力投资的方式不外乎有三种：一是读书，二是听课，三是观察。

灵活性最大的是读书。读什么书、读多少书、什么时候读书，全由你说了算。

听课主要是听各种讲座，也可以专门去修一门课。对于生活在大中城市的人来说，这样的愿望会比较容易实现。此外，最面广量大、最有用的讲座其实是电视和电脑上的视频节目。这里的看电视，看的不是综艺类节目，而是实实在在的专家讲座和深度报道。通过看电视，看这些专家究竟是怎么讲的，就会启迪思考、博闻广见。现在多媒体这么发达，随便打开一个网站都有大量的知识类视频讲座可供观摩学习，快捷而方便。弄斧到班门，常常会有“听君一席话，胜读十年书”的感觉。

而观察，则需要有一定的契机和外部条件，是读书和听课的必要补充与升华。

在这其中，最重要的是看书，尤其是看什么书。你当然可以听别人推荐，但主要还得靠自己选择，因为只有你最清楚自己的口味和水平，知道自己缺什么、还需要补充什么。

智力投资的四大原则

一是量入为出、尽量满足的原则。

每年都要在家庭总收入中安排一定的比例用于智力投资，在不影响家庭生活的前提下，尽量满足家庭成员不同层次的智力开发需求。在这其中，要克服一大错误倾向，那就是觉得智力投资只是针对孩子的，以至于在孩子身上投资过度。

而其实，同等重要的是家长自己也需要智力投资：一方面，家长作为成年人在学习上具有自觉性，智力投资见效快、效益高。另一方面，家长本身智力投资的不足会影响自身素质提高，无法胜任教育和辅导孩子的工作，从而拖累孩子的智力投资。

二是家庭智力投资和社会智力投资相一致的原则。

社会智力投资如培训、科普、在职函授等，与家庭智力投资起到一种相辅相成、相互制约的作用。再不济，也可以搜索一下，找个大神云集的微信群或 QQ 群，加入其中、潜水学习。家庭智力投资和社会智力投资两者如果能在方向上保持一致，就能极大地提高智力投资效益。

三是效益性原则。

也就是说，任何智力投资都是有目的的，并且必须追求投资效益。如果没有效益追求那就不叫投资，只能叫休闲、娱乐或“重在参与”。

四是量身定做原则。

比如说，如果你是学生，在课堂学习的同时还可以在网上辅修一门课程，这种方式比较专业，进步也快。如果你是刚刚参加工作，最好是能机缘巧合找到一位有真才实学并且又愿意教你的师傅做引路人，这种"大神"的指导和点拨会让你快速成长起来。如果你已经工作多年，那就要考虑自己的兴趣、爱好和特长分别在哪里，以后向什么方向发展，还有哪些能力缺陷需要克服。如果你想改行，那就要缺啥补啥；如果你想在现有领域打拼，就要在原有基础上再上一个台阶……所有这些，都会大大有助于提高智力投资效益。

不同家庭的财商教育

不同阶层、不同家庭的人在实施智力投资时会在有意无意中打上不同烙印。关于这一点，日本超大银行富裕阶层顾客销售负责人挂越直树具有丰富的第一手素材。他在《亿万富翁教我的理财武器——从金钱逻辑到投资技巧》一书中，详尽探讨了普通人、中产阶级、超级富豪们在这方面的细微差别。

他说，普通人家的孩子从来没有接受过专门的财商教育，大多数人从小从父母那里听到的是一遍遍告诫"钱要存起来"。即使父母不这样说，他们也会从父母的辛苦劳动和勤俭节约中，自觉不自觉地养成这种金钱观念，往往就连正当的消费也会隐忍不说。在他们的概念中，所谓理财就是银行活期和定期存款。而之所以要存在银行里，主要是考虑放在家里会被小偷光顾、不安全。他们基本上没有"运用"资产的概念，如果有负债是一定要尽快还清的，崇尚"无债一身轻"。他们一般不读书；即使去书店，主要也是光顾杂志区，或者会去流行图书那里转一转，不会购买投资理财类图书。在他们眼里，总是认为投资理财类图书不大好懂；只有在他们看到自己感兴趣的内容如"怎样投资房地产"时，才可能会买下这本书来，但回家后就再也不会去翻这本书了。而且他们买书有预算，如果觉得这本书贵，就会只是站在那里翻一翻就放下，绝不会买回家。对于这些人来说，看书还是上学时候的回忆。以前他们也看过名人传记，梦想着有朝一日能像他们一样成功；但后来发现理想很丰满、现实很骨感，看不到未来，所以也就满足于现状，再也不读书了。而这样一来，他们的知识体系无法更新，也就决定着他们从此只能是“普通人”。

而中产阶级家庭的孩子，因为父母都是高薪白领，所以从小就养成了花钱大手大脚的习惯，认为“钱就是用来花的”。他们即使在婚后也会沿袭这样的习惯，因为不想由于结婚而降低原来的生活水准。基本上，他们想要的东西都会买，是典型的“月光”族，手头基本没有存款。他们虽然也想提高财商，但总会以没空为借口拒绝学习。他们虽然也经常去书店，除了主要翻阅时尚杂志，也会去投资理财类图书柜台转一转。当看到有自己特别喜欢的图书，并且价格在预算范围内，也会买下来。他们炒股经常亏损，虽然有时候也会去书店买上几本投资理财类图书，但买过以后就扔在家里了，根本不会去读。这是为什么呢？原因在于他们的好奇心特别强，所以也带动起了很强的求知欲；但当这些图书买回去后，就发现自己是叶公好龙，所以总是以很忙为理由拒绝看书，陷入了一种买而不读的“积读”状态。当朋友来家里时看到有很多书，与他们探讨时，他们只会支支吾吾，因为其实这些书买回来后一本都没有好好看过。

超级富豪们的做法就不一样了。他们的孩子从小看到的是父母如何让钱生钱，因为总收入高，所以收入中的大部分都会用来投资理财。他们不但不会像中产阶级那样花钱如流水般地冲动消费，而且只有当这种消费是非常必需的时才会花钱，否则一有钱就会毫不犹豫地用来投资，并且是随时随地都在学习理财知识、寻找投资机会，努力扩大自己的财富。他们通常每两三个星期就光顾一次书店，只要看到自己感兴趣的书就会买下来，而且会一买就是好多本，根本不看书价，并且其中有相当一部分是引进版图书(他们想看看外国人是怎么投资的)。为什么要一买好多本呢，因为他们怕失去投资机会；为什么不看书价呢？这倒主要不是因为他们有钱，而是他们认为图书定价高低自有内在逻辑，所谓“好货不便宜”“便宜没好货”；而且他们会认为，价格高的图书会抑止读者需求，看这本书的读者少了，相对来说自己从中得到的情报就会更珍贵。他们在买下图书后一定会尽快阅读，通常能看到他们在书店隔壁的咖啡馆里就如饥似渴地读起来，一边品尝咖啡，一边阅读。而且他们读书的方法很特别，首先是看作者介绍，看作者写过哪些书、擅长什么领域，然后就速读目录。在读正文时，自己了解的地方就略读，不了解或想重点了解的地方就详读。这样大约30分钟，就能翻完一本图书；哪怕这次买了五本书，两三个小时也就都翻完了。回去以后再仔细回味一下，对其中特别想知道的内容，抽个时间再次细读。而且他们有一个特点，喜欢把约会地点定在大型书店，这样无论是谁先到，都可以一边等人一边看书，一点也不会觉得无聊，更不会浪费时间。在他们看来，学习的目的在于运用，所以看了书之后不是用于投资实践，就是与人分享。他们的投资品种很多，一方面是，他们的资金投入量大、样样都有涉猎；另一方面，这也是他们通过分散投资来确保投资安全的必要举措。在他们的投资品中，房产投资是最主要的，因为房产可以产出固定收入，如房租（这就是中国人所说的“一铺养三代”）。他们也有股票和债券的投资组合，并通常会在经济景气时增加股票比重、在经济不景气时反之，并随时进行这种投资组合比例的调整。同样是投资股票，他们会选择那些流动性强，收益率高的大盘股，并长期拥有，不会指望从短期炒作中获利。[①]

画重点

人是环境的产物

▼智力投资的基本原理是相通的，可是不同层次的家庭对智力投资的理解不同，做法更是大相径庭。对照上述三个不同层次家庭智力投资尤其是财商教育上的不同，你或许就能明白自己应该怎么做。

▲智力投资中的两大要素即物质要素和人力要素是可以相互替代的。

① （日）挂越直树著，刘世佳译：《亿万富翁教我的理财武器——从金钱逻辑到投资技巧》，北京：民主与建设出版社，2016，P18—22、33—42、102—111。

合理进行这种替代即用低廉的要素替代相对昂贵的要素，例如在教学条件受限背景下，充分发挥教师的教学积极性，同样能够确保教学质量，从而变相提高投资效益。

【智商税会让你倾家荡产】

智力投资最见效的首先是智商。虽然巴菲特认为投资无需高智商，但智商不足显然也是投资大忌。大量的事实证明，这有可能导致你倾家荡产。

有句经典的话是这样说的：庞氏骗局“虚构一个不劳而获的人，去忽悠一群想不劳而获的人，最终养活一批真正不劳而获的人。”从古到今，所有诈骗的本质都是撩拨人的不劳而获之心，哪怕漏洞百出，依然会有人相信，甚至坚信不疑。这些人就被称为“智商余额不足”，而这些被骗的钱财则被称为交“智商税”。

智商税的具体表现

智商税的具体表现主要有以下四种：

一是把投资当储蓄，赌上全部身价。这里的“投资”特指那些幻想一夜暴富的人在不明真相，或被业务员信誓旦旦的承诺所迷惑，或明知前途未卜的情况下赌一记，结果多半会铩羽而归，至少也是“偷鸡不成蚀把米”。

二是轻信熟人朋友。中国人最重视人脉关系，“亲不亲，家乡人”。如果还有点沾亲带故，那就更放不下面子，“我们俩谁跟谁呀”。可是这样做，只要对方来者不善，你就一定会被“杀熟”，成为牺牲品，传销和庞氏骗局都是这一套路。

三是只看表面实力和传说中的后台就猛砸钱。这些人只要一看到对方装修豪华的办公场所、理财网点满天下，老板一掷千金、动辄出入豪车，就觉得对方“有实力”“后台硬”。见面时，再听对方说几个似是而非、无法证实的离奇故事，就更会顶礼膜拜。殊不知，这正是金融骗子们的典型特征，真正的金融人一般都会很低调。就好比有人说，“现在这年头赚钱太容易，昨天刚赚了5000万，今天又赚了3000万”，这基本上是吹牛无疑，马云都不会这么说；相反，如果对方连叹苦经，称自己只是“混口饭吃”，这种人背后有几个亿都是可能的。

四是不肯动脑的“懒癌晚期”，依赖性极强的“伸手党”。这些人在投资前可能还会有所警觉，可是当钱投出去以后，就基本上懒得过问，好像这钱不是他的、从此和他无关一样。等到突然有一天得知平台出了问题，已经覆水难收了，才会懊悔莫及。投资风险是一个动态的过程，这方面绝没有一劳永逸的事，只有时刻保持一份警惕和专注，才能有足够的应变能力。

收智商税的基本套路

最典型的套路是以下这则故事：

说是菜场里拥挤的小路旁，有一名衣衫褴褛的乞丐，身旁摆了块牌子，上面写着，“谁给我1元钱，我明天就还给他2元。”前面几个人路过，白了他一眼，说：“天下哪有这种好事，明天如果你不来，我这1元钱不是肉包子打狗了吗？”便头也不回地走过去了。后面的几个人见了，说：“虽说‘千做万做，蚀本生意不做’，但不就是1元钱吗，倒是可以试一试。”于是，他们轻轻地放下一枚硬币，没想到第二天来菜场买菜时，果然每人从那乞丐那里拿到了两枚硬币。边上的人看见了，也纷纷仿效给他扔硬币，结果第二天全都能得到加倍的偿还。

这下好了，消息传出后，每天前来给乞丐“投资”的人挤破了门槛。有的是开着汽车来，把成袋成袋的钱从后备厢里拿出来；更多的人是骑着电瓶车、推着自行车，把成捆的钱运过来。以至于到最后，这个城里已经没人上班了，因为做任何工作都不可能获得每天赚一倍的回报！而那乞丐信用也非常好，第二天总能如约偿还。

可就在大家忘乎所以的时候，那乞丐突然有一天仿佛从地球上消失了，谁都不知道他究竟去了哪里！只剩下那些“投资者”自怨自艾或相互埋怨，以至于白白地交了巨额的智商税！

别以为这种事情很可笑，其实现实生活中比比皆是。南京一家做蓝莓酒的公司就是这样的套路。

这是一家南京当地的本土企业，主要经营范围是食品和日用品，令人奇怪的是，该公司的实际业务却是“投资理财”。公司对外承诺：吸收资金在5万元以下的10个月利息可达70%，5万元以上的10个月利息可达80%，按月偿还本息；股权投资20万元，两年后可以拿到100多万。它们的这一做法从来不做广告，只是在客户之间口口相传。就这样，整整一年时间过去了，无论业务员还是顾客都避讳谈投资安全问题，运营一直很“正常”，只是年化收益率从最初的90%降到了70%至80%，但这也已经是南京当地投资回报率最高的了，可以说几乎没有任何行业能承受得了。

尤其是，最早的几个老太太每人投入三四百万元，不但本金早已收回，而且还赚了不少，所以在这样的口碑效应下，当地有10多万人慕名而去，投入金额动辄上百万元。可就在2016年4月初，该公司在资金雪球滚到20亿元时，突然跑路了。

不难看出，这一“曲”和上面菜场上的那位乞丐套路一模一样，都是抓住人性贪婪的弱点，循循善诱，然后见好就收，戛然而止，终成“绝唱”，把你的一切卷个精光。

投机取巧会致富吗

在中国，有太多的人梦想一夜暴富，或通过投机取巧快速致富。而其实，智力和小聪明并不是同一概念，也和投机取巧毫无瓜葛。所以，如果有人认为自己没有发财致富的原因是“太老实”，那么这是站不住脚的。

虽然自古以来就有“无商不奸”的说法，似乎也有许多例子能够证明这一点，但终究不是本质。各人有各人的活法，也有各人的成功之道。

曾经有一份调查结论是，有52%的受访者认为富人之所以富是因为他们“不诚实”。言外之意是因为自己过于诚实，所以没有富起来。

从社会心理学角度看，这种观点似乎是成立的，好像也很有市场。举例说，美国研究人员就发现，从办公室里把一卷卫生纸带回家或使用盗版软件的人中，社会经济阶层较高的人更多；而在社会阶层较低的人群中，暴力犯罪如谋杀、严重的身体伤害，惯犯等更为常见。这是为什么呢？归根到底，是因为特定阶层这样做得到的好处较多而风险又不大时，这种做法便会普及开来。

但所有这些表面现象都不能掩盖另一个事实。美国研究人员托马斯·J.斯坦利在调查了733名百万富翁后得到的结论是：在问到什么是影响财务成功的最大因素时，57%的人说“非常重要的”一点是“诚实对待所有人”，另外33%的人将诚实列为自己取得商业成功的“重要的”因素，在30个备选因素中名列第一。也许你会怀疑这样的回答并非出自内心，毕竟谁都希望把自己的成功归因于正面品质；但如果你知道这是一项匿名调查，或许就能改变你的这一观点。

那为什么诚实会带来财富呢？这是因为，诚实会给人以信任，而信任会降低人际交往成本和商业成本，从而转化为一种关键性的商业优势。而要取得这一优势，需要做到以下三点：一是过去的交往经历。只有你过去的承诺都能兑现，才能让人觉得你诚实，继而信任你。二是取决于你的声誉。也就是说，你过去拥有良好的信用记录。三是直觉。有时候，这种诚实和信用仅仅只是一种“发自内心的感觉”。

所以，建立在“无商不奸”基础上的投机取巧，可能也可取得暂时的成功和财富，但终究不会长久；一旦被人识破，之前的信用便会荡然无存，反而酿成更大的损失。有没有人的这种技巧高超到一辈子不被人识破呢？可以说很难。这就是俗话所说的“骗得了一时，骗不了永久”。

巴菲特在与人打交道时，最关注的就是对方是否具有诚实的品质。他说，“在寻找可以雇用的人时，要关注三种品质：诚实、智慧和精力。但最重要的是诚实，因为如果他们不具备这一品质，那么另外两种品质——智慧和精力——会要了你的命。”他一直坚持认为，永远不要在做生意时和任何通不过“报纸头版检验”的事情打交道。他说，“我希望员工这样问自己，他们是否愿意让自己打算采取的任何行动第二天出现在他们本地报纸的头版，让他们的伴侣、子女和朋友读到由消息灵通并且吹毛求疵的记者对此所作的报道。”

就他自己而言，他当年在收购内布拉斯加家具店时，就充分体现了这一特质。当时他仅仅是问了一句老板这家家具店值多少钱。当对方告诉他说值4000万美元时，他第二天就送来了一张全额支票。店老板感到很惊讶，因为巴菲特并没有履行任何查账、盘点等手续。当她就这一点向巴菲特提出时，巴菲特坚定而又幽默地说，他对她的信任远远超过对她会计的信任！[①]

画重点

智商不足，亟待充值

▼在中国，“无商不奸”的观念根深蒂固。这既是整个大环境的产物，又会影响整个大环境，导致处处充斥投机分子和投机气氛。这些违反常理的“智商税”缴得实在冤枉，却又比比皆是，是中产晋升富豪阶层之大忌。

▲智商税的基本套路，就是上述菜场旁那位乞丐的做法，但又绝不仅限于此。凡是违背常理，尤其是常人一看就知道其中有诈的，都在此列。古今中外，长期回报率高于15%的企业屈指可数，所以年回报率高于此数的都要警惕。

榜样

他诠释了“书中自有黄金屋”

1924年1月1日，查理·芒格出生在美国小城奥马哈。

1948年，他以优异成绩毕业于哈佛大学法学院后，直接进入加利福

① (德)雷纳·齐特尔曼著，李凤芹译：《富人的逻辑：如何创造财富，如何保有财富》，北京：社会科学文献出版社，2016，P55—62。

尼亚州法院当了一名律师，其中的一些案例后来还被编入了商学院研究生课程。与此同时，他开始投资证券及从事商业活动，并在经过一次成功的买断后渐渐意识到收购优质企业具有巨大的获利空间，此后便开始涉足房地产，把在其他领域取得的经验和技巧应用于房地产并屡有斩获，在“自治社区工程”中赚到人生中的第一个百万美元。

当时，他的同乡巴菲特正在筹办巴菲特有限公司，急需资金，所以经常带着个税申报表炫耀似地四处拜访投资者，向他们展示自己的投资业绩。当地一位著名医生埃德温·戴维斯听说后，便于1957年夏天的一个晚上约巴菲特到家里来聊聊。末了他对巴菲特说，我信得过你，给你10万美元做投资，因为你让我想起了一个人：芒格。就这样，巴菲特记住了芒格的名字，虽然他压根儿就不知道芒格是谁。

两年后的1959年，在戴维斯医生牵线下，巴菲特和芒格在午餐会上第一次见面。两人拥有共同的价值取向，所以一见如故、相见恨晚，从此开始了日后近60年的密切交往，从未间断过。他们不但无话不谈，而且彼此有心灵感应，不用对方开口就知道对方在想些什么、想说些什么。他们经常彻夜通话讨论投资机会。因为他是律师出身，所以更擅长从商业法律角度来审视金融领域，比常人更迅速、更准确地分析和评价任何一桩买卖。

芒格认为，世界是多学科的综合体，不必过度关注每个学科之间的法定界限，而应该糅合来自历史、心理、生理、数学、工程、生物、物理、化学、统计、经济等的分析工具和方法公式。究其原因在于，几乎每个系统都会受多种因素影响，而要理解这样的系统，就必须熟练运用来自不同学科的多元思维方式。

他是这样说的，也是这样做的。在他的房间里，床上、椅子上到处都是书，但他不看虚构类作品如小说等，主要是看非虚构类作品如商业类、传记类，或者历史类、科技类，如饥似渴，并且博古通今。他有一艘全球最大的私人双体游艇，这艘游艇正是他自己设计的。他还是个出色的建筑师，他捐助的所有建筑物都由他自己亲自设计并全程参与。大量的有目的的阅读，使得他在潜意识里就养成这样一种习惯：把读到的东西与过去所掌握的知识进行对比，看是否符合基本逻辑。他的经验是，要成为出色的投资者，阅读商业杂志是一条简单而有效的捷径。

喜马拉雅资本创始人李录回忆说，芒格喜欢与人早餐约会，并且利用早餐之前等人的时间用来阅读。有一次他和芒格约好7:30一起吃早餐，当他准时赶到时发现芒格已经看完了当天的报纸。第二次约会时，他故意提前一刻钟到，结果发现芒格已经坐在那里看报纸了。第三次约会时他提前半小时到，结果还是发现芒格已经坐在那里看报纸。第四次他狠狠心提前一个小时到，约定的时间是7:30，他6:30就到了，后来发现芒格在6:45的时候手里捧着一叠报纸慢悠悠地走进来，然后头也不抬地坐在那里看报纸，完全没有注意到他的存在。

又有一次，他和芒格一起去外地参加聚会，芒格回程时在机场候机厅里过安检时，不知什么原因安检器一直在报警，于是他只好一次次地折返接受安检。等到好不容易过了安检，他要搭乘的那班飞机已经起飞了。他既没有抱怨，也没有骂娘，而是拿出随身携带的图书坐下来阅读，静等下一班飞机。

了解的人知道，芒格其实自己是有私人飞机的，伯克希尔公司也有专机可用。之所以要坐民航客机，他的解释是想融入生活，并不担心自己被吵闹。他说，“我手里只要有一本书，就不会觉得浪费时间。”事实上，他在任何时候都会随身带着一本书，只要拿起书就会安之若素。①

芒格对巴菲特的贡献在于，巴菲特在认识芒格之前整天忙着“雪茄烟蒂”式投资，自从成为好友后，才知道买股票不能光贪价格便宜，更要注重投资质量，慢慢地让巴菲特摆脱了格雷厄姆投资理念的局限性，从而坚定地走向了价值投资。

芒格被美国《财富》杂志称为“巴菲特的化身”，而巴菲特则称芒格

---

① （美）彼得·考夫曼著，李继宏译：《穷查理宝典：查理·芒格智慧箴言录（增订本）》，北京：中信出版社，2016，中文版序。

是自己“最后的秘密武器”。翻译过来说，就是“核武器”。

这是为什么呢？究其原因在于，他不仅知识面极其广阔，而且十分理性。在每年一度的伯克希尔公司股东大会上，他和巴菲特两人常常妙语连珠。因为他们的思维与众不同，所以必然会得出有趣的结论。芒格说，“许多IQ很高的人却是糟糕的投资者，原因是他们的品性缺陷。我认为优秀的品性比大脑更重要，你必须严格控制那些非理性的情绪，你需要镇定、自律，对损失与不幸淡然处之，同样地也不能被狂喜冲昏头脑。”

在从1975年10月两人合伙起至今的43.5年里，他和巴菲特联手创造了伯克希尔公司有史以来最优秀的投资纪录，股价从当初的40美元上涨到2018年4月末的290650美元，上涨了7265倍，年复合回报率高达22.68%！

尤其令中国读书人感到振奋的是，芒格的巨额财富和商业成功，完全是依靠自己的智慧取得的，与权钱交易、潜规则、商业欺诈、各种造假行为绝缘，所以既干净也硬气。

芒格十分低调，他几乎从来不接受媒体采访，迫不得已需要抛头露面时，也总是甘当巴菲特的配角，把一切功劳都归功于巴菲特。

顺便一提的是，由于芒格博览群书、知识渊博，日常谈话中经常引经据典，这就不免晦涩难懂，所以中国国内有关芒格的介绍很少。而实际上，怎么形容芒格对巴菲特的作用都不为过。